HUMANKIND

How Biology and Geography
Shape Human Diversity

Alexander H.
Harcourt

我们人类的进化

从走出非洲到主宰地球

[英] 亚历山大 · H. 哈考特——著
李虎 谢庶洁——译 肖静——校

中信出版集团 · 北京

图书在版编目（CIP）数据

我们人类的进化：从走出非洲到主宰地球 /（英）亚历山大·H·哈考特著；李虎，谢庶洁译. -- 北京：中信出版社，2017.9（2017.11重印）

书名原文：HUMANKIND：How Biology and Geography Shape Human Diversity

ISBN 978-7-5086-7896-2

Ⅰ.①我… Ⅱ.①亚… ②李… ③谢… Ⅲ.①人类进化—普及读物 Ⅳ.①Q981.1-49

中国版本图书馆CIP数据核字(2017)第171738号

我们人类的进化：从走出非洲到主宰地球

著　　者：［英］亚历山大·H. 哈考特
译　　者：李　虎　谢庶洁
校　　译：肖　静
出版发行：中信出版集团股份有限公司
（北京市朝阳区惠新东街甲4号富盛大厦2座　邮编　100029）
承 印 者：山东鸿君杰文化发展有限公司

开　　本：880 mm×1230 mm　1/32　　印　　张：13.25　　插　　页：8　　字　　数：214千字
版　　次：2017年9月第1版　　印　　次：2017年11月第2次印刷
京权图字：01-2015-8270　　广告经营许可证：京朝工商广字第8087号
书　　号：ISBN 978-7-5086-7896-2
定　　价：49.00元

服务热线：400-600-8099
投稿邮箱：author@citicpub.com

献给我的姐姐妹妹，西尔维娅、卡罗琳和伊丽莎白，纪念我们在一起的许多旅行。

目 录

第1章

序言

我们去向哪里？为什么？

“起初……”

《圣经 · 创世记》1 : 1

我出生在东非，准确地说是肯尼亚。尽管如此，没有人会误认为我是土生土长的肯尼亚人。我的皮肤是白色的，因为我的祖先们出生在英国。如果再往前追溯得够远的话，我甚至有诺曼人血统。几百年前（1066 年），诺曼人入侵英国，诺曼底有一个小镇叫哈考特（Harcourt），和我的姓一样。肯尼亚是我出生的国度，父亲在这里经营一个牛羊农场。肯尼亚虽然有超过 50 个文化各异的民族，但农场里的工人大多都是马赛人（Maasai）。比起我的父母，他们长得更高，腿更长，皮肤更黑。当然，他们和我们说不同的语言，穿不同的衣服，而且有与我们不同的习俗。但他们有一点与我们相同：他们也曾以侵略者的身份进入肯尼亚。我的家人最终还是搬回了英国，而 30 年后，我又和我在卢旺达工作时结识的加州妻子一起，移居到美国加利福尼亚州。

我上面这一段简短自述触及了本书的几个主题：人类在全球的迁徙，来自不同地区的人们在生理和文化上的差异，西方帝国主义，以及热带地区巨大的文化多样性。提到非洲，某些人眼前就会幻化出许许多多非洲热带致命疾病，这些疾病对人类的影响亦与我们的问题有关：为什么我们是现在这个样子，在这个地方？

为什么我们是现在这个样子，在这个地方？这不是一个问题，而是一系列问题。人类物种起源于何处？人类是如何在全球迁徙的？来自不同地区的人为什么会不一样？这种不同是因为人们的起源地不同吗？还是因为随着时间的推移，我们适应了我们生活的环境？有些人适应了热带地区，有些人适应了寒冷，有些人适应了山区，有些人适应了平原，有些人适应了吃鱼、吃肉，另一些人则适应了食用淀粉。其他物种对人类在全球的分布有什么影响？人类又对它们有什么影响？人类的种群如何影响彼此的分布？这些问题涉及生物地理学这个学科。生物地理学简而言之，就是物种地理分布背后的生物学。而这就是本书的主题。

从人类在全球的分布及相关的生物学解释中，可以看到很多和其他动物相同的模式。因此，罗伯特·福利（Robert Foley）那本关于人类进化与生态的著作，标题就取得恰如其分：《另一种独特的物种》(*Another Unique Species*)。所有物种都是独特的，不独特就不成其为独立的物种。然而，在我们这个物种在全球分布的生物学（即我们的生物地理学）方面，我们人类并不独特。如果我采用贾雷德·戴蒙德（Jared Diamond）把我们描述为“第三种黑猩猩”的手法，并且用“现代猿”替换掉“人类”这个词，读者很可能得过很久才会恍然大悟，意识到我正在描写人类。

在这本书中，我描述了一些住在或来自世界不同地方的人的生理和文化差异。种族问题必然挑起分裂的事端。人类总是令人不安地擅长发现自己和他人之间的差异，并且相应地进行指责、侮辱。因此，一些人类学家和其他人都不愿意承认，来自世界不同地区的人之间存在生理上的差异。

从某种意义上说，他们可能是正确的。虽然我和马赛人之间的表面差异非常明显，但这只是片面的。正如达尔文在《人类的由来》一书中所写的那样：“我非常怀疑，存在任何一种人类的特征是专属于某一种族且永恒不变的。”人因地域而异，但通常只在很小的方面不同。这种渐进、细微的变化不足为奇——安妮·斯通（Anne Stone）和她的合著者就发现，所有人类的基因都十分相似，而即使是每一个黑猩猩亚种中的基因多样性，都要超过整个人类的基因多样性。

另一方面，没有人可以质疑，来自不同地方的人在生理和文化方面存在很多差异。没有人会误以为我是马赛人，同样不会有人把马赛人与有欧洲血统的人搞混。这些差异是真实的，是可见、可测量的。闭上眼睛并不能改善世界。拒绝去了解为什么来自世界各地的人是不同的，并不能消除我们对其他人的歧视。我们必须要停止的，是歧视他人，而不是去停止了解他人。因为我们举不出哪一个特点“是专属于某一种族且永恒不变的”，所以人类的“种族”这一概念主要是社会政治学术语。我现在所说的内容将在第 2 章中有更详细的描述，即：我们在所谓的非洲种族中发现了更多的基因变异，超过在世界其他所有国家发现的总和。换句话说，在生物学的意义上，并不存在一个“非洲种族”实体。这本书中，“种族”通常是一个毫无意义的术语。这个词掩盖了多样性。在这样一本试图通过理解多样性而肯定多样性的书中，“种族”这个概念没有立足之地。对多样性的知识和理解在实践中至关重要。例如，许多赈济饥荒项目都曾向全世界运送奶粉作为食物援助。听起来很不错吧？不，大错特错。在除西欧和撒哈拉以南非洲地区之外的大部分地区，成年人都不能消化牛奶。更糟的是，牛奶会让他们生病！

许多疾病的流行程度在不同地区是不同的。伦敦诊所的英国医生检查具有类似流感症状的西非病人时，需要知道病人患的病既有可能是流感，也有可能是疟疾。

医生也需要知道，来自世界不同地区的人会对各种药物产生不同的反应。世界各地的人在其他方面有那么多差异，他们对药物的反应若是都相同，反倒奇怪了。以 ACE 抑制剂为例（ACE 就是血管紧张素转换酶），患有充血性心力衰竭的欧洲病人对 ACE 抑制剂反应良好，但非洲裔病人却不是这样。幸运的是，另一种名为拜迪尔（BiDil，由两种拉丁文 / 希腊文名都很长的药物组成）的药物看来对非洲裔病人有效。事实上，这种组合是如此卓有成效，以至于为了使接受旧疗法的病人尽快用上拜迪尔，人们提前结束了这新旧两种疗法之疗效的对照研究。目前，拜迪尔尚未在非洲裔病人之外的病人身上进行测试，所以我们不知道为什么它比 ACE 更适合非洲人，也确实不知道 ACE 抑制剂为什么对非洲人无效。

尽管人们发现了这样一种对非洲人有效的药物，没有这种药，会很难治疗非洲病人，但是仍然出现了对于“基于种族”之科学的抱怨。有时，这些抱怨的逻辑让我无法理解，但是据我目前的了解，我们可以反驳说，科学家们考虑了不同地区的人会有生理差异的可能性。

事实上，非欧洲裔人士面临的医疗问题在于：大多数药物测试都只有欧洲裔的受试者参与。所以，确实存在着一种种族偏倚，但这种偏倚并不是大多数人认为的那种。例如，遗传学家安娜·尼德（Anna Need）和戴维·戈德斯坦（David Goldstein）在疾病的基因背景的调查研究中，纳入了对受试者来源国的调查，结果发现，超过 150 万人系出欧洲，而祖籍是非洲的只有 7500 人。鉴于疾病易感性存在地域差异，尼德和戈德斯坦等人认为，我们需要更多以地域为基础的疾病遗传学研究，以便让世界上更多地方的更多人可以受益于现代医学。

令人高兴的是，虽然我们对人类地域差异了解得仍然太少，但现在许多医生已经意识到，来自世界不同地区的人会有不同的疾病，他们可能对同样的药物有不同的反应。不过，人们往往还是基于种族而非来源地来分类。“黑人”或“非裔美国人”包括来自加勒比海地区和整个非洲的人，而我们现在知道，人们容易感染或能够抵御的疾病，在这两个地区是不同的，即使在非洲之内也有差别。

不过，我期望这本书能够达成的目的，并不是去影响医学实践。我的希望和目标很简单，就是增长人们对人类物种多样性背后生物地理原因的知识，引发人们的兴趣，这种多样性既包括生物多样性，又包括我们的文化多样性。是的，事实上，我跟其他许多人一样，认为生物学可以解释一些文化的地域多样性。

这里提一下，我在书中会偶尔花费时间论述科学家之间的分歧，或者提到我们还未能充分理解某些人类地理分布模式背后的生物学原因。我这么做有两点理由。

首先，教科书倾向于把科学阐述得好像“一切都研究清楚了”。他们说，这就是它们如何运作的。读者，特别是年轻读者，必然会有这样的印象：自己生也晚矣，世界上已没有留下什么可以让自己来发现了。然而，其实世界上还有无限的未知领域有待探索。还有很多事物有待我们去发现。这也正是科学让人如此兴奋的原因。

其次，这和政治惰性有关。因为教科书总是把事实表现得好像“一切都研究清楚了”，所以公众就认为，我们对于一项事实，要么是知道，要么是不知道，非黑即白。因此，当科学家们坦承自己不能百分之百肯定时（因为在众多科学领域中，都几乎不可能有精准的确定性），政治家就可以说科学家们什么都不知道，于是，政治家们可以理直气壮地什么都不做。当然，我这里说的不是别人，正是那些否认存在气候变化的人。

我这本书的开篇讲述的，是我们人类在非洲的起源，以及我们后来是如何分布到全世界的。曾经全人类都是非洲人。少数先民离开非洲只是不太久以前的事，人们在世界各地的分化也不过是近来才有的，因此我们从根本上仍然是“非洲人”。但另一方面，不同地区的人类居群已经变得不一样了，因为自从人类 6 万年前最早一次离开非洲之后，他们无论是在生理上还是文化上，都已经适应了各种不同的环境。

我们看到，在文化最多元的地方——热带地区，动植物物种也最多样化。这种地理与生物多样性相关的情况，其背后的生物学可以用来解释热带地区的人类文化多样性，从巴西的阿维提人（Aweti），到加蓬的姆斑玛人（Mbanma），再到印度尼西亚的佐罗颇人（Zorop），他们的文化差异的确巨大。同样我们也看到，较小岛屿上的文化种类较少，就像我们在小岛屿上见到的物种，要少于在大岛屿上见到的物种。提到小岛，就让人想到弗洛勒斯岛上体型矮小的“霍比特人”这个话题。2004 年的一份报告提出这个新物种属于人属，震惊了科学界。但是在这里，生物学同样可以解释为什么小岛上的霍比特人身材如此矮小。换句话说，尽管我们大脑发达，我们有宗教，有哲学，有知觉观念，有自我意识，所有这些能力使我们异于禽兽，但从生物地理的角度看，我们人类往往只是另一个物种而已。

我要在这里补充一下：人类生物地理学的这一方面，也就是人类文化分布反映了其他物种的分布，两种分布背后的生物地理学原因相同，这个话题我从未在人类学教科书中见到过。我不知道为什么教科书不谈这个话题。是因为这一项发现太新近了吗？是因为研究结果有争议吗？其实我在论述这些发现时，给本书第 7 章起的标题是“人不过是一种猴子？”单是这一问题就能持续引起争议。

我们现在之所以是现在的样子，之所以在这个地方，是受到了环境的影响，这种影响中起重要作用的一个方面就是其他物种的存在，特别是致病微生物的存在。我们的身体通过自然选择适应了所在的环境，能够对抗我们生活环境中的疾病，也就是说，致病生物体因地而异，不同地区人的免疫系统也不同。此外，人类又反过来影响其他物种的分布。我们已经或正在迫使千百个物种灭绝，其中或许包括其他人族物种，例如尼安德特人。人口更多的强势人类文化也侵害人口较少、较弱小的文化。不过，也有许多物种受益于人类，并拜人类所赐扩大了它们的地理分布范围。许多文化用和平互动而非征服的方式扩展了自己的范围。我们还能在多长时间内，继续影响地球及其生物群的地理位置并受其影响？我想，生物地理学大概不能回答这个问题。

在感谢各界人士通过各种方式帮助我撰写本书之前，我需要说一下本书用到的度量衡单位。这些话是特别说给美国读者听的。我采用了世界通用的公制度量体系，没有用美国的体系。在公制系统中，一切都能用 10 的倍数来除，这比英制的那些过时的算术，如用 16、12、14、3、5280 等去除的方法容易得多。公制的 1 公斤等于 2.2 磅。1 吨等于 2200 磅，接近于美制的 1 短吨。1 公升为 2.1 品脱。1 米是 3.3 英尺，和 1 码差不多。1 公里是 5/8 英里，本书中也可能用英里做距离单位。水的冰点是 0℃或 0 摄氏度，沸点是 100℃或 100 摄氏度。在日常情况下，把华氏度换算成摄氏度，只需要减去 30 再除以 2，这样得到的温度就足够做日常参考了。表示华氏度和摄氏度的英文单词首字母大写，因为它们是用开发这两种温标的科学家的名字命名的，一位是德国人丹尼尔·华伦海特（Daniel Fahrenheit），另一位是瑞典人安德斯·摄尔修斯（Anders Celsius）。

§

我想强调的是，我所描述和讨论的研究成果，大都不是我自己的东西。这本书的大部分内容都建立在千百人工作的基础之上。我的角色，很大程度上是把他们的总体成果归纳到了一起，我希望自己归纳出来的是个连贯的故事。

这些整理涉及大量的文献检索。因此，我首先要感谢我们学校希尔兹（Shields）图书馆的那些员工，他们知识渊博，态度友好，给了我许多帮助。

蒂玛·法米（Tima Farmy）可能已不记得了，不过是她告诉我，应该把自己关于这个问题的科学研究写成一本通俗读物的。我很享受这个过程，感谢她对我的启发。

也感谢所有那些把摄影作品慷慨放在维基共享资源（Wikimedia Commons）上的人，我因此得以轻易获得可用作插图的图片。他们作品的图片来源标注为"维基共享资源"。我的姻亲阿尔弗雷德·巴尔迪维耶索（Alfredo Carrasco Valdivieso）让我免费使用他拍摄的南美洲原住民照片。感谢所有人。

约翰·达文特（John Darwent）慷慨地制作了所有的地图，报酬只是小酌苏格兰最伟大的物产。

我写作这本书时，从各种评论中受益匪浅，伊丽莎白·哈考特（Elizabeth Harcourt）、蒙娜·霍顿（Mona Houghton）和弗朗索瓦·冯·胡特（François von Hurter）针对所有章节提供了建议，西尔维娅·哈考特（Sylvia Harcourt）评论了某些章节，此外，凯利·斯图尔特（Kelly Stewart）对风格及全书的内容提出了犀利独到的意见，这位编辑真是再好不过了。

唐纳德·拉姆（Donald Lamm）针对总体编辑提供了宝贵建议。蒙娜·霍顿把我介绍给彼得·里瓦（Peter Riva）和桑德拉·里瓦（Sandra Riva），他们又把我介绍给了杰西卡·凯斯（Jessica Case）和天马图书（Pegasus Books）。这本书从杰西卡·凯斯的专业编辑中受益匪浅。亚历克斯·卡姆林（Alex Camlin）设计了封面。玛丽亚·费尔南德兹（Maria Fernandez）进行了排版和内页设计。菲尔·卡茨基尔（Phil Gaskill）进行了审稿和校对。我感谢他们所有人的帮助。

至于这本书的科学内容，布赖恩·科丁（Brian Codding）帮助我理解了加州文化多样性。杰弗里·克拉克（Geoffrey Clark）帮助我了解了我们中的许多人衡量一种文化的方式是多么有限，比如用语言或工具类型。戴维·G. 史密斯（David G. Smith）帮助我解决了许多遗传学方面的问题。如果没有下面这些朋友评论这本书之前的专业版本，这本书的很多地方就无法达致准确：我很感谢罗伯特·贝廷格（Robert Bettinger）、克里斯·达文特（Chris Darwent）、维克托·戈拉（Victor Golla）、马克·洛莫利诺（Mark Lomolino）、弗兰克·马洛（Frank Marlowe）、戴维·G. 斯密斯、特雷莎·斯蒂尔（Teresa Steele）、约翰·特雷尔（John Terrell），还有蒂姆·韦弗（Tim Weaver）。我和这本书从他们的建议和帮助中受益颇丰。最后，我感谢凯利·斯图尔特，我的妻子，谢谢她的爱和支持。没有她，我不可能完成这本书。我获得的本书销售

版税将归“国际生存组织”（Survival International）所有，该组织致力于“帮助部落人民保卫他们的生命，保护他们的土地，决定自己的未来”。网址：http：//www.survivalinternational.org/。慈善机构注册号：267444 | 501（c）（3）。

亚历山大 · H. 哈考特　荣休教授
加利福尼亚大学，戴维斯镇，CA 95616，美国
ahharcourt@ucdavis.edu

第2章

我们都是非洲人

人类的出生地

《圣经·创世记》中说，上帝把男子亚当放在伊甸园的东部。在发现了不少现存最早《圣经》抄本的死海洞穴以东，是伊拉克和肥沃的两河流域（底格里斯河与幼发拉底河流域）。说死海古卷作者所记录的民族之起源就在此地，也不是不可能。毕竟这是苏美尔的肥沃土地，在苏美尔传说中是由神恩基（Enki）和宁胡尔萨格（Ninhursag）创造的。有记载的最早文字苏美尔文就出自这一地区。但是，《圣经》作者们弄错了人类进化源头的方位，除非他们指的是农业人类。农业起源地中的确有一个是在底格里斯河和幼发拉底河附近。

我们人类这个物种留下的最早踪迹，位于中东以南3000公里的埃塞俄比亚南部。这些踪迹是些将近20万年前的骨头。后面关于人类起源的遗传学工作就囊括了这个年代。我后续将提及的其他遗传学研究表明，来自埃塞俄比亚附近某地的人类，本质上已经无异于我们这些完全现代人。非洲是人类的发祥地，创造我们人类，用的是非洲“地上的尘土”（《创世记》2：7）。我们都是非洲人。所有关于亚当和夏娃的画都应该将他们表现为非洲人，而不是通常画的白种人。

如果20万年前的古人类身穿现代衣服，出现在我们的街头，恐怕从他们身边走过的人都不会多看他们一眼。然而，这些古人类的骨骼却和我们略有不同。用详细的科学语言（科学行话拉丁语）描述，这些差异在所谓的枕骨圆枕（occipital torus）、顶间龙骨（interparietal keel）、犬齿窝（canine fossa）等处。对于外行来说，古人类区别于我们头骨相对明显的特征之一可能是眉脊突出。而且，他们胳膊和腿的骨头比我们的更强壮。根据这些细微的差别，人类学家区分出了早期现代人和完全现代人（晚期现代人）。然而，用术语来说他们都被认为是“解剖学意义上的现代人类”。不同作者笔下的“人类”一词含义可能不同。科学家用双名法（属名 + 种名）来描述所有的动物（和植物）。这些双名往往是拉丁语或希腊语，或两者都有。本书所有的读者都是完全的现代人类，是智人（*Homo sapiens*）。我们属于人属（*Homo*）、智人种（*sapiens*）。*Homo* 在拉丁语中是“人”的意思，*sapiens* 在拉丁语中是“智慧”的意思。我们是“智慧的人”。这个双名中的 *sapiens* 这个部分是我们所独有的。除我们之外，不存在其他被我们称为 *Homo sapiens* 的物种。所以我说“人类”时，指的仅仅是智人（我们）。

然而，科学家们也承认和命名了其他几个人属物种。这个地方容易发生混淆，因为一些科学家用“人”这个词来指代所有这些物种。在他们看来，所有的人属（*Homo*）物种都是人。所以，尼安德特人（拼写为 Neanderthal 或 Neandertal，学名 *Homo neanderthalensis*）是人，更早的海德堡人（*Homo heidelbergensis*）、直立人（*Homo erectus*）、匠人（*Homo ergaster*）、鲁道夫人（*Homo rudolfensis*）和能人（*Homo habilis*）也都是人。如果所有这些都是“人”，那我们自己——智人（*Homo sapiens*）的恰当称谓就应该是“完全现代人”。

在人属出现之前，生活着一些南方古猿（*Australopithecus*）物种，其中一个很可能是后来人属物种的祖先。*Australopithecus* 是拉丁语和希腊语中的“南猿”，这样称呼是因其第一块化石见于南非。有充分的理由称这个属的物种为猿。南方古猿的大脑仅比黑猩猩的大一点点。然而，南方古猿肯定是我们的祖先之一，和我们的近缘程度肯定胜过我们所说的真正的猿，即大猩猩和黑猩猩的祖先。首先，南方古猿是用双脚行走的。因此所有南方古猿属的物种，所有其他的人属的物种，以及人类都被归为“人族”（hominin）。我们都是人族。

据我们所知，人族的南方古猿属只生活在非洲。它出现于约 400 万年前，生存了 250 万年。南方古猿可能使用了石器，但科学家还不知道是否有任何南方古猿真的制造了石器。我们知道的是，直到我们的祖先进化为能人，他们才开始制造石器，时间也许是 250 万年前。事实上，人类学家把能人归入人属而非南方古猿属，部分原因是存在能人制造石器的证据。同时，从能人开始，我们祖先的大脑容量才开始明显超过黑猩猩的大脑容量。

从那时起，大脑开始迅速增大。拥有最大大脑的是尼安德特人，但是他们的体重也超过现代人类。大象的大脑也比人类大。想比较不同物种的大脑大小，就需要结合它们身体的大小来看。在其

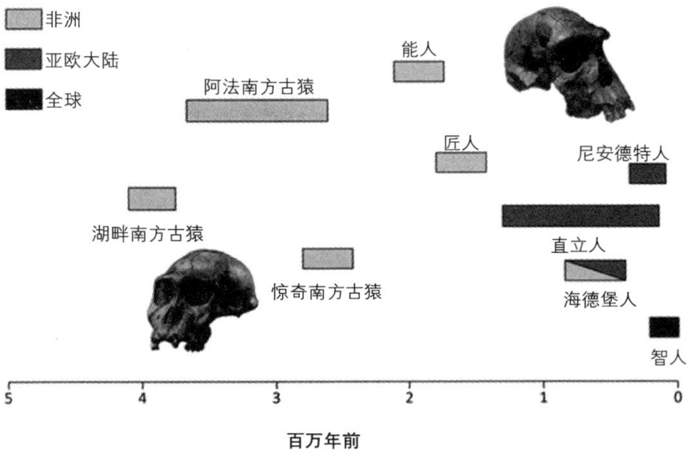

人类的谱系。条杠长度表示该物种存续的时间。阴影表示他们生活的地方。请注意，所有最早物种都起源于非洲——如果认为直立人是后来的匠人，那么直立人也起源于非洲。制作：约翰·达文特。图片来源：Early *Australopithecus* – B. 阿洛夫（B. Eloff）；L. 伯杰（L. Berger）；威特沃特斯兰德大学（Wits Univ），维基共享资源；A./H. habilis – Daderot，（Daderot）维基共享资源

他条件相同的情况下，身体较大的，大脑也较大。从平均脑容量和平均体型比来看，在所有的人族物种中，我们现代人类的大脑最大。科学家把大脑容量和身体大小的比值称作“脑形成商数”。

这个描述看起来是老生常谈，似乎每个人都认可。但事实上，科学家们总是有争论的。就像我刚开始说的，我们往往在术语使用上就不一致。你会发现，有些人把尼安德特人计入智人，很多人把能人称为能猿（*Australopithecus habilis*），而非能人（*Homo habilis*）。科学家甚至不能统一他们称呼现代人类的术语。例如，有些学者

把“现代”留给距今约 5 万年以来的人类，而这之前的属于“早期现代人”。

同时，在现有研究基础上又有了新发现和新争论，因而我们所知祖先及其近亲的数量也在不断变化。科学的本质正是如此。例如，2013 年，第比利斯的格鲁吉亚国家博物馆馆长戴维·洛尔德基帕尼泽（David Lordkipanidze）的团队出版了一本书，描述了格鲁吉亚南部重要的德马尼西（Dmanisi）遗迹发现的一个新的直立人头骨，此地就在格鲁吉亚与亚美尼亚的边境以北。头骨的年代距今近 180 万年，是那里发现的最完整的头骨。事实上，这是人们迄今发现的同年代头骨中最完整的。

结果人们发现，这个新头骨和该遗迹的其他 4 个头骨彼此之间很不一样，假如这些头骨是在非洲的不同地点被发现的，头骨的主人就可能会被划归不同的物种。不过，洛尔德基帕尼泽及其团队表明，这区区 5 个头骨代表的“德马尼西人群”中的差异性，和我们在现代人类中见到的一样，也和两种现代黑猩猩中任何一种之内的变异一样。这还是现在只有 5 个头骨的情况，请设想如果我们看到一个更大的样本，那会有多少变异！换句话说，我们可能不得不重新思考非洲人类物种的数量。大约 200 万年前在那里生存的，也许只是一个物种——直立人，而不是一些人类学家认为的 3 个或更多的物种。

写刚才这几段话，主要是为了强调，虽然教科书把我们对于世界的知识呈现得像是有条有理的事实列表，但科学并没有那么简单。科学是朝向认识的探索。科学是收集证据来检验当前解释是否正确或是否有可能正确的这样一个过程。科学是关于世界的合理的解释，这种解释有可能被证明是错的（即所谓的可证伪性）。科学是一种方法，而不只是一种目的。

科学家仍在收集信息，研究这些信息能告诉我们什么事情，很多时候科学家们的意见并不一致。但是，如果新的数据和想法被证明好于旧的，那么旧的最终就会消失。若我们收集到足够的信息，并认可某些解释比其他解释产生的问题更少，我们大多数人最终就会得出一些同样的观点。我们已经掌握了一些知识。我们知道地球是圆的。我们知道我们是进化的。但我们通常的状态是在努力研究，走向知识。在这整个探索过程中，现有观点将不断得到补充、调整、改变，或是受到拒斥。

让我们回过头来看我们自己和我们的祖先是如何在世界各地分布的，回到生物地理学上来。在前面几个段落提到的人族列表中，只有海德堡人、直立人和尼安德特人是离开非洲或者说生活在非洲之外的。所有的南方古猿属物种都只生活在非洲。至少，古人类学家只在这块大陆上发现了它们遗留的化石。就我们所知道的，第一个人属物种能人也只生活在非洲。目前最早的智人化石来自非洲。与人类最相近的猿类、大猩猩和黑猩猩，都只生活在非洲。是某个非洲猿物种的精子或卵子发生了一个突变，才开始了最终演化出我们的漫长历史传承线。“伊甸园”不在中东以东，而是在非洲，更准确地说是在撒哈拉以南的非洲。

至于在撒哈拉以南非洲的哪个地区，又是另外一个问题。有些人认为，人类起源于最早发现人类遗骨的地方——埃塞俄比亚。还有些人根据遗传证据，提出应该是喀麦隆地区。然而，也有人基于遗传证据，认为是非洲南部。

但是我们谈论的是一个开始于 20 万年前的过程。即使在 1000 年中，人和他们的基因也可以迁徙万千公里。因此，在最早现代人类出现（当然，这个过程经历了很长时间，很多人，即很多基因）的 1 万年之后，人们不断地迁徙和繁衍，他们及其后代又迁徙和繁衍。那么，试图在非洲辨别出人类起源的一个精确区域，是不可能完成的任务吗？也许可以完成。

分析非洲南部科伊桑人（Khoi-San，也称 Khoe-San，Khwe，Khoi，Kxoe）狩猎采集者的基因组成，结果表明，他们可能是一些最早非洲人的后裔。有些人认为非洲南部是人类的发源地，就是以该发现为证据之一的。但也许科伊桑人并不总是生活在非洲南部。我们知道，因为之后来了一些牧民和农民（包括某些欧洲人），所以狩猎采集者已经被边缘化到一些最贫瘠的土地上了。科伊桑人可能是被这些后来者从非洲东部赶到南部的，对吗？事实上有这种可能，但遗传证据显示他们并不是。如果他们曾遭到驱赶，那么正如布伦娜·亨（Brenna Henn）和她的同事们所指出的，非洲东部狩猎采集者人群在遗传多样性方面，就应该超过非洲南部的狩猎采集者人群。然而，事实并非如此。这并不是说没有人从非洲东部迁徙出来，后面再一次提到“种族”这个话题时，我将论述这一点。

然而，上述遗传学证据，迄今为止都来自仍然生活在非洲东、南部的人群。如果非洲东部科伊桑人灭绝或几近灭绝——也许被散布的班图人（Bantu）淘汰出局，那会怎么样呢？我们是否可能就无法在东非土著狩猎采集者中发现巨大的遗传多样性？换句话说，只研究如今存活的人群基因，恐怕无法就起源地究竟位于非洲南部何处得出确切结论。

人类并不是我们进化谱系中第一个离开非洲的。至少有其他两个人族物种先于我们离开了非洲。最新命名的先驱人（*Homo antecessor*）可能是海德堡人的一种，他们大约在80万年前离开了非洲，这一判断来自欧洲最早的遗存。事实上，先驱人/海德堡人在北半球的温暖时期抵达了英国南部。但温暖只是相对的，冬天仍然黑暗而寒冷，气温一定曾低至冰点。欧洲和西亚著名的尼安德特人很可能是从先驱人/海德堡人中分化出来的。然后，当然我们最近在亚欧大陆（欧洲和亚洲大陆）很可能发现了曾存在的另一个人族物种——丹尼索瓦人（Denisova hominin），甚至可能还有另一个。

在先驱人/海德堡人离开非洲的100万年前，直立人就已离开了非洲。我已经提到过，我们是通过格鲁吉亚中南部德马尼西这个绝佳的考古遗址得知这些的。事实上，直立人的分布远至中国东部。

《圣经》认为（神创论者也因此认为），亚当和夏娃被逐出伊甸园是人类散居的开始。《圣经》并没有直接说他们去了哪里。事实上，迄今为止，非洲以外最早的人类迹象是中东（包括阿拉伯半岛东南部在内）考古遗址中的一些石器和骨头。它们大约有12.5万年的历史。不过，5万年之后，人类似乎就从中东消失了。如果是这样，他们或者是在那里死绝了，或者是退回了非洲，或者向前迁徙到达了南亚的西部。我们几乎没有进一步证据来证明三种情况中究竟哪一种发生了。

一些人认为，迫使人类退出中东的原因是冰期及其带来的干旱。不过，寒冷诱发死亡或撤退这一主张的问题在于，现代人离开中东时，尼安德特人却进入了中东。例如，克里斯廷·哈林（Kristin Hallin）和她的合著者说，尼安德特人在 6 万年前仍留在以色列。而如果尼安德特人都可以生活在那里，那文化和工具比他们更先进的我们人类，为什么不可以生活在那里呢？这个问题的确问到了点子上，因为 6 万年前的环境，其湿润程度看来要胜过约 10 万年前人类在那里的时候，其实会更适宜人类居住。

当然，就像一句著名的谚语所说，“没有证据，并不能证明没有”——刚入行的侦探也受过这句话的教育。首先，骨头成为化石的机会很小，它们需要不受环境（如鬣狗或洪水）的干扰，需要保持完好无损，而暖湿环境不利于化石保存，比不上干冷的环境。为了保持原状，遗骸最好是能被埋起来。如果骨头的确未受干扰，保持完好，接下来还必须有“良好的化学条件”来将构成它们的磷酸钙复合物（严格来说是羟基磷酸钙）转变成更持久的化学物质，例如碳酸钙（又称方解石）。然后，这些化石还需要幸运地得见天日才能为我们所知。而对化石搜寻者来说，中东并不是一个容易发现化石的地方。总之，如果我们以后发现证据表明人类其实并没有离开中东，我也不会感到惊讶。

接下来人类在中东的迹象（换言之，人类在非洲以外生活的迹象）出现在 6 万年前，加减 5000 年左右。经过这一次散居，人类迁徙到了世界各地。人类技术变得越来越复杂，我们不得不假设，更好的工具和技能，使我们甚至可以应对比先前阻碍我们迁徙的环境更恶劣的环境。我会在第 6 章讨论阻碍人类全球流动的问题。

是什么促使人类走出非洲的？许多人认为，是因为非洲大陆变得干燥了。然而，大约 12.5 万年前，人类第一次离开非洲时，世界正处于两个冰期之间。非洲像现在一样温暖、湿润。刚果盆地中广大的热带森林，说明了现在的非洲大陆是多么温暖湿润——如果没有充足的雨水，就不可能有茂密的绿色热带森林。

当然，众所周知，世界随后迅速进入一个主要冰期——末次冰盛期。这个时期结束时，非洲森林几乎消失，沙漠大肆扩张。但如果 6 万年前末次冰期中的干旱迫使我们走出非洲，那为什么没有证据表明 2.5 万年前的冰期盛期，非洲应是最干旱的时候，有移民数量激增的情况呢？

来自马拉维湖底大约 7 万年前的沉积物，构成了反驳干旱迁徙假说的证据。当时距人类终于离开非洲只有区区几千年。沉积物表明，当时的气候变得更加湿润，换句话说，更有利于人类生存。这些证据引发了一个猜想：刺激我们走出非洲的因素，实际上是随之而起的人口增长。

我认为这个假设更加合理。的确，如果另有出路，动物和人类都会离开糟糕的环境。但是，就人类运动的范围来看，人类可能一天最多走 20 公里，在这个范围内，这里不好过，那里的情况应该也好不到哪里去。换句话说，这种情况下即使顺利迁移，也很可能无法生存。另一种情况则不同。如果这里是一片青青田野，那么在地平线之外也很可能有片绿色的希望土地。所以，既然有人口压力，为什么不搬到那里呢？

事实上，安德斯·埃里克森（Anders Eriksson）和其他 8 个人的研究似乎证实了这个想法。他们将两个要素联系起来，一个是植物的高生长率［科学行话叫“高生产力”（high productivity）］，一个是人口规模，以及人口达到一个阈值密度后向新地区的扩张。为了模拟人类全球迁徙的时间和地点，他们利用了来自世界各地51 个人群的遗传相似性和差异数据。他们通过这些比较画出了一个人类活动分支树，不仅有树的形状，还有分支生长的时间。我将在第 4 章详细解释基因树的制作过程。

这一模型计算出的人类扩张到世界各地的年代颇符合考古记录，只有两处例外。模型中人类到达西欧的年代太早了，被定在了 6 万年前而非 4.5 万年前，到达南美洲南部的年代又太晚了，变成了 5000 年前而不是 1.5 万年前。

就像所有科学解释一样，模型应该尽可能简单。这个由埃里克森团队提出的模型就十分简单。同时，简单模型必然会省略一些潜在的重要因素。建模者试图用最简单的假说来解释最大比例的事实。在此例中，他们模型表现的人类在南美洲南部姗姗来迟，也许可以用人类食用海产这个因素来解释。埃里克森的模型仅用植物生长来测算环境的宜人程度，因而忽略了海产这类食物来源。撒哈拉沙漠的一些地方非常不适合人类居住，但其红海沿岸的东部海滨，则可能非常适合食用贝类的人类居住。

埃里克森的研究没有模拟人类 12 万年前在非洲的流动，因为那时的气候信息不够详细。在那之后，我们看到了一些微小的变动，例如撒哈拉沙漠的扩张和收缩。相比之下，玛格丽特·布洛梅（Margaret Blome）和她的同事们认为，从一项十分详细的研究看，15 万年前，非洲各地的气候在时间和空间上分布得很不均匀，因此对于把气候和人类进化及其在大陆上的流动联系在一起的主张，我们很难甚至不可能加以证实。此外，布洛梅团队提出，根据一些地貌数据，相对于大规模的迁移，向高处或低处迁移似乎更有可能成为应对气候变化的手段。天热的时候就攀上最近的山坡，天冷的时候就下到平原。这种观点的问题在于，循山而上，意味着进入较小的区域，也就是说土地更少，人口更少，更有可能灭绝。这个过程正是全球变暖对于现在动植物物种造成的影响之一。

如果导致人类遍布世界的“走出非洲”是个一次性事件，那么即使它只是持续仅几千年的涓涓细流一般的迁徙，我们若想将气候因素与我们中一些人离开非洲联系起来（不管我们谈论的是寒冷干燥，还是温暖湿润），就仍要面临一个巨大难题，那就是：单一事件实际上只能当作逸闻证据，可能仅仅是一种巧合。只有一个事件，我们如何能验证气候变化导致人类走出非洲这一主张是否合理？一种回答是，如果能成功地将气候同人类在世界其他地方的迁入迁出联系起来，就可以证明气候对离开非洲具有影响这一主张。

将气候与我们的出走（其实是进化）联系起来的另一个潜在问题是：气候对环境和我们的影响并非立竿见影。气候发生变化，但地面环境和人在数百或数千年后才会有所反应。那么，我们怎么将气候和我们的历史联系起来呢？

最后，因为我们的智慧和工具可以减轻气候的影响，恐怕只有最严重的气候变化，才会明显地影响现代人类的演化或流动。随着大约 4.5 万年前冰期顶峰的到来，人类开始进入欧洲。这是奥里尼雅克期（法国旧石器时代前期），其特点表现为骨制工具、美丽的石片工具和用骨头雕刻的雕像。然而，即使我们头脑发达，工具先进，恶劣气候仍然会影响我们关于“住在哪里”和“什么时候搬迁”的决定。例如，人类在过去几千年中放弃北极地区，就跟北极的极端气温有关。这包括晚近的挪威移民放弃格陵兰岛。他们在大约 700 年前离开，正对应小冰期的严寒阶段。

然而，与此同时，欧洲经济也在发生变化。因此，我们不禁要问，格陵兰的挪威人移民，是因为他们再也不能应对气候，是因为海冰阻断了他们与欧洲的联系，还是因为他们想另寻乐土？我们不知道，但看起来很有可能的是这些因素都有影响。

关于气候如何影响我们离开非洲，有一个值得注意的候选答案，那就是 7.4 万年前苏门答腊北部多巴火山（Toba）的大爆发。美丽的多巴湖长 100 公里，宽 30 公里，是以前火山的遗留。当时火山爆发排放的火山灰和浮石量，可能是印尼喀拉喀托火山（Krakatau）爆发释放量的 50 倍以上。至今仍然活跃的印尼喀拉喀托火山曾于 1883 年猛烈爆发，当时连大半个地球之外的英国都体验了美丽的日落，而在之后 5 年左右的时间内，全球气温下降了超过 1 摄氏度。

当然，多巴火山的影响会更大。人类学家斯坦利·安布罗斯（Stanley Ambrose）认为，变冷持续了数百年，一些证据表明，在几十年的时间里，北半球气温下降了 10 摄氏度。然而，若说多巴火山跟我们离开非洲有关，也会有问题。当时地球已经有变冷的趋势，之后就是末次冰盛期，我们怎么知道变冷是因为全球大趋势，还是因为受了多巴火山的影响呢？变冷是不稳定的，有时候温度也会上升。但即使多巴火山爆发的时间跟全球变冷最剧烈的时段完全吻合（看来的确如此），它跟其他变冷的时段也并不吻合，已知的大型火山爆发时间也没有吻合的。即使在苏门答腊，也很难检测到火山爆发对哺乳动物的持久性影响。例如，苏门答腊猩猩显然并没有消亡。

认为多巴火山与可能驱使人类走出非洲的寒冷和干燥有关，这一想法还存在另一个问题，那就是全球气温的改变并不均衡。欧洲经历了火山冬天，不代表非洲也经历了。事实上，卡罗琳·连（Caroline Lane）和她的同事们认为，至少东非的马拉维没有经历火山冬天，虽然多巴火山灰达到了这一地区。在马拉维湖的沉积物之中发现了火山灰，我之前讨论人类迫于干旱离开非洲时提到过这些沉积物。然而，这些沉积物中没有迹象表明当时出现了不同寻常的气候变冷。比如，沉积物中没有微生物或沉积性质变化的相关迹象。

此外，用类似"帕金森定律"[1]的语言表述马尔萨斯（Malthus）的人口论就是，人口会随环境条件的好坏发生增减。住在人口少、环境恶劣（干燥）地方的人，和住在人口众多、环境良好（湿润）地方的人，感受到的迁出压力是一样的。

这并不是说东南亚火山没有影响西方诸大陆。历史上记载的最大一次火山爆发——印尼的坦博拉火山（Tambora）大爆发，就可能导致北美和欧洲 1816 年的夏季变成了冬天。那一年被形容为"无夏之年"，美国东海岸在 6 月经历霜、雪，北美大西洋沿岸作物歉收，而在欧洲，数千人死于饥饿和疾病。在印尼则有几万人

[1] "帕金森定律"是一条管理学定律，可以表述为：工作量会随工作时间的多少发生增减。——译者注

死亡。

坦博拉火山影响程度的迹象之一，是南极和格陵兰岛冰芯中硫酸盐含量出现高峰。体现坦博拉火山爆发证据的冰芯，同样显示在 6 年前有一次同样大规模的火山爆发。正如斯蒂芬·奥本海默（Stephen Oppenheimer）指出的，这火山是哪一个仍有待确定。而再之前的 25 年，冰岛的拉基火山（Laki）引发了饥荒，可能导致岛上 25% 的人口死亡，它还可能影响了整个北半球的气候和农业——正如亚历山德拉·威特（Alexandra Witze）和杰夫·卡尼普（Jeff Kanipe）在《着火的海岛》（*Island on Fire*）中所写。

对于非洲人口是扩张还是收缩，又在何时扩张或收缩的讨论，遗传学家也参与了进来。他们的研究结果并不明确，有时还相互矛盾，部分原因在于，能与人口规模遗传标志相匹配的年代范围太广。然而，理查德·克莱因（Richard Klein）和特雷莎·斯蒂尔（Teresa Steele）的研究支持不断扩张的人口推动人类走出非洲这一想法。他们表明，大概在 5 万年前，贝冢（贝壳垃圾堆）中贝壳的个头突然显著变小，这接近人类从非洲扩张出来的时间。对这个发现的一种解释是，人口不断扩张，人们密集采集贝类，以至于贝类未及长大，即为人类所食。我们正看到了与现代世界渔业相同的效应。请看，西大西洋鳕鱼从 1975 年开始，20 年内平均长度从 60 厘米到下降到了 45 厘米。

总之，相关的论点及论据可以支持这种说法，也可以支持那种说法，甚至什么问题都说明不了。气候或好或坏，都可以导致人类走出非洲；人口或增或减，都可能促使人类走出非洲；或者，我们也有可能无法检测人口规模的变化，无法探明任何促使人类离开非洲的明确原因。“陪审团”还没决定要采用哪一种理由。

更准确地说，“陪审团”还没有决定要采用哪一种外部环境理由。但也许我们并不需要外部理由。人类离开非洲大陆时，尤其是第二次的时候，他们/我们已能制造复杂的石器。那么，有智慧又能制造工具的人类为什么不能想走就走，去尚且无人涉足的地方一探究竟？须知，把我们带到月球的，并不是人口压力和食物缺乏。科学家为什么乐意送勇敢的宇航员登上月球？原因就是好奇心。动物都会探索，何况人类？

事实上，一项研究发现，人群离非洲越远，他们中与探索和冒险相关的基因（严格的术语是“等位基因”）的比例就越大。我对这一发现半信半疑。毕竟，非洲环境并不稳定，而在非洲的相邻群体肯定也不比欧亚和美洲的人群更难预测。此外，一个群体一旦离开其祖先的生活范围，其后裔进入未知地带的进一步行动，果真会受益于更强烈的探索冲动吗？发起了“走出非洲运动”的那种探索欲望，难道不会促使这群人继续前进吗？

假设果真如此，那么，探索者们会发现些什么？不就是一些不熟悉他们的武器和陷阱，因而很容易捕杀的哺乳类和鸟类吗？更青的草原（这是比喻），更多的肉，似乎就足以让人继续前进了。

总而言之，关于气候和人类走出非洲之间的关系，我们并没有确实的答案。坦率地说，如果我们连是不是干旱促使人类走出了非洲，温和湿润的天气是不是给人类离开创造了条件这样的问题都不能达成共识，就几乎无法回答气候与人走出非洲的关系这个问题。我们仍在寻找答案。人类生物地理学这个题目正热，并且仍在不断有进展。

尽管如此，有争论，并不意味着我们缺乏对于宏观图景的共识。我们知道最早的智人离开非洲的时间吗？我们不知道。我们知道他们具体是从哪里穿过阿拉伯半岛的吗？我们不知道。我们知道在那个地方一年大多数时间里是下雨还是烈日吗？我们也不知道。但是，不知道这些细节，并不意味着我们全然无知。知识和理解当然会改变，但我们已经知道了不少关于人类从非洲迁出的事情。

在我深入细节之前，让我强调一下，当然并不是所有现代人都离开了非洲，人类当然也并不仅仅是散布到了非洲以外。在人类开始散布到非洲之外的世界各地的同时，他们也开始分布到非洲各处。

遗传证据表明，大约在 10 万年前，从埃塞俄比亚的南部和北部，喀麦隆的东部和南部起，人类开始扩散到非洲各处。这些是狩猎采集者的迁移。基因也表明，大约 6 万年前，早在任何农业出现之前，非洲的俾格米人可能就已经和那些将会成为农耕者的人群分开了。大约 2.2 万年前，东部和西部的俾格米人分开了。当时处在末次冰盛期，刚果盆地的茂密森林已经缩小到仅剩下盆地东部和西部边缘山脉上残余的一点。差不多与此同时，来自中东的人群可能已经进入了埃塞俄比亚地区。

在更晚近的时候，大概 3000 年前，尼日利亚–喀麦隆地区的班图人开始扩张。他们是使用铁器的现代农耕者。人们走过非洲的大规模运动，持续到有文字记载的历史时代。东非最早的欧洲探索者在 19 世纪遇到了马赛人，当时马赛人刚刚从北方南下迁徙过来，这是南苏丹尼罗河民族向南、向西总体扩散的一部分。

在接着讲述我们在旧世界扩张的故事时，我将假定，人类第一次穿过阿拉伯半岛是在大约 6 万年前。也就是说，我忽视了雨果·雷耶斯–森特诺（Hugo Reyes-Centeno）、西尔维娅·吉罗托（Silvia Ghirotto）等人提出的一个观点：10 万年前，人们走出阿拉伯半岛，一路到达了澳大利亚。让我简略地说一下，我不反对这一说法，只是提出这种主张的文章最近（2014 年中）才发表，别人还来不及用进一步的研究来验证其结果。我将大致按着我们到达世界各个地区的先后顺序来讲这个故事，最早是阿拉伯半岛，最后是太平洋海岛。

不管约 12.5 万年前人类第一次脱离非洲的冒险是不是失败了，我们第二次走出非洲可是个了不起的成功。虽然那时它看起来是另一次失败，但经过大概 1 万年之后，它实际上成了一次成功。看来人类曾一度被困在了中东，因为我们在阿拉伯半岛以东获得的考古迹象所显示的年代已经晚至 4.8 万年前。约 4.5 万年前，人类就已到达新几内亚岛和澳大利亚北部，甚至到达了澳大利亚西南部。相比之下，我们出现在（澳大利亚东南部）塔斯马尼亚岛的最早迹象，仅仅在不到 3.5 万年之前。

在接下来的 2 万年乃至 4 万年里，最早的新几内亚人和澳大利亚人可能独占着这片大陆。我说“这片大陆”是因为在那个时候，海平面下降，使新几内亚岛和澳大利亚之间的陆地显露出来，把两片陆地合二为一，叫作萨赫尔大陆（Sahul）。即便如此，基因数据还是表明，新几内亚人和澳大利亚人之间并无交往。

伊琳娜·普加奇（Irina Pugach）和她的同事们认为，澳大利亚

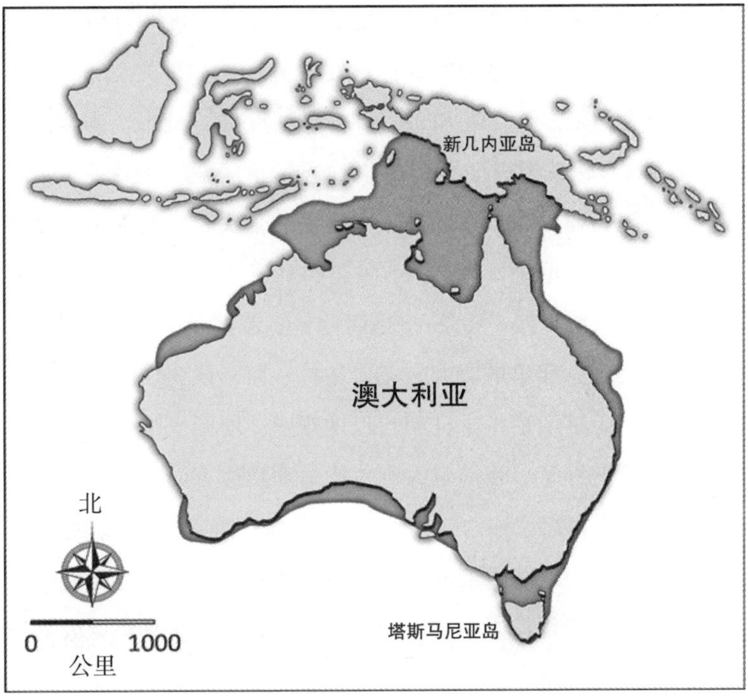

包含新几内亚岛、澳大利亚、塔斯马尼亚岛的萨赫尔大陆，年代大约在 5 万年前到 1 万年前末次冰期的时候，当时的海平面低于现在 100 米。制作：约翰·达文特

与世隔绝了 4 万年之久。他们认为下一波移民直到 4000 年前才到达那里。一些遗传学家说，遗传数据表明从新几内亚岛涌入了大量人口。包括伊琳娜·普加奇在内的其他人则在后来的移民们身上辨认出了印度的祖系。无论哪是一个，近 4000 年前也是野狗首次出现在澳大利亚古遗迹中的时间。澳洲野狗起源于亚洲，它们自己不可能游到澳大利亚去，因此是人类到达那里无可辩驳的证据。

人类到达澳大利亚，最适宜的路线是穿过印度。目前，还没有人证实人类到达印度的时间早于4.5万年前。如果人类那时已经到达了澳大利亚，他们到达印度的时间就应该更早于此。当然，有人声称在印度南部发现了7万年前人类制作的石器。但这一主张尚有争议，因为还没有人发现和工具有关的骨头。在关于印度最早何时有人类的争论中，迈克尔·彼得拉利亚（Michael Petraglia）和保罗·梅拉尔斯（Paul Mellars）是两位主要参与者。彼得拉利亚主张我们人类到达那里的时间较早，梅拉尔斯则认为较晚。当然他们都认为有足够的证据来证明自己的观点。但两人都承认，如果有更多证据就好了。我们对人类生物地理学这方面的理解目前就这么多，关于我们迁移的路线和年代，我们只能等待更多的发现。如果事实证明，这些石器的制造者不是现代人，我们可能就得接受制造者是尼安德特人。如果是这样，那么这些工具将构成尼安德特人在印度的最早记录。

现代人类抵达印度的时代——4.5万年前，也是我们在亚欧大陆的其余部分扩散的时间。人类那时也到达了东南亚。我们从老挝的一处遗址得知了此事，那里发现了一个没有下颌的头骨。三种完全不同的方法证明，这个头盖骨可以追溯到至少4.6万年前。

似乎直到4万年前，人类才散布到东亚。他们可能一直循着南亚沿海北上才到达东亚。或者，他们走了青藏高原以北蒙古这条路线也不无可能。根据祁学斌和科研伙伴进行的一项极细致的遗传调查，人类3万年前应该无法进入西藏，也许是因为西藏的高耸海拔，以及其他地形构成的屏障——包括东方和南方的乔格里峰和喜马拉雅山脉、北方的塔克拉玛干沙漠、北方和东方的祁连山。最早的人类考古迹象是海拔 4.2 千米处一片温泉泥中的手脚印，可以追溯到约 2.3 万年前。

日本是人们能到达的东亚最东方。其北部岛屿（北海道）最接近西伯利亚东南部，而其南部的九州岛则接近韩国。因此人类可能通过两个地点进入日本。在末次冰盛期，海平面比现在低 100 多米时，北海道和西伯利亚东南部连接在一起，但是在那之后（包括现在），北海道与日本的其他部分又被更深的津轻海峡隔开了。符合这种地理情况的是，从古代骨骼和牙齿得到的迄今最古老的 DNA（脱氧核糖核酸）证据表明，日本的现代人类和西伯利亚东南部阿穆尔河流域的人有密切的联系，但和东南亚没有联系，西伯利亚人到达北海道的可能年代大约是在 2 万至 2.5 万年前的末次冰盛期。其他遗传数据表明，大约同一时期，日本的南方（确切地说是冲绳群岛）大量涌入了来自朝鲜的人口，他们的后代几乎没有到过日本北部的北海道，这一点可以从北海道几乎没有朝鲜基因判断出来。

从北部路线进入东亚的证据是，有发现表明约 4.5 万年前，人类出现在蒙古西部和俄罗斯南部的阿尔泰山脉，甚至出现在更北的俄罗斯中西部。人类迁移有东西两个方向，因为这一时代也是西欧人类迹象存在的时代。这一时代欧洲存留下来的古器物数量远超过骨骼或其他可确定年代的遗存，但在意大利已经发现了那个时代的人齿，也发现了贝壳串珠。这是欧洲奥里尼雅克期的开始。

虽然末次冰盛期即将到来，但当时的人类甚至到达了不列颠。我们得知此事，依靠的是 2011 年对一颗带部分下颚组织的牙齿的胶原蛋白进行的碳 14（C-14）定年，牙齿于 1927 年出土于德文郡

（Devon）托基（Torquay）附近的度假小镇。托基的这个下颌及其定年并不罕见，大约在同一时间还发现了很多类似的东西。所有标本都在博物馆沉睡了几十年，我们现在受益于最新定年方式的精确度和准确度，方能对它们开展研究。我不得不说，托基虽然是英国最古老的现代人类遗址，但我们中许多人更熟悉的是，约翰·克立斯（John Cleese）主演的爆笑电视剧《弗尔蒂旅馆》（*Fawlty Towers*）就是在这里拍摄的。

事实上，人类继续北上。到 3.2 万年前，我们这个物种已经进入了亚欧大陆的北极圈深处。我们知道这些，多亏了位于北西伯利亚中部、北冰洋之滨的雅拿（Yana）犀牛角考古遗址。这一遗址于 1993 年首次得到确认，当时发现了用犀牛角做的矛尖基（前连矛尖、后连矛柄的部分）。8 年后，俄罗斯圣彼得堡科学院的弗拉基米尔·皮图尔科（Vladimir Pitulko）主导一个研究小组，开始了严谨的考古挖掘工作。发掘中发现的其他骨头和石器及其准确定年表明，在先前人们认为的人类抵达北极的时间之前，人类就已两次到过北极。他们生活在北极圈以北 500 公里的地方，当时末次冰期的顶峰也即将到来，日子一定非常艰难。那里现在 7 月盛夏的平均气温是 10—15 摄氏度。每年 1 月的平均气温是零下 35 摄氏度。这是现在——北半球处于冰期之间的情况，比过去的数万年来已经暖和许多。

大约 3 万年前，人类似乎从不列颠消失了。我们人类的这一次撤退也许并不奇怪，因为欧洲冰帽可能已经进抵不列颠中部地区。冰期结束，我们再次出现于此，已经是 1.5 万年之后了。

一些考古学家认为，人类放弃不列颠的时候，也放弃了亚欧大陆东北部。换句话说，我们到达亚欧大陆东北部不久，就又离开了。然而，也有人认为，即使在末次冰盛期，我们可能也留在了西伯利亚东北部。

大北方远至雅拿的苦寒之地之所以有人类留存，是因为那里和东北西伯利亚其余大部分地区一样，相对干燥。因此，那里不仅没有冰川覆盖，而且实际上有着丰富的苔原植被。哺乳动物能适应这两种环境。例如，马鹿就在大概 5 万多年前的末次冰盛期，于西伯利亚存活了下来。

人类要在北极地带的冬天生存下来，不仅要有食物，还需要有火。苔原的小灌木能提供足够的木头来生火。火一旦生起来，就可以燃烧骨头了。大型哺乳动物尚不善防备来自远处的袭杀，它们能提供大量的骨头。于是，人类就可能生活在西伯利亚东北部，度过末次冰期。如果是这样，如果当时他们西边和南边的人都已退出此地，那么我们就能解释西伯利亚东北部人群的基因构成如何与其他人群拉开了距离，以至于他们可以被确认为最早美洲人的源头。

然而，我会在下一章提到，从西伯利亚中南部的马塔村（Mal'ta）遗址中发现的 2.4 万年前和 1.7 万年前的人骨中，我们了解到，人类可能至少在西伯利亚南部经历了末次冰期。北温带地区人类迁徙的地理范围很广，因此也许得用仇外心理来解释西伯利亚东北部的美洲开拓者何以在进入美洲之前的千百年间，呈现出明显的孤立状态。仇外情绪阻碍人类迁徙的情况可能比我们意识到的更多。我会在后面的章节中解释这一点。

东北亚（西伯利亚）与美洲西北部（阿拉斯加）隔白令海相望。

这两个地区和白令海峡合在一起，构成白令地区（Beringia）。至关重要的是，白令海峡水很浅，不足 50 米。在末次冰期，海平面低于现在 100 多米时，这里是干燥的陆地。然而，在人们居于雅拿犀牛角遗址的时代，一片比欧亚西北部冰原还大的冰原阻断了出白令陆桥、往南进入美洲的陆上迁徙。直到 1.65 万年前，美洲冰原融化的时候，人类才迁出白令陆桥，南下进入美洲其他地区。

到目前为止，可证实的美洲最早人类出现在 1.55 万年前，位置在得克萨斯州的巴特缪克河（Buttermilk Creek）地区，大致介于沃思堡（Fort Worth）和奥斯汀（Austin）之间。在那里，考古学家发现了 1.5 万多件他们制作的石器和相关残余，这些都可以用所谓的光释光定年法（optically stimulated luminescence method）直接定年。到 1.45 万年前，人类已经到达智利南部。这一年代根据瓦尔迪维亚（Valdivia）以南 180 公里左右西海岸的蒙特沃德（Monte Verde）考古遗址推算。考古学家在该地发现了木结构帐篷的遗迹，还有武器、动物骨骼、药用植物，甚至还有人类的足迹。蒙特沃德位置如此靠南，年代又如此之早，因而成了美洲最重要的古迹之一。

20 世纪 70 年代发现的这一遗址闻名世界，但名声也不大好。许多研究美洲的考古学家认为它的年代太早，他们无法接受，于是响亮地表达了怀疑。这一年代违背了人们长期接受的观念，就是人类是在 1.3 万多年前最早抵达美洲的。不过，现在蒙特沃德有更多更好的证据，已让怀疑烟消云散。

被认为是最早美洲人的那群人，其文化称为克洛维斯（Clovis）文化，他们是 1.3 万年前到达这里的。这群人曾被认为是美洲最早的人。“克洛维斯最早”这个概念，因为人们争论最早到达美洲的

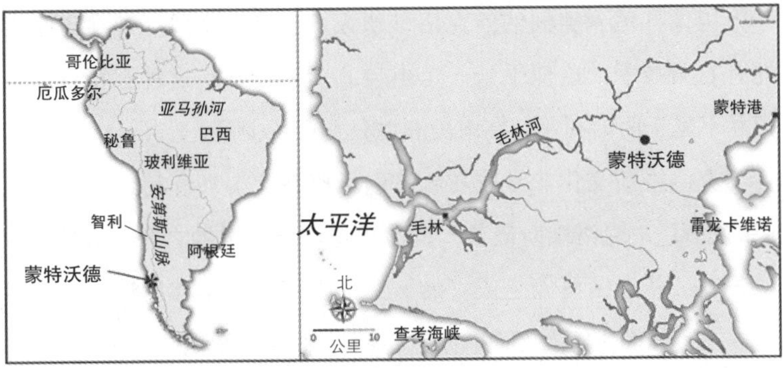

智利南部的蒙特沃德遗址。遗址年代是 1.45 万年前，为美洲最早的遗址之一，而且时间远在克洛维斯（Clovis）文化到达北美之前。制作：约翰·达文特

移民究竟是谁，而被人们熟知。蒙特沃德遗址的主要发掘者托马斯·迪勒海（Thomas Dillehay）需要去对抗的，就是“克洛维斯最早”这一根深蒂固的观念。

注意，我用的是“克洛维斯文化”，而不是“克洛维斯人”。考古学家辨别这些人，依据的是他们的石器，而不是他们的骨骼或 DNA。这就好像我们用绘画来标定 19 世纪晚期的西欧人，并称其为“印象派文化”。考古学家从精致的石制箭头和矛头中辨识出克洛维斯文化。这些物件的底部有一个特殊的宽槽，用于配装武器的杆柄。这一文化是以 20 世纪初在其旁发现第一件石器的新墨西哥州小镇命名的。

我们现在知道，克洛维斯文化是从来自西伯利亚的人群中发展出来的。这一结论在一定程度上来自对 1.25 万年前蒙大拿（Montana）克洛维斯婴儿骨骼 DNA 的研究。就基因来说，克洛维

斯人很像移民到美洲的前克洛维斯人。两者的主要区别在于是否拥有石刃技术，这似乎是一个出自北美的创新。这种有特点的石刃并不见于西伯利亚，在南美洲也只发现了少量。

克洛维斯文化非常成功。我们可以在北美洲任何地方找到他们的石刃。“克洛维斯最早”的故事也许有个微妙之处，就是这个说法在某些地区可能是成立的。到达美洲的最早移民沿西海岸迅速往下。如果他们南下而非东进，而后来的克洛维斯文明东进而非南下，那么处于克洛维斯石器文化中的人，确实可能在前克洛维斯人之前，就到达了北美东部的一些地区。这样的话，垂死的“克洛维斯最早”假说还是可以占据一席之地的。

巴特缪克河和蒙特沃德的海拔不到200米。克洛维斯镇的海拔为1300米。在美洲和亚洲，人类颇花了一些时间才进入当地更高的山区。最早确定的高海拔山区遗址是海拔2500米的秘鲁某地。人们在略早于1.2万年前定居于此。2500米并不高。如果我们在那个海拔远足，大多数人都无法区分，自己到底是单纯的累，还是受了海拔的影响。然而，仅仅大约600年后，人们就到达了海拔3800米处，地点仍然在秘鲁。在这么高的地方，头几天晚上可能就会头疼了。

人们从西伯利亚涌入美洲，并没有以克洛维斯文化为结束。5000年前北美主要冰盖消失的时候，来自西伯利亚的另外两批移民来到了北美，他们繁衍产生了今天加拿大和格陵兰岛上说爱斯基摩-阿留申语和纳-德内语的居民。人们既然能迁移过来，就能再迁移回去。所以我们发现，一些白令陆桥东部（即阿拉斯加）的居民又回到了西伯利亚。在遥远的南方，向南方迁移的美洲人民回到中美洲，还有人则从中美洲的一边搬到了另一边。

人类走出白令陆桥、进入美洲之后，迅速绕过北部冰原，南下进入温暖地带。相比之下，欧洲人需要等斯堪的纳维亚冰原消融之后，才可以迁回大陆的西北部。因此，尽管人类很晚才进入南、北美洲，但大约在 1.5 万年前，他们就已经占据了这两片大陆的大部分地区，而又过了大约 5000 年，人类才终于到达了斯堪的纳维亚半岛北部，这时间大约在 1 万年前。

在人们入住斯堪的纳维亚之前的几千年里，他们也可能返回西欧。各种研究表明，1.45 万年前，在所谓欧洲旧石器时代晚期即将结束之时，狩猎采集者又从南方重返不列颠。不列颠虽然寒冷，却有众多面对猎人十分懵懂的动物，以及包括海鸟在内的丰富的海洋生物。

旧石器时代之后是中石器时代，其特点是出现了装在各种手柄上的极小石器，可能只有 1 厘米长。然后，终于到了新石器时代，相对于以前的片状工具，新石器时代有了磨制的精美石器。在新石器时代，人们开始驯化牲畜，发展农业。不同时代人们认可的中东驯化起源遗址不大一样，但 21 世纪初在土耳其安纳托利亚发现的，是最终获得认可的遗址。

因为这些时期以其工具为特点——这些时期的英文名称中，lithic 的意思是“石头”——而又因为人们带着他们的工具，从南走到北，有时历时数千年到达北方，所以这个时代在南方的开始和结束都早于北方。请想象一下潮水上涨到海滩的情形。因此，欧亚旧石器时代于 5 万年前始于中东，于 1 万多年前终于北欧。那时，始于 2 万年前的中东中石器时代已接近尾声。中石器时代在中东结束之时，在欧洲则刚开始。1 万年前始于中东的新石器时代，直到约 7000 年前才出现在欧洲，直到近 6000 年前才出现在西欧。

基因和工具表明，不列颠中石器时代早期的人们大多来自西班牙北部。这当然不难理解。末次冰期时，南方的西班牙比西欧的北方更加温暖。西班牙将比西欧其他国家更早变暖，因此，最早溢出扩张人口的地区应该是伊比利亚半岛，而不是西欧其他地区。

欧洲人继续移民到大不列颠，凯尔特人在盎格鲁–撒克逊人之前。凯尔特人大部分在大不列颠西部，而盎格鲁–撒克逊人则进入东部，这或许迫使部分凯尔特人继续向西退却。

要解释盎格鲁–撒克逊文化在不列颠的传播，未必需要假设曾发生盎格鲁–撒克逊人的大规模移民。2014 年，苏珊·休斯（Susan Hughes）和她的合作者一起，报告了牛津郡盎格鲁–撒克逊墓地 19 具骨骸的牙釉质化学分析结果。他们探索的问题是：这些盎格鲁–撒克逊人是来自欧洲大陆的移民，还是接受了盎格鲁–撒克逊文化的当地人？为了回答这个问题，他们比较了牙齿中锶氧比例和当地土壤及动物骨头中的锶氧比例。其中 18 具骨骸的锶氧比例和土壤及动物骨骼中的十分相似，休斯和她的团队推断，这些人出生在当地，接受了盎格鲁–撒克逊文化。他们的结论是，只有 1 具骨骸来自欧洲大陆。这项研究将我对人类散布全球的描述带到了公元 500 年（500 A. D.），或者按当今学界的潮流，我可以用比较不带宗派色彩的“C. E.”，不用“A. D.”。前者是公历纪元（Common Era）的缩写，但同样可以代表基督纪元（Christian Era），和公元（Anno Domini，即我主耶稣的年）没有太大区别。

在公元第一个千年的末尾，来自斯堪的纳维亚半岛的维京人开始在不列颠大部生儿育女，我们得知这些，是通过对被埋藏的骨头的基因研究——因为维京人的基因组成不同于凯尔特人或盎格鲁–撒克逊的基因模式。然后在 1066 年，法国诺曼人来了。1066 年是英国历史上的一个著名年份，至少在我这一代人中是这样的。我不知道现任伊丽莎白女王继承王位是在 1952 年还是 1953 年，但我知道征服者威廉到来的年份是 1066 年。

这样总结人群迁入不列颠的情况，完全不利于了解这一过程的复杂性，尤其妨碍那些阐明了我们实际所知的科学家们。任何想了解更多这方面知识的人，都应该去读一读斯蒂芬·奥本海默的杰作《不列颠人的起源》（*The Origins of the British*）。他在书中布列的信息主要来自遗传学，但也有考古学、历史学和文学的内容，书厚 500 页，他还一度称之为简略本。

奥本海默的研究，实际上止于 1066 年诺曼人登陆。但英国后来又经历了大量的人口迁入。我就见证了数以万计的英国前殖民地人民来到英国，他们来自东非的肯尼亚、乌干达和坦桑尼亚等地。20 世纪中期，他们开始大量涌入英国，这大约是在英国移民海外建立北美殖民地（后来的美国）之后的 300 年。

新石器时代革命中的农业发展令人口规模增加，接近之前人口的 5 倍。农业和农耕者在之后几千年里扩张至整个亚欧大陆。其中一些农耕者同时也是航海者。我们之所以知道这些，是因为我们在距土耳其和叙利亚 50 多公里处海上的塞浦路斯，找到了 1.05 万年前农民及家畜的迹象，包括猫和狗。

中东比欧洲更早出现农业和随之而来的人口增长。联系之前的考古迹象，由克里斯托弗·吉诺克斯（Christopher Gignoux）、布伦娜·亨和乔安娜·芒廷（Joanna Mountain）进行的遗传分析表明，中、东欧的农业和人口增长始于约8000年前。西北欧需要再等2000年到3000年——直到那里的气候足够温暖，可以发展农业。北方变暖相对晚于南方，并不能解释农业革命发生时机的地区间差异。吉诺克斯、亨和芒廷的研究表明，直到约5000年前，热带东南亚人口才开始增加。这和西北欧人口开始增加大约在同一时期，尽管东南亚的气候更加温和。东南亚为什么会有这种延误？5000年前，东南亚发生了什么？人们开始种植水稻。或多或少在同一时期，西非人口发生增长，这符合考古学家的发现，他们发现，这里几乎同时出现了采用农业的迹象。

这里值得注意的问题是：农业是如何成为一个地区的主要生计方式的？农业又如何取代了之前狩猎采集者的生计方式？是随着当地狩猎采集者接受农业，发生了农业文化传播吗？还是因为农耕者在迁徙过程中带着农业实践？如果是后者，那之前的居民怎么了？他们也成了农耕者吗？农耕者是通过婚配与他们发生了融合，还是把他们赶了出去？我们从近代历史了解到，非洲牧民和后来的欧洲农耕者，边缘化了原有的狩猎采集居民。

著名遗传学家路易吉·路卡·卡瓦利-斯福扎（Luigi Luca Cavalli-Sforza）出生在意大利的热那亚。他从英国剑桥大学的细菌遗传学专业改行，转到加州的斯坦福大学研究人类遗传学。他始终主张，他和其他人的研究表明，人类是和他们的文化一起迁徙的。因为农耕者进入西欧，所以西欧出现了农业。支持卡瓦利-斯福扎主张的最有力证据是，欧洲语言存在和运动的地图跟基因存在与运动的地图是对应的。这同样适用于人类及其文化跨越太平洋的传播。在这些情况下，观念（农业）的传播不是独立于最初拥有这些观念的人的。

然而，随后的研究既证实了卡瓦利–斯福扎的观点，又表明情况其实更为复杂。例如，为数不多的对于这个想法的定量验证之一表明，人群之间的地理距离越远，总的来说基因距离和语言距离也越远。然而，也存在不相关的情况。相比基因，语言的相关性远远没有那么明显，这意味着基因（人）和语言可以相对独立地各自流动。我刚才描述的一个具体的例子，是公元 5 世纪牛津郡泰晤士河流域的居民接受了大陆盎格鲁–撒克逊文化。他们实际上从意大利人（即罗马人）变成了日耳曼人。变化在富人中表现得最明显，他们的住所从石砌房屋变回了木屋、茅草房。

我前几段描述了采用农业的时间及其与欧、亚、非人口规模扩大之间的关系，分析表明，新来的散居者——农耕人口规模迅速扩大，但狩猎采集居民的规模却没有发生这种扩大。这意味着当地居民没有采用农业。在这里，文化（即农业）和人们的基因是一起传播的。

那些原有的狩猎采集居民怎么样了？那得看情况。关于中欧人口的一项研究发现，在农业基因到达时，狩猎采集基因消失了。关于三个大陆的研究发现，原居民的基因保存下来了，虽然并没有增加。同样，另一项关于三具距今 5000 年的狩猎采集者遗骸和一名斯堪的纳维亚农民遗骸的研究发现，农民的基因最肖似现在地中海周边的人，而狩猎采集者的基因最肖似现代北欧人。的确，看起来在两种基因最终混合之前，北部狩猎采集者和农耕移民基本保持着基因分离，时间可能长达1000年。也就是说，狩猎采集者坚持了下来。

玛丽–法兰斯·德吉尤（Marie-France Deguilloux）和她的同事们认为，西欧大部分地区突然出现农业，而人口中持续存在大量前农业居民的基因，这意味着情况多半是这样的：人数可能更多的当地居民，在同新来的农耕者结合通婚的同时，本身也很快就采用了农业。德吉尤没有给“大比例”下定义。然而，至少3/4的线粒体基因可能来自定居的西欧人口。（线粒体基因只能通过女性传递至下一代，精子因为太小，所以不能包含它们。）如此大比例来自定居的狩猎采集者的线粒体基因，意味着狩猎采集者从少量后来到达的移民那里学习了农业，而不是被大量的农耕者所淹没。

不同的科学家用不同的学科方法，观察世界的不同地区。那么，科学家们得出了一些对立观点，是因为某些研究弄错了吗？还是说，这是因为不一样的人群做的事情也不同？这两种情况都经常发生。目前，我描述的大部分研究都是非常新近的，所以我们还得耐心等待确认。尽管我敢打赌，因为世界各地有不同的情况，所以这些答案（狩猎采集者接受了农业，与农业族群通婚，或者被农耕者替代）都可以被证明是正确的。

1620年的秋天，“五月花”号将清教徒移民带到了未来成为美国的这片土地，其中有78名男性和24名女性，男性人数是女性的3倍。我知道，突然提到这条信息打断了先前欧洲农业的话题。但我是想借此强调，目前为止，我还没有谈到迁移到先前未及之地的人们的两性差异。不出所料，一些研究表明，在地女性接受了入侵男性和他们的文化。我们之所以知道这一点，是因为研究发现，语言和只由男性移民携带的 Y 染色体基因存在于在地人口中，而通过女性传递的线粒体基因，则很多来自在地居民，而不是移民。一个美洲的例子就是犹他–阿兹特克语系的人们，这是美国西部和墨西哥的一个语系。语系分布的情况映射了 Y 染色体基因而非线粒体基因分布的情况。男性和他们的语言一起迁徙，但女性停留在原处，基因随着地区的不同而不同，她们也采用了移民的语言。

冰岛是男性入侵者的语言落地生根成为当地语言的一个典型例子。冰岛语是斯堪的纳维亚语的一支，诺尔斯语的变体。虽然冰岛人的 Y 染色体主要是斯堪的纳维亚人的，但冰岛人的线粒体（女）DNA 主要是不列颠人的。为什么会形成这种差别？因为冰岛，特别是冰岛西部的大部分居民，是维京人和维京人从不列颠群岛掳来的女性。在东部，维京人直接从斯堪的纳维亚半岛过来，我们能看到更多相同比例的男性和女性基因。冰岛西部居民源自不列颠的进一步证据是，当地有较多来源于英国的地名。

但是，男性移民和女性居民的这种模式并不是普遍模式。格陵兰岛的语言和线粒体 DNA 是因纽特人的，但有一半的 Y 染色体是欧洲人的。在这里，语言和线粒体 DNA 是定居者的，而 Y 染色体基因则是过客——可能主要是捕鲸人的。

我提到维京人影响了不列颠和冰岛的遗传图景。维京人还曾在欧洲其他地方四处游荡。东欧国家（保加利亚、罗马尼亚、波兰等）人民有 1/4 到 3/4 的基因都来自欧洲西北部，由此可见，维京人扩张进入了东欧。其他 3/4 到 1/4 的基因则大部分来自东南方的希腊和土耳其地区。还有一小部分人有东北亚血统。

对现代东欧人起源的这些发现，来自加勒特·海伦塔尔（Garrett Hellenthal）及其同事对过去4000年世界范围内事件进行的研究。他们推测，东欧移民的遗传标志，可能反映了被入侵者从东部赶出来的人的迁徙，而小部分的东北亚血统可能来自入侵者，如匈人和蒙古人等。中亚（大致是现在的阿富汗）似乎是一个更大的人口熔炉。那里人口的基因构造表明，大约在上一个千年的中期（相当于英国都铎王朝时代，欧洲人抵达美洲的时代），那里的基因贡献来自周边所有地区，包括东亚和东北亚。在距其稍远的东方，我们发现巴基斯坦的卡拉什人（Kalash）有1/4的西欧人血统，甚至有一定比例的苏格兰基因遗传。

欧洲地中海人口有大量基因遗传来自非洲，阿拉伯海沿岸人口也是如此。几乎可以肯定，这部分是奴隶贸易的结果。得出这个结论，是因为历史记载显示，每个地区得到奴隶的时候，就得到了奴隶来源地那里的非洲遗传贡献。欧洲地中海地区的都来自西非，阿拉伯半岛的既来自东非又来自南非。

海伦塔尔的研究没有分析南、北美洲。不过，两个美洲当然也体现了奴隶贸易的强大影响，当然同时也体现出欧洲的重大影响。欧洲影响的文化范例之一是美国庆祝哥伦布日的活动。美国庆祝哥伦布日堪称咄咄怪事，因为哥伦布从未踏足美国。至少，夏威夷和南达科他州通过庆祝发现者日和美洲原住民节，来纪念最早的移民者。美国其他地区显然也应当效法这两个州，要么像俄勒冈州那样取消哥伦布日，要么改为纪念美洲真正的最早定居者——印第安人。

我在第 1 章谈到，从人类生物地理学的角度看，“种族”这一概念很不恰当。就像我刚刚描述的，人们往往具有来自许多地区的混合基因，在这种情况下，我们要怎么确定一个“种族”呢？让我从海伦塔尔的全球范围研究中举一个例子。他们的一张图表显示了非洲南部的霍曼尼桑人（San Khomani）和纳米比亚桑人（San Namibia）基因组成。这两个民族差不多是邻居。在我这样的局外人看来，他们长得很像。许多人将这两个民族称为“布须曼人”，他们在历史上被当作土著对待。但是，纳米比亚桑人有 3 个可检测到的基因源，一个主要的，两个次要的；霍曼尼桑人则有 12 个可检测到的基因源，其中至少 1/3 来自亚欧大陆。

从另一项研究中，我们知道了我们为什么会看到这些差异。大约 3000 年前，一批移民从亚欧大陆西南部迁徙到非洲东部，然后，在 1500 年之后，另一批移民把他们的语言带到非洲南部，他们和定居的科伊桑族人相邻。所以这些科伊桑人中，有超过 10% 来自东非人口的欧洲基因，这些东非人口可能有 1/4 的基因来自欧洲。虽然我们肤色不同，但我们人类都显然是较晚近的时候才从非洲出来的，显然我们几乎都是从现在所居之地以外来的，我们几乎都是不同地区人群的混血，要把我们任何一个民族定义为一个独特的人种，从科学上说都是个完全空洞的主张——除非把我们都定义为非洲人。

在我们从非洲开始散布到全世界的过程中，需要穿越沧海才能到达的那些地点，是我们最晚到达的地方。太平洋是世界上最大的洋，所以太平洋岛屿是人类最后登陆的地方。我们不是从美洲，而是从亚洲出发散布到太平洋岛屿的，所以西太平洋岛屿是我们

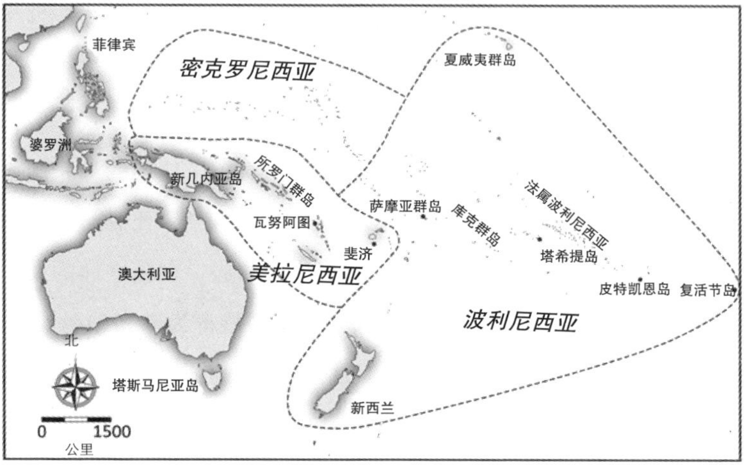

太平洋地图，标明了了美拉尼西亚、密克罗尼西亚和波利尼西亚。制作：约翰·达文特

在这个地区最早征服的地方。我们大约 3 万年前到达了那里。我们那时甚至可能已经抵达了所罗门群岛。所罗门群岛在新几内亚岛南部以东 800 公里处，但我们最远只需航行略多于 200 公里，就可以从新几内亚岛通过新不列颠岛和布干维尔岛，到达所罗门群岛。

在接下来的 2.6 万年中，人类停留在西太平洋，这里距离太平洋中、东部岛屿非常遥远，那些岛屿也十分狭小。将近 4000 年之前，人类在美拉尼西亚（新几内亚岛东部和东南部，临近斐济）和密克罗尼西亚（美拉尼西亚以北）快速扩张。我们了解这次扩张的途径之一，是拉皮塔（Lapita）文化民族遗留下的绘有美丽图案的陶器，该文化的名字来自考古学家首次发现陶器的新喀里多尼亚（New Caledonia）遗址。西部岛屿上的遗迹最古老，东部岛屿上的遗迹则最新近。终于，人类在 2000 多年前，突然开始向太平洋的其余地区流动。我们也许在 2000 年前到达了波利尼西亚和最远的东太平洋岛屿，例如塔希提岛和土阿莫土群岛，在大约 1500 年前到达了夏威夷，最后在将近 700 年前到达了新西兰。至于我们为何在太平洋区域扩散过程中裹足不前 2.6 万年，然后才扩散遍及太平洋，一个很明显的答案是，在能够进行远洋航行的舟船设计出来之前，人类无法继续前行。舟船必须大到能装下足够多的人和包括牲畜在内的给养，才能让人在一个遥远的海岛上开始新的生活。这些先驱们出发的时候在想些什么？他们目光所及之处都是海洋。他们之后每一天看到的也都是海洋。然而，他们还是去了。在这数百甚至数千公里的航程中，一定有许多早期探索的移民逝去了。

早期基因研究表明，毛利族内部 DNA 差异很小，这暗示其奠基人群是在很有限的几次登陆中上岸的人，人数也很少。从库克群岛远航到其西南方向 2500 公里处的新西兰十分危险（详见第 3 章），这寥寥的人口不足为怪。一项研究基于当前线粒体 DNA 多样性和对 DNA 随着时间推移的变化率的估计，来估算奠基人群中女性的数量，结论是，生养了后来的毛利族群的，也许只是 70 名女性。

然而，毛利族的口述历史总是说到有许多次航海，确实，新的基因分析证实了之前对毛利族 DNA 变异水平的解释说明，我们必须承认，他们完成了数次成功的航海。我知道用“很少”“许多”和“数次”来描述航海次数是模糊的，但到目前为止，基因研究结果没法支持任何更精确的描述。然而，基因研究允许我们估计最终成功的奠基者总数，就是上一段提到的那 70 名至关重要的女性。

我只造访过三座太平洋岛屿：夏威夷群岛中的两座岛屿，以及新西兰。我去夏威夷的时候，对其地理情况一无所知，还在火奴鲁鲁机场傻傻地询问，哪里可以租车，开多长时间能抵达希洛。我竟然不知道火奴鲁鲁和希洛在不同的岛屿上！真是惭愧。

大约在人类终于扩张到波利尼西亚的同一时间，他们到达了马达加斯加岛（他们对地理的了解可比我在夏威夷那会儿好太多了）。至少在 21 世纪初期，学者们都这样认为。但是没过多久，研究人员在马达加斯加北部一个洞穴的沉积物中，发现了可以追溯到至少 3400 年前的有切痕的骨头。但是，这次较早的定居成功了吗？人类是否由此占领了马达加斯加？也许他们这次没有成功，因为目前所有的其他遗传学和考古学证据都表明，直到至少 2000 年前，人类都没能在马达加斯加持续生存。人类永久定居在那里的时间可能还要晚一些，甚至迟至 1500 年前。事实上，有人认为，直到 1200 年前，有了来自印度尼西亚的相当广泛的海洋贸易后，马达加斯加才有了一处永久性的人类居住地。

印度尼西亚？是的。虽然马达加斯加这么邻近非洲和人类的出生地，但是基因和语言证据都表明，最早成功定居马达加斯加的人来自印度尼西亚。至于更早先民的来源，我们就不知道了。用计算出新西兰奠基人群中只有 70 名女性的那种计算方法，我们可以算出马达加斯加的奠基人群中可能只有 30 名女性。这种估算是利用线粒体 DNA 进行的，记住，它们只通过卵子（而非精子）传递，所以只体现了女性祖先的信息。在印度尼西亚人成功开拓马达加斯加的同一时间（或晚至 500 年之后），非洲的班图人渡过了莫桑比克海峡，到达马达加斯加。最后一波的移民——法国人，在 500 年前到达。

我和妻子在 2001 年有幸访问了马达加斯加岛。人们在那里可以明显看到印度尼西亚人、班图人和法国人及其文化各自留下的影响。那里的房屋使我们想起了婆罗洲的房屋，稻谷和米饭仿佛直接带我们回到了先前访问的东南亚。看到瘤牛和旱景，我们又回想起自己的许多次非洲旅行。而自行车筐中的长棍早餐面包，则一定是法国的。

§

我们不难理解马达加斯加岛上有非洲人。毕竟，该岛离非洲东南沿海只有几百公里。如果略微了解法国人对这片地区的探索，我们也不难理解马达加斯加为什么会有法国人。但马达加斯加的最早居民居然是印度尼西亚人，这肯定让多数人大跌眼镜。让我们带着这种惊讶进入下一个论题和下一章，即人类到达他们所去之地的确切路线。

第3章

从这里到那里，从那里到这里

顺着沿海路线走出非洲，再遍布世界？

我们人类约 6 万年前走出非洲，分布到世界各地。在那之后的 1.5 万年，我们就到达了东亚、澳大利亚和西欧，但直到 1.5 万多年前，我们才到达美洲，而且直到 2000 年前，才到达最东部的太平洋岛屿。历史上，我们登陆最后一个主要陆块新西兰，是在大约 700 年前。本章是对人类在世界范围内迁徙年表的简单概述，现在我们来就我们所知，谈谈那些冒险者分散到各地的确切路线吧。

这些早期旅行者都面临了哪些阻碍？他们是在哪里又是如何克服了这些困难的？他们离开非洲的路线，与后来摩西通过西奈半岛、穿过红海北端这条路线一样吗？还是说，他们是通过红海南端和亚丁湾交界处的阿拉伯，从厄立特里亚离开的？先不论他们走了哪条路，在去往世界其他大陆和岛屿的路途中，他们后来又经过了哪里？他们是沿着又冷又高的喜马拉雅山脉北部，穿过蒙古进入东亚了吗？还是通过南亚，然后分散开？是否有人在史前时代穿过广阔难行的大西洋和太平洋，到达美洲？还是说，唯一的路线就是经由白令陆桥？

接下来，我将就这些问题给出在我看来目前为止最好的答案。但我们必须知道，专家们远没有达成一致。考古学家、遗传学家、地理学家——无论是专业的还是业余的，都一直在争论，而且毫无疑问，他们还将继续争论很久。我在上一章说到，缺乏一致并不意味着没有一致。我们确实知道一些答案。但仍有很多问题，也有很多其他可能的答案，正因为这样，探索才更加有趣。我将从走出非洲谈起。虽然我用了“走出”这个词，但请记住，我们谈论的是在相对短的时间内走出去的一小部分人，除此之外，我们并不知道我们描述的是突然有大批人走出，还是人们分成几小批走出，或是如涓流般不断有人走出。正如我在前一章所说的，当然不是人类全体都出走了。许多人仍然留在了非洲。

对于上一段中“一小部分”和“相对短的时间”这样的短语，我不打算加以界定。这个过程可能涉及最多几千年中的几千人。但有太多因素影响对奠基人群规模的估算了，更别说关于他们的其他信息了，甚至用“少数”来描述他们可能都太过精确。在这里，我要提醒一下想去查阅估算奠基人口的论文的人，遗传学家会区分有效人口规模和真实人口规模。简单说，有效人口是人口中繁殖后代的个体数量。这个数量往往比非遗传学家所认为的人群中成年人数量少至少一半。

假设人类是徒步离开非洲的，那么他们可能会采取两条路线中的一条，也可能两条都走。大致从埃塞俄比亚开始，一条路线北上红海西侧，接近地中海地区，东转穿过西奈半岛顶端，然后从几条可能路线中选择一条穿过中东进入亚洲。另一条路线是从非洲穿越红海南端位于现在厄立特里亚南部和也门西南部之间的曼德海峡（Bab el Mandeb Strait），然后从几个可能的后续路线中选择一条离开。我们要如何决定哪条路线更有可能呢？

2005 年，朱莉·菲尔德（Julie Field）和玛尔塔·拉尔（Marta Lahr）用数学模型算出了从非洲到澳大利亚的可能路线。这种模型实际上是一个算法：当人们到达 X 点时，如果环境适宜，他们就会一直向前走，只有在不适宜的时候，他们才会换一个方向。草地或稀树草原是适宜的环境，沙漠是不适宜的。至于选内陆还是选沿海，模型假定他们更偏爱沿海岸线行走，因为人类能在那里发现很多容易捕获的贝类。在菲尔德和拉尔提出人类从白令陆桥到北美洲之沿海路线的 20 年前，克努特·弗拉德马克（Knut Fladmark）就主张这一观点。在自然环境和沿海路线方面，菲尔德和拉尔都合理考虑了人们估计的大约 5 万年前的环境状况，包括海平面比现在低 80 米这一事实。

"唾手可得"的海贝是选择沿海路线的关键。世界上所有的海岸上都有贝类的身影，甚至沙漠边缘的海岸也是如此。请看在厄立特里亚海岸发现的 12.5 万年前的大量半壳牡蛎，还有大概是用来敲开它们的石制工具，以及世界各地沿海被称为"贝冢"的大量贝壳堆积。同时，据特雷莎·斯蒂尔和理查德·克莱因说，在南非的考古遗址中，贝类遗骸之丰富，要数倍于有蹄类动物的遗骸。

这些贝冢简直大得难以想象。在北美，阿曼达·泰勒（Amanda Taylor）、朱莉·斯坦（Julie Stein）和斯蒂芬妮·朱利维特（Stephanie

Jolivette）称为“小”贝冢的，是那些面积在3000平方米以下的贝冢。3000平方米相当于长100米，宽30米，比足球场小不了多少。一些北美贝冢有1米多高。澳大利亚有些贝冢高达5米，上面还生长着树木。

即使是现在，在人口稠密的加利福尼亚州旧金山以北海岸，你也能很容易地从那里的岩石上采到许多贝类。不过采贝类之前，请先申请执照。我们夫妻的一位好友告诉我们，20世纪60年代末，他和朋友去加利福尼亚北部的海岸露营时，仅凭手采就能从露出海面、覆盖着海草的岩石上拾获特别多鲍鱼，要多少有多少。在返回营地的路上，他们会在裸露的沙洲上挖到多得带不走的马脖蚌，然后又去采软壳蛤，再来上一袋黑贻贝，他们用最原始的工具，花了半日闲暇，就采集了足够一家人吃几天的食物。

相比于其他动物食物，贝类的主要优点是，儿童也可以很快地采获贝类，哪怕效率不如成年人。根据贝蒂·米汉（Betty Meehan）的记录，在澳大利亚北部的阿纳姆地（Arnhem Land），成人采贝平均每趟收获10公斤左右，孩子们则有近3公斤。道格拉斯·伯德（Douglas Bird）和丽贝卡·伯德（Rebecca Bird）看到，新几内亚和澳大利亚之间托雷斯海峡的儿童，每小时可以收获1公斤的贝类肉。根据我们家的食谱，这分量够四个人吃一顿饭了。设想一下，如果现在西方的孩子们能在放学回家的路上，就采集到一家人晚餐的食材，家长该有多么自豪和欣慰啊！

菲尔德和拉尔认为，人类走出非洲继续前行最可能的路线是，沿红海西岸北上西奈，再穿过北方的死海到达幼发拉底河上游，然后沿河南下抵达波斯湾东侧。像在海滨一样，人类在河流中很容易捕获食物，200 万年前在肯尼亚的图尔卡纳盆地（Turkana Basin），人族就食用了大量的乌龟和鲇鱼。

虽然菲尔德和拉尔假设的沿海路线很吸引人，但其他一些路线也不无可能。两年前，安德斯·埃里克森等 9 人也构建了人类走出非洲、迁往世界各地的路线模型。他们像菲尔德和拉尔一样，把自然环境纳入自己的模型。不过，埃里克森团队的模型使用气候和环境生产力来预测人群的增长。基于此，他们绘制了人类的散布路径。和菲尔德和拉尔不同，他们不认为迁徙一定是沿着海岸线的。这个团队还采用遗传学的方法研究人类迁徙的时间。我在前一章提到过这一点。埃里克森团队通过模型提出了一条南线路径，即跨过厄立特里亚南部和也门之间的曼德海峡，然后向前穿过阿拉伯半岛的南部。这是两条走出非洲的路线中更为可能的一条。

要横渡（扼守红海的）曼德海峡，人类很可能需要船只。现在这个海峡的最深处有 300 米。如果人类继续沿着阿拉伯海岸东行，他们应该是越过霍尔木兹海峡第一次看到伊朗的。那时的海峡可能窄于 20 公里。迁徙队伍中如果有人爬到海滨悬崖的顶部，他就能轻易看到海峡对岸。这群人中不惧危险的青年男子甚至可以游过去。即使这些迁徙者没有乘船横穿海峡，他们也可以从这处海岸以北 800 公里远的干地（今卡塔尔）横穿而过。

根据菲尔德和拉尔提出的详细路线，人类继续沿海岸从波斯湾向东，偶尔为了穿过像恒河这样的大河而绕向内陆。验证人类“走出非洲，一路沿海走来”这一假说面临的问题是，人类跋涉途中经过的大部分海岸线，现在都已经被水淹没。从 1 万年前开始，由于末次冰期的冰盖融化，全球海平面已经上升了 100 多米。因此，

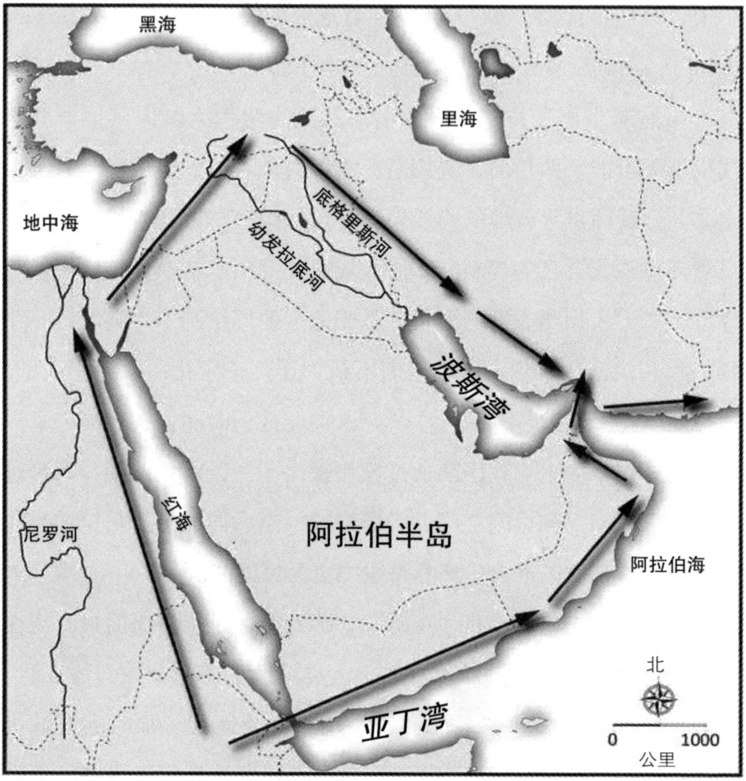

中东地图和人类走出非洲的可能路线。制作：约翰·达文特

所有海岸线现在都已经淹没水下，甚至在许多地方离现在的海岸线有几公里远。虽然有水下考古，但水下考古比陆地考古困难得多，因此很少开展。

然而，石头、骨头和贝冢并不是我们仅有的证据。遗传学也能够提供很多信息。通过分析不同区域人 DNA 的相似性和差异性，我们可以看出哪些人群的亲缘关系最为相近，得出可能的迁徙路线。例如，蒙古人、中国人、马来西亚人之间相近的亲缘关系，可以表明有一条通往澳大利亚的中亚路线（丝绸之路）。事实上，我们发现，最相近的关系是从印度穿过马来西亚，经过印度尼西亚到达新几内亚和澳大利亚，如果人类是沿海岸线扩散的，大概就会这么走。（在下一章中，我将详细阐述基因如何揭示出更多的人类迁徙历史。）

菲尔德和拉尔的模型给我们提供了两条从亚洲抵达澳大利亚的路线。一条是南线，沿印尼半岛，从苏门答腊岛出发，通过爪哇岛、巴厘岛和东帝汶，然后到达澳大利亚。另一条是北线，经过婆罗洲、苏拉威西岛和新几内亚，到达澳大利亚。

也许在 5 万年前，当人类到达澳大利亚的时候，由于上一个冰期的海平面下降，新几内亚和澳大利亚之间的托雷斯海峡，以及同样浅的、位于塔斯马尼亚和澳大利亚之间的巴斯海峡，其底部在当时都是露出海面的。因此，如果人类通过北线前往新几内亚，他们可以不经过水域就继续向澳大利亚和塔斯马尼亚进发。

然而，看起来有不同的人群分别占领了新几内亚和澳大利亚。这两地的人在遗传和语言上都有很大不同。根据某些遗传 DNA 的分析，他们大概在 5 万年前就已经分开了。且不论他们在何时、何地分开，沿着海岸迁徙的人群到达印度尼西亚之后，有一大批人去了新几内亚，大多留在了那里，而另一批则迁徙到了澳大利亚。

请注意，上面一段省略了许多正在不断更新的复杂发现和解释。在我撰写本书之时，塞拉·皮勒卡恩（Sheila Pellekaan）发表了一篇关于人类进占新几内亚岛和澳大利亚的更完整综述。综述密密麻麻地写了 12 页。不仅故事复杂，而且我们对其仍然知之甚少。的确，像澳大利亚和塔斯马尼亚这样的地方，由于欧洲殖民者对土著人采取了残暴行径，甚至施行种族灭绝，因此我们可能永远都不能够了解详情（至少在遗传学方面是这样的）。一个民族一旦灭绝（就像英国人消灭塔斯马尼亚人），我们就没有基因数据来推断他们的起源了。我们实际上是毁掉了自己的部分遗产。

为了到达新几内亚，或不通过新几内亚到达澳大利亚，约 5 万年前的人类必须从印度尼西亚东部的一座岛屿穿越 100 公里的大海。正如我在第 2 章所述，也许就是这片水域成了妨碍最早的新几内亚人和澳大利亚人接触亚洲的屏障。据我们所知，在接下来的 2 万年乃至 4.5 万年中，澳大利亚土著和亚洲都没有任何接触。

新几内亚和澳大利亚之间当时没有大海阻隔，因而我们无法解释这两地为何在几万年间明显缺乏联系。除非我们接受这样的假设，即事实上第一批从非洲到阿拉伯半岛的人类继续东进，入驻了当时的亚欧大陆。那时，新几内亚和澳大利亚是被现在的托雷斯海峡分开的。而这种猜想的问题是，因为当时整个世界都处于间冰期盛期，海平面很高，所以即使发生了人类从亚欧大陆到这两片土地中任意一片的跨越，所花费的时间也会更长。主张很早就有人抵达澳大利亚的学者们在得出结论时，并没有处理这一潜在的问题。

可想而知，在澳大利亚，考古发现的人类最早迹象在北方，但其实在遥远的西南也有这些迹象。两地之间（就像现在一样）隔着一片广袤的沙漠，一路延伸到西海岸。因此，很有可能存在一条沿海岸从北方向西南行进的路线。澳大利亚东部缺乏早期遗迹，暗示人类是通过南印尼路线来到这片大陆的。倘若人类抵达澳大利亚是通过新几内亚这条更偏北的路线，那么他们就会到达约克角半岛的北端，而从这里出发沿澳大利亚东海岸迁徙，将是一条更容易的路线。然而，澳大利亚东部沿海基本上是温暖湿润的热带气候，遗骸在这种气候下不易保存。澳大利亚最早的人类也许经过了这个地方，但并没有留下任何痕迹。

从非洲到澳大利亚要经过印度。遗传学和语言学研究表明，这片次大陆上存在着三个主要人群。最古老且现存人数最少的，是零散分布在印度中东部的南亚语系人群，他们可能是最先到这里的人类的后裔。然后，印度南部是德拉威语人群，印度北部是印欧语系人群，印度东北部是藏缅语人群。通过遗传分析，大部分德拉威语人群的基因表明，他们的祖先和南亚语系的人群一样，是最早到达次大陆的人群中的一些人。

人类到达澳大利亚几千年之后，我们进入了亚欧大陆西部，可能是通过在土耳其跨越博斯普鲁斯海峡实现的。继续向西到达西欧的一条简单路线，是沿着多瑙河。一些考古学成果表明，这些迁徙者也取了一条更北的路线，就是从土耳其到里海东部边缘的格鲁吉亚，然后向西。与此路线相吻合的，是语言学和遗传学的研究成果，其中包括埃里克森团队的研究。这些研究表明，人类可能穿越了里海北部的乌克兰，也许曾经借道第聂伯河。

还有一种可能是，最早的欧洲人除了采用两条南线中的一条或两条之外，也采用了北线。我们知道这些，是因为 2011 年斯特凡诺·贝娜齐（Stefano Benazzi）、卡捷琳娜·杜卡（Katerina Douka）和其他 12 位学者，在意大利南部一个距今 4.4 万年的遗址

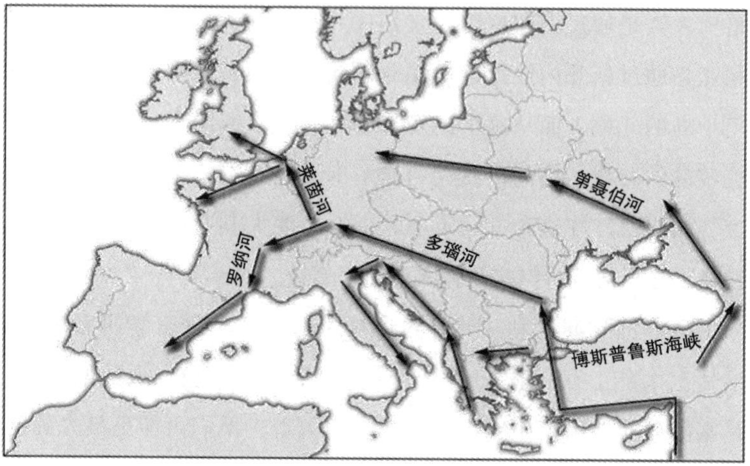

早期人类进入欧洲的可能路线，突出沿海与沿河路线。制作：约翰·达文特

中，发现了人类在欧洲的某些最早的遗迹，其中包括牙齿和一些打了孔、用作项链珠的贝壳。此前，这些牙齿被认为来自尼安德特人，但新的分析确定，它们来自现代人类。

然而，4.4 万年前，尼安德特人仍然生活在欧洲，并且现代人类基因中的尼安德特人基因表明，他们与我们之间曾发生交配（除非我们和他们都从一个祖先那里遗传了这些基因）。在第 11 章中，我会深入探讨这两个人族物种间的爱恨情仇。

关于人类从中东到东亚（主要是中国）的路线，目前我们只能靠猜测。这方面的考古学遗址和考古学家都为数不多。埃里克森的研究再次表明，可能有一条北线和一条南线。然而，最有力的遗传学和环境学证据把我们引到了南至巴基斯坦、北至哈萨克斯坦东部的地区，但之后的痕迹太模糊，无法再追寻下去。

至迟在 4.3 万年前，人类就已经定居在俄罗斯中南部的阿尔泰地区了，证据就是时有出土的大量片状石制工具，偶尔出土的一些装饰物，还有各种动物骨骼。阿尔泰人起源于哪里？ 2014 年初，马纳萨·拉加万（Maanasa Raghavan）和一支超过 25 人的研究团队报道了他们的遗传学发现，给了我们答案。他们分析了半个世纪前发现的一名男童的骸骨，骸骨距今 2.4 万年。这一发现的遗址在西伯利亚中南部贝加尔湖西区以北的马塔村，即阿尔泰东北大概 1000 公里处。令人惊讶的是，马塔男孩的 DNA 表明，他有大约 1/4 的基因明显来自西欧。拉加万小组还在马塔村西北大约 600 公里处，发现了一具有 1.7 万年历史的男性骸骨。这具骸骨同样表现出相似的西欧血统特征。这意味着这两具骸骨所属的人群在整个上一次冰期中，都一直待在俄罗斯中南部。

马塔实际上位于穿越蒙古并延伸至中国东北的丝绸之路上。遗传学家一度认为东北亚和东南亚人的起源不同。如果是这样，可能的解释之一是“进入亚洲的途径有两条”。然而，最近对基因分析的新证据和新解释表明，这两地的亚洲人系出同源，几乎可以肯定都起源于东南部。如果是那样，虽然在通向中国东北部北京的北部路线（即丝绸之路）附近发现的最早人类迹象可以追溯到将近 5.5 万年前，但这条路线可能是更晚的路线。也许他们到达了那里，但当时没有再往前行进，或许是因为往北太冷，往东太干燥。

人类在亚洲继续东行，似乎在大约 4 万年前到达了日本。那时，他们可以通过陆路到达日本南部，因为朝鲜半岛海岸边的日本海很浅，水深不到百米。在末次冰期，海平面下降，海底因此可能会暴露在外。不过，在当时，要直接从亚洲大陆到日本北部，人们必须使用船只。我们不知道当时的人是否真的这样做了，但我们知道，至少在2.5万年前，人类就已经开始使用船只了。因为当时他们到达了日本南部和台湾岛之间琉球群岛中的一些岛屿，为了到达那里，他们必须穿过长达75公里的海域。

到目前为止，我所描述的亚洲还不包括西伯利亚东北部——从亚欧大陆到美洲的必经之路。我已经在第2章提到，在北极圈以北发现的最早人类遗迹，是位于俄罗斯东北部的雅拿犀牛角遗址，那里靠近北冰洋海岸。在本章的前面，我介绍过一些考古发现，它们表明俄罗斯中部阿尔泰地区的西欧基因和东亚基因，可能对东北西伯利亚人群的基因都有贡献。

我校戴维·史密斯（David G. Smith）实验室的卡利·施罗德（Kari Schroeder）等人证明，美洲原住民的基因中，有一个不存在于美洲之外的其他地方，只存在于西伯利亚东北部、雅拿遗址以东几百公里处一个小地区的人群之中。这一独特基因意义重大，因为它在亚洲很罕见，但在北美和南美却很普遍。这表明，源于西伯利亚的一小支人群入主了整个南、北美洲。

但请再次注意，所有美洲原住民都来自西伯利亚的一个小地区，并不能让我们认定他们是来自同一个村落的同一批次移民。来自这一小片地区的人如涓流般逐渐进入美洲（过程可长达千年），同样可以在美洲原住民中产生这样盛行的基因分布。

和在非洲一样，西伯利亚和北美之间人群的迁徙是双向的。美洲人的确来自西伯利亚，但支持这一结论的证据，亦说明人类也可能从美洲回到西伯利亚。根据一篇塔蒂阿娜·卡拉费塔（Tatiana Karafet）与他人合作的报告，我们在西伯利亚发现了此前研究认为是产生于美洲的基因。西伯利亚和阿拉斯加之间的白令海峡现在是海洋。然而，所有美洲原住民的西伯利亚祖先一定通过了白令地区。正如我在上一章提过的，那里的海洋水深不到 50 米，在约 1.2 万年前仍是陆地。

回到我几段前描述的有西欧血统的马塔男孩那里，他的 DNA 与北美原住民的 DNA 有明显联系。这一点不难理解，因为两个美洲大陆的原住民都起源于西伯利亚东北部。我们由此似乎能揭示出这样的过程：一些西欧人穿越了东欧、俄罗斯，然后到达了西伯利亚东北部，在那里或附近地区遇见了从东亚北上的人群，他们共同繁衍了后代。这就是为什么我们发现，源于西伯利亚东北部的美洲原住民，同时拥有欧洲人群和东亚人群的基因。

美洲原住民身上有一些西欧人基因，这可以解释为什么一些美洲原住民的骨骼有明显的西欧人特征（例如 V 形下颌和前突的下巴）。从前，某些研究者认为这种联系说明在西伯利亚人群开拓美洲之前，还有更早的海外移民。然而马塔男孩的发现，解释了为何欧洲人的特点也符合美洲原住民的西伯利亚起源。

这些从西伯利亚东北部出发的先民，必定是先沿北美西海岸南下的，因为巨大的科迪勒拉冰原与劳伦冰原（Cordilleran and Laurentide ice sheets）覆盖了整个加拿大和美国北部大部分地区（包括华盛顿州北部、怀俄明州、内布拉斯加州、伊利诺伊州、俄亥俄州、纽约州全境及纽约州以北的东部各州）。那时要越过这片冰原的难度，不亚于如今穿过格陵兰冰盖，换句话说，此路不通。

茫茫冰原边上的生存环境同样极端恶劣，尤其是冰山还有可能崩裂，造成巨大的海浪。然而，约 1.45 万年前，加拿大西北海岸附近的岛屿上生活着熊、狐狸等各种哺乳动物，还有海洋哺乳动物。当时的海平面至少比现在低 100 米，这些岛屿许多都曾是大陆的一部分。这意味着，这些动物为吃腻了贝类的人们提供了更丰富的食物来源。当时贝类遍布海岸，即使经过了千百年的采集，贝类如今仍然大量存在。

前克洛维斯人（如今的美洲人）一抵达冰原的南部，就从海岸迁移到了内陆。有 1.55 万年历史的得克萨斯石器的发现，让我们得知了这一点。

对此的大多数描述，都假设人群沿着美洲西海岸向南分散，我也是这样描述这一迁徙的。然而，丹尼斯·欧鲁克（Dennis O'Rourke）和珍妮弗·拉夫（Jennifer Raff）也推测出一条东部路线。这或许能解释为何相较于西海岸，早期人类的迹象更接近东海岸。然而，倘若如此，选择东部路线就意味着人类将沿北美寒冷的北部海岸线长途跋涉 7000 公里，而沿西海岸南下只需穿越 3000 公里左右的冰川。

或许 1.3 万年前，这两个北美冰原已经充分融化，让人们能够进入蒙大拿、北达科他和明尼苏达地区。这个时间大致是著名的克洛维斯文化进入美洲的时间。我在前一章描述了克洛维斯文化，包括其精美的石矛，以及关于是不是克洛维斯人最早到达美洲的那几近终结的争论。

冰原之间出现了一条走廊，克洛维斯文化的人们是像他们祖先一样沿着海岸迁徙，还是穿过了这条无冰走廊？这一点我们无从得知，因为这个文化在整个北美传播得太快，在不到400年的极短时间内，就扩散到了整个北美洲，我们甚至无法区分走廊开口南部附近遗址的年代与西部附近遗址的年代。主张早期克洛维斯遗址位于无冰走廊尽头附近，意味着克洛维斯人穿过了这条走廊。我们需要考虑迁徙的速度问题，重新审视这种主张。

在这里，我需要提到丹尼斯·斯坦福（Dennis Stanford）和布鲁斯·布拉德利（Bruce Bradley）的假说。他们假设，在2.2万年前至约6000年前某个时段，来自欧洲的人类占领了北美东部。这一指出北美与欧洲关联的论点，在很大程度上依赖在美洲发现的先进石器，这些石器与西欧梭鲁特文化（Solutrean culture）的石器相似，而梭鲁特文化也与遍布美洲的克洛维斯文化相似。梭鲁特文化以首次发现这种工具的市镇梭鲁特–普伊（Solutré-Pouilly）命名。该市镇位于法国梅肯（Macon）区，那里种植葡萄，生产美味的普伊–富赛（Pouilly-Fuissé）霞多丽葡萄酒。

最早入主美洲的是西欧人和西伯利亚人吗？几乎可以肯定不是。事实上，我也会和别人一样，敢冒风险地说“肯定不是”。遗传学证据根本不支持这种假设。即使欧洲人在数千年前登陆美洲，也没有证据证明他们成功了。欧洲人没有在美洲大陆繁衍，因为欧洲人的基因只通过来自西伯利亚的移民体现，没有在南北美洲的原住民身上出现过。

这个假说在考古学上也面临严重的问题。例如，美国东部石器和梭鲁特文明石器之间的某些相同点，同样符合其他许多地区石器文化的特点。毕竟，制造有用石器的方法甚为有限。也许更重要的是，美洲文明和梭鲁特文明之间存在许多差异。梭鲁特人制造出许多既实用又美观的其他物件，而不仅仅是石器。所以，如果梭鲁特文化来到了美洲，那么为什么在美洲看不到他们文化的其他内容？我还要指出，梭鲁特假说的文化证据还有一个问题：几乎所有号称梭鲁特遗址的地方，其年代都在梭鲁特文明在欧洲消亡后的几千年后。那些遗址的年代反倒符合现已确定的非梭鲁特人群在美洲出现的年代。

在解剖学方面，一项支持很早就有欧洲人群进入美洲大陆的论据是，早期美洲人头骨具有欧洲特征。然而，就在我撰写本书的2014年，我们看到了一份报告说，尤卡坦半岛（Yucatan Peninsula）上一具约1.25万年前的遗骸，确凿无疑地具有西伯利亚人的DNA，同时也有欧洲人特征。对此的必然解释是：那些欧洲人特征是人群抵达美洲大陆之后才演变出来的。目前，我们不知道这些变化是源自遗传漂变（genetic drift，一种随着时间推移几乎随机发生的改变，详见第6章），还是源自对美洲大陆环境的适应。

让我们暂时忘记美洲的梭鲁特文明，回到那些已获证实的发现和主张上面。最早的美洲先民到达得克萨斯之后仅仅过了几百年，就从北美出发，沿着中南美洲西海岸，继续前行了1万公里，到达了智利南部。他们能如此迅速地走完这千万公里的路程，最好的解释似乎是他们走了沿海路线。

然而，戴维·安德森（David Anderson）和克里斯托弗·吉勒姆（Christopher Gillam）认为，根据自然环境、移民人口构成和考古发现，更有可能的路线是南美的一条内陆路线。但我发现他们提出的路线不大合情理。根据他们的解读，最早的美洲人穿越巴拿马地峡之后进入了南美洲，成功到达安第斯山脉东部。然后，他们南下穿越地形崎岖的地区，越过从安第斯山脉东流的许多江河，最终幸运地到达了向南流的巴拉圭河，这可能多少帮助他们南下穿过了南美大陆的 3/4，轻松地到达了现在布宜诺斯艾利斯的位置。从那里要继续到达在智利南部的蒙特沃德，他们将不得不穿过其他一系列河流，然后翻过安第斯山脉南端，再掉头北上。

走这条路线，必然要穿过众多的河流和广袤的森林，我认为这大有问题。安第斯山脉东坡上河流湍急，东坡以下的平原上河流宽广。这些河流在末次冰期亦未消失，跟亚欧大陆和非洲不同，亚马孙地区没有经历过干旱的迹象。

不仅如此，安第斯山脉东部的亚马孙森林肯定会极大阻碍沿南方路线的行进。热带森林不易穿越。此外，跟非洲中部的刚果森林不同，亚马孙森林显然没有在上一次冰期的干旱期缩减成星星点点。亚马孙森林的覆盖范围可能略小于今天，但即使如此，仍会有绵延数百公里的森林阻挡人们的去路。沿南美洲海岸南下的旅程是不会轻松愉快的，虽然我承认，人类从不缺乏探险的兴趣。

米歇尔·德·圣彼埃尔（Michelle de Saint Pierre）和她的同事们在最近的一项遗传学研究中表明，智利南、北土著人群之间有很大的不同，南部人群更像阿根廷南部人群。除了这一现象，他们还计算出这两个南部人群的基因都有 1.5 万年的历史。这些都表明，迁徙路线并不是沿安第斯山脉东部南下再越过这一山脉到达西部，而是与之相反，沿海岸南行迅速到达蒙特沃德，然后向东跨越安第斯山脉。遗传变异和奠基人口少，可以解释智利北部和南部人群遗传图谱的差异。

迅速向南迁徙穿越美洲的这个假说（无论是沿海岸带南下还

是在内陆南下）存在一个问题：迄今为止，考古学家都没有发现多少证据。美洲西海岸几乎没有留存下来任何前克洛维斯遗址。但我在讨论从非洲到澳大利亚的沿海路线时曾经提到，自 2 万年前的末次冰盛期以来，海平面上升了 100 多米，覆盖了在那之前的大多数人类迹象。安德森和吉勒姆指出，安第斯山脉以东几乎没有留存任何遗址，这在很大程度上是因为很难在热带雨林进行考古挖掘，而且万千年来河流改道，已令遗址荡然无存。

史前人类散布世界各地，他们最后要进入的区域是汪洋大海。语言学和遗传学研究都表明，太平洋地区的人群和一些新几内亚人最初都来自印度尼西亚东部。从语言学上说，所有太平洋人群、印尼东部人群和菲律宾人都讲南岛语。南岛语系人群肯定源于亚洲，但现在亚洲大陆却没有南岛语系人群存在。不过，我们发现与中国大陆东海岸相望的台湾岛上，却有众多南岛语言使用者。台湾原住民因为与亚洲大陆隔离，有时间发生多样化，幸运地避免了被亚洲大陆人群取代的命运。

语言学证据表明，人们从台湾岛迁徙到菲律宾和新几内亚，又继续前行进入太平洋。基因研究既支持这条路线，又反对这条路线——这取决于科学家关注哪些基因。但总体而言，加之台湾岛没有出现东印度尼西亚和波利尼西亚的某些基因，我们横跨太平洋的迁徙似乎始于印度尼西亚东部，而非西太平洋的新几内亚或美拉尼西亚。让我们回顾一下，美拉尼西亚包括新几内亚以及它东部和东南部的岛屿，一直延伸到斐济。（见第 48 页地图）

作为人类在太平洋迁徙的起始地，印度尼西亚和美拉尼西亚是很容易在遗传学上区分开的，因为在这两个地区的人群基因组成非常不同。早在 19 世纪中叶，伟大的生物地理学家阿尔弗雷德·拉塞尔·华莱士（Alfred Russel Wallace）就注意到，巴厘岛和苏拉威西岛以西的动物是印尼的，实际上源出亚洲，但从那里以东以及菲律宾以南是属于新几内亚和澳大利亚的。这条分开两个地理区域的界限被称为“华莱士线”。取决于学者们研究什么样的动物，有些人在这个区域画了一些延伸至更东方和更南方的界限。延伸至最东方的界限是“莱德克线”（Lydekker's Line）。这些界限的意义在于，“华莱士线”以西的人群（包括菲律宾人）从遗传上说是亚洲人。再往东跨越各种界限，基因构成中亚洲的比例就下降了，直至“莱德克线”，这条线以东的人群在遗传上几乎纯粹是新几内亚的，这和动物群的情况一致。

之前，我简要描述了关于太平洋岛民起源之遗传发现的一些不同之处，这是由于一些研究针对的是女性的线粒体基因，另一些研究针对的是男性 Y 染色体基因。这一点非常重要，因为男、女人群的迁徙情况可能不同。在上一章中，我曾提到“五月花”号事件、犹他–阿兹特克语系和冰岛。性别也和太平洋上的迁徙相关。我们可以通过关注 Y 染色体 DNA，发现在这一区域的迁徙是快速的，但当分析女性线粒体 DNA 时，却发现迁徙很缓慢。两性之间的这种差异，会不会是因为男人不需要照顾婴儿，因此可以担当迁徙的探路者，而必然更加审慎的母亲们则跟随在后？

在一个案例中，一个人和他的后代似乎导致了一个区域内 Y 染色体基因（男性的性染色体基因）的传播。塔蒂亚娜·泽加尔（Tatiana Zerjal）和她的合著者指出，这个 Y 基因谱线大约于 1000 年前出现在蒙古，几乎恰好在 200 年后成吉思汗所征服的土地上，这个基因如今的分布率为惊人的 8%。这个人及其后裔在之后的几百年里统治着这个地区。蒙古可汗们可不会善待被征服的民族。他们在随后几代人中留下了如此庞大的遗传标记，部分原因是他们屠杀自己的竞争对手，尤其是那些很可能留下自己遗传标记的人，也就是当地的首领。

但 Y 染色体基因并不总是传播最广泛的。在一些地方和一些人群中，线粒体基因才是传播最为广泛的。继而我们看到，Y 染色体基因的地区差异性，要比线粒体基因的差异性更明显。这种模式匹配这样一种社会：男性更可能留在他们的出生地，女性则迁移到她们丈夫的出生地。玛丽安娜·图蒙戈（Maryanne Tumonggor）、塔蒂阿娜·卡拉费塔和合著者表示，这种模式在过去也发生在人类进占印度尼西亚并继续占领太平洋的迁徙中。这是当今世界各地农业社会的常态。

在上一章里，我描述了在 2.5 万年内，人类在太平洋上的扩张是如何止步于西美拉尼西亚、新几内亚和邻近岛屿的。很多遗传和考古数据表明，一旦人类发明了远洋独木舟，他们便迅速进入了密克罗尼西亚和波利尼西亚。（密克罗尼西亚主要位于赤道以北，包括关岛和马绍尔群岛。波利尼西亚主要位于赤道以南，南至西南部的新西兰和东南部的复活节岛，但也包括夏威夷。）然而，包括两性迁徙之间差异的基因研究再次表明，扩张的主力是东印度尼西亚人，而不是人们以为的住得比较靠东的美拉尼西亚人。

迁徙更有可能起始于印度尼西亚（而非美拉尼西亚）的证据还有：近 80% 的波利尼西亚的核 DNA（即由两性携带的 DNA）起源于东亚，只有剩下的 20% 左右起源于美拉尼西亚。就两性之间的差异而言，似乎有 95% 的波利尼西亚线粒体 DNA 是印度尼西亚的，只有 65% 来自美拉尼西亚。争论点出现了：人类究竟是如何在太平洋繁衍的？他们是从印尼开始缓慢扩张，穿越美拉尼西亚，一路繁衍，再继续前行的吗？还是说他们从印尼迅速出发，快速通过美拉尼西亚，在途中不作过多停留？这其中的极端情况被定义为“快车”和“慢船”模型。

定向迁徙是人类散布到全世界的一种方式。例如英王钦定本《圣经》所言：“我下来是要领他们……到美好、宽阔、流奶与蜜之地。”[1]（《出埃及记》3:8）在美国，这种迁徙的典型例子是摩门教徒从艾奥瓦州与内布拉斯加州边界到盐湖城的迁徙。这次跨越 1400 公里的迁徙由因提倡多妻制而臭名昭著的杨百翰（Brigham Young）发起，全程历时 2.5 个月。

人类散布的第二种方法是所谓的人口扩张。再次引用英王钦定本《圣经》的典雅文字：“以色列人生养众多，并且繁茂，极其强盛，满了那地。”[2]（《出埃及记》1:7）。换句话说，人类繁衍，人口增加，生活在人群边缘的人向外迁徙。这种扩张的例子之一，是定居美国东海岸的欧洲人群向美国西部的缓慢迁徙。从第一个永久英国殖民地建立开始算起，过了 150 多年，那些定居者连密西西比河都还没到达！

然而，把“慢船”和“快车”这两个词语应用于人类在太平洋的散布，我承认我们有一点偷换概念的意思。多慢是慢？多快是快？在波利尼西亚有 65% 的美拉尼西亚的线粒体 DNA，美拉尼

[1] 中文出自和合本《圣经》。——译者注
[2] 中文出自和合本《圣经》。——译者注

西亚的贡献不可谓不大。人类的散布不仅仅是快速地从印尼出发，再经过美拉尼西亚，也不仅仅是通过人口的逐步扩张，从印度尼西亚到美拉尼西亚，再到密克罗尼西亚和波利尼西亚。事实上，这两种方式人类都采用了。然后，似乎是东印度尼西亚人充当了主要探险者的角色，他们先进入美拉尼西亚，随后迅速穿过美拉尼西亚到达波利尼西亚。不过既然人们也相互通婚，那么用带有同舟共游浪漫色彩的“慢船”来形容，会不会更贴切?

太平洋岛民是卓越的水手，他们一旦遍布波利尼西亚大部分地区，便会在太平洋四处漂流。因此在美拉尼西亚、密克罗尼西亚和波利尼西亚，每个地区都有相当程度的基因融合。例如，同样是在太平洋的西边，印度尼西亚就存在显著的新几内亚基因，反过来也一样。这个故事太错综复杂了，还有很多问题有待解决。

不过，我们可以肯定的是，尽管有托尔·海尔达尔（Thor Heyerdahl）和“康提基”号（Kon-Tiki），波利尼西亚最初并不是被南美洲人占据的。要对那些没有看过最近一部挪威电影《康提基号》的人解释一下，原始的“康提基”号是一只轻木筏。1947 年，海尔达尔和一名船员驾着它，从南美出发，到达了太平洋中部的法属波利尼西亚。他们踏上这个旅程，是为了证明波利尼西亚人可能有南美血统。遗传学本来可以省去他们重走这趟旅程的麻烦，但那样写成的书，精彩程度怎能媲美海尔达尔的《孤筏重洋：穿越南方诸海》（*The Kon-Tiki Expedition: By Raft Across the South Seas*）?

但是波利尼西亚人是优秀的水手，而南美人不是。在像我这样的外人看来，新西兰人和澳大利亚人没什么区别。这或许并不令人意外，因为这两个地方目前的主要人口来自英国。但新西兰最早的开拓者（毛利人）并非来自澳大利亚，而是来自东北方向 2500 公里处的库克群岛，与澳大利亚的方向完全相反。最初开拓者中的女性可能不超过 100 人，可想而知，只有少数船只在旅途中幸存了下来。

然而，在大约 700 年前，太平洋岛民到达新西兰的时候，他们可能已经来往南美洲至少 300 年了。这个意见来自对红薯的遗传学研究。

红薯源于南美洲。根据卡罗琳·鲁利耶（Caroline Roullier）、洛尔·伯努瓦（Laure Benoit）及合著者的研究，东太平洋红薯和南美洲红薯的亲缘关系相近，就好像它们是从南美洲被直接带到太平洋岛屿上的一样。虽然这些研究者没有给出这一植物到达东太平洋的年代，但有学者认为，这发生在 1000 年前。对红薯及其周围文化和它们穿越太平洋运动特别感兴趣的人，一定会觉得《大洋洲的红薯》（*The Sweet Potato in Oceania*）一书很有意思。

对鸡和葫芦的遗传研究，也可能表明 1000 年前波利尼西亚和南美洲之间有所往来。然而，目前这一结论存在各种问题。葫芦也可能随洋流漂来，而不必由人类带过来。另外，维基·汤姆森（Vicki Thomson）、欧费列·勒布拉瑟尔（Ophélie Lebrasseur）与合著者的研究表明，鸡的基因样本可能意外地遭到了现代鸡 DNA 的污染。

在毛利人到达新西兰的 800 年前，东波利尼西亚人可能就已经到达了加利福尼亚州南部。为何不这样假设呢？如果那时他们已经穿过了浩瀚的东太平洋，何不继续前行？这个登陆加州的证据是，约 1500 年前，那里突然出现了东太平洋船只的建造模式，特别是出现了使用缝板和鱼钩、鱼叉的迹象，还有带东太平洋典型特征的设计。另一批700年前的夏威夷式带刺鱼钩突然出现，也表明两地之间还有进一步接触。当地的一些词语似乎不源于北美，但却明显可以溯源到波利尼西亚。这也表明太平洋岛民没有停止向东行进，而是一路前行直到美洲。例如，加州南部沿海的丘马什人用不常见的“托莫漏”（tomolo）这个词来表示独特的缝板独木舟。语言学家们认为，这和夏威夷当时用来表示可制成独木舟的树的“tumura'aakau”一词并没有什么不同。

第2章结束在我们人类2000年前到达马达加斯加岛一事上。就像我写的，最早到达马达加斯加岛的人似乎不是来自非洲，而是来自印度尼西亚。无论哪一组最先到达，印度尼西亚人并没有穿越非洲人需要横越的450公里莫桑比克海峡，而是穿过了3000公里的印度洋。考古学、遗传学和语言学都证明了这一结论。例如，既指称马达加斯加语，又指称马达加斯加人的“Malagasy”一词显然是南岛语系的。这和婆罗洲的一种语言很相似，很像婆罗洲东南部的巴里托（Barito）语族。

从印度尼西亚到马达加斯加，需要穿过3000公里开阔海域。就像新西兰的情况一样，这一距离可以解释为什么遗传学表明马达加斯加的奠基人群很小，并且妇女尤其少，只有30人。完成这一距离，不仅需要印度尼西亚船员具有出众的操船、导航能力，还需要超常的耐力。我将在第5章详细阐述远航水手和女性的耐力，以及关于这一点的生理解释。

一到达马达加斯加，婆罗洲人就迅速扩张，但很快，岛屿上不同地区的人群大概彼此孤立了起来。很好的语言资源网站“民族语言网”（Ethnologue）列举了 11 种马达加斯加方言 / 语言，都与婆罗洲语的一个语族近缘。换句话说，虽然在 1500 年前，婆罗洲人到达马达加斯加并定居下来之后不久，就有大批非洲人开始到来，但马达加斯加语在很大程度上仍是一种婆罗洲语言。

如果马达加斯加语与婆罗洲语最近缘，而那一地区的其他语言，比如苏门答腊、印尼和马来半岛的语言，与婆罗洲的语言也有一些相似之处，那么马达加斯加语和这些语言也会有一些相似之处。不难想象，在东南亚这样的多岛屿多半岛地区，任何一个社区的居民，任何一艘船上的乘客和船员，都可能来自不同的岛屿，因此也会有各种语言。

本章开始时，我讲到人类走出非洲，但这并不是人类史前唯一的一次迁徙。人类同样也在非洲内部迁徙，甚至从欧洲迁回非洲。我描述过班图人从起源地（可能是非洲中西部）迁徙的过程。我还谈到过一个令人惊讶的发现，即 3000 年前东非狩猎采集者的基因，有 1/4 来自欧洲。有大约 10% 的科伊桑人群基因起源于欧洲，这足以证明上述这些人中，有些人之后一定迁徙到了非洲南部。遗传学发现表明，这些东非人的欧洲基因大约在 1500 年前抵达了南非。

非洲东部基因到达非洲南部，是通过单一一波移民，还是通过一代又一代的渐进迁移，一边迁徙，一边繁殖而实现的呢？这又是我们前面遇到的，人类占领波利尼西亚的“快车”“慢船”二选一的问题，只不过这里应该是“慢车”而不是“慢船”。考虑到需要迁徙的距离至少是摩门教徒迁移距离的两倍，而且这里缺乏像极端干旱期这种明显的突然迁移原因，因此在这里，似乎人口扩张一说更有可能。

这两种类型迁移的区别在于迁移速度不同。在我们走出非洲横跨世界的迁移中，有些学者用“迅速”来形容我们到澳大利亚的迁移。但多快才叫“迅速”？一种估计是我们花了3000年时间完成了从中东到澳大利亚1.2万公里的路程。在3000年内迁移1.2万公里，也就是每年4公里或每天11米，即每天11大步。3000年的估计，根据的是离开非洲的起始年代和抵达澳大利亚的年代。这两个年代都不确定。误差可能长达几千年。但不管我们选择什么更合理的年代，其结果都是，旅途似乎是以一天只前进几米的速度完成的。

对于从西伯利亚东部到智利南部迁徙的起止年代，我们有更准确的估计。人类可能在1.65万年前离开西伯利亚，并在至少2000年后抵达了1.6万公里之外的蒙特沃德。2000年走了1.6万公里，也就是平均一天走22米。就像我之前所说的，我们也有人类在1.55万年前到达得克萨斯的准确年代。得克萨斯大约距离白令陆桥6500公里，离智利南部1万公里。那么就是以每年6公里到7公里，也就是每天17米的速度从白令陆桥到得克萨斯，人类西伯利亚路程的南半段是以每年10公里（即每天超过27米）的速度完成的。克洛维斯人跟随在最早的美洲人之后，考古遗迹的年代表明，迁徙前线以每年约6.5公里的速度移动，即大概每天18米。

无论使用我们估计的哪一个每日迁移距离（11米、22米、17米、27米、18米），人群都几乎可以说没有移动。一些妈妈想必曾警惕地发现，婴儿1小时内可以爬27米。所以，从非洲到澳大利亚和从白令陆桥到南美洲南部的移动，其速度都较为符合人口扩张的情况，不符合人群直接迁移的情况。约 6500 年前，牧民从土耳其到西欧的扩张也是如此。从考古分析的结果判断，从安纳托利亚到西班牙东部耗费了 2000 年，行进距离为 3500 公里。随后牧民以一年不到 2 公里（每天 5 米）的速度扩张。很容易想象牧民移动起来比狩猎采集者慢，但即便如此，对于饥饿的牛群、绵羊和山羊群来说，一天移动 5 米，似乎也极其缓慢。

我们必须认识到，所有这些速度都是依据考古记录得出的，而这些记录还在不断变化。在得克萨斯州发现北美最早人类迹象的报道始于 2011 年。在此之前，北美地区考古遗址中可以可靠推算出的最早人类年代是 1.4 万到 1.3 万年前，那些遗址位于阿拉斯加中部。人类在到达阿拉斯加中部之前，也有可能先到达了得克萨斯州。毕竟，一片巨大的冰原覆盖着阿拉斯加的大部分地区。显然，1.55 万年前，到达了得克萨斯州的人类绕过了阿拉斯加，并且没有留下任何足迹，至少考古学家尚未发现这些足迹。

那么，我们还可用些什么信息来估算早期人类在全球范围的移动速度呢？当时，所有人类都是狩猎采集者。那么让我们来考虑一下，如今的狩猎采集者一年能迁移多远？幸运的是，人类学家研究狩猎民族已经几十年了，而且我们有很多关于游牧民族迁移的数据。对世界各地超过 200 个狩猎民族的研究信息表明，他们大概每年迁移营地 8 次，每次迁移 13 公里。这是全世界的平均水平。一个我所在州的例子是南加州洛杉矶东北部的塞拉诺（Serrano）族群。他们每年平均迁移 7 次，每次 21 公里。每年迁移 8 次，每次 13 公里，就是每年 100 公里多一点。每年 7 次，每次 21 公里，就是每年 150 公里。照这样的速度，人类本应该在不到 200 年的时间里就从非洲到达澳大利亚，或从白令陆桥到达智利。

斯图尔特·费尔德尔（Stuart Fieldel）进行了类似计算。他指出，在大约1000年前，人们趁冬季北冰洋冰封可以行走之时，在不到150年时间里走了大约2800公里，从阿拉斯加出发途经伊丽莎白皇后岛，迁居格陵兰岛。也就是不算周日休息一天的话，每年19公里或每天65米。以这个速度从阿拉斯加到火地岛，会用将近900年时间。这当然慢于上面提到的200年，但是，正如费尔德尔指出的，这或许是因为这些北美的后来移民面临着先到居民的竞争。不过，即使有竞争，也不会是很危险的竞争，因为有考古迹象表明，随着后来移民的到达，先期居民的一切痕迹都在（考古学上的）“一瞬间”消失了。

用蒙特沃德遗址中的不同物件进行估算，采用不同的估算方法，得出的人类最早抵达智利的年代范围，前后相差600年。这意味着，即使最早的美洲人花了900年完成这次旅程，考古记录也有可能表现得好像他们几乎瞬间就到了那里。

总之，我们对早期人类迁徙速度的估计，快慢相差多达10倍。从非洲到澳大利亚的1.2万公里（或从西伯利亚到南美洲南端的1.65万公里），估计人类用了多则几千年、少则几百年的时间。还有学者用人口增长率的估计值，来计算我们遍布美洲大陆需要多长时间。40年前，保罗·马丁（Paul Martin）利用皮特凯恩反叛者（Pitcairn mutineers）及其女伴的人口增长率，设狩猎采集者的人口密度为每平方公里1人，起始人口为100人，以此开始计算，得到的结果是，人类能在340年间遍布北美。另一种计算方法会得出略有不同但仍然合理的数值：160年就够了。马丁认为，先行者之后的人群，移动速度会更慢，因为他们会发现食物变少了。“皮特凯恩反叛者”是谁？这事关“邦迪”号（Bounty）上发生的不光彩叛乱，领头人是弗莱彻·克利斯敦上尉（Lieutenant Fletcher Christian）。在拘押布莱船长（Captain Bligh）及某些效忠于他的船员一周之后，反叛者用一艘载有一星期给养的超载船只，把他们放逐到太平洋中间。反叛者则与几个塔希提岛男女定居在了皮特凯恩岛上。

在马丁这一研究发表 30 年后，托德·苏洛威尔（Todd Surovell）发明出了一种新的计算方法。他结合可能表明人口扩散速度的多种方法，包括营地移动的数量和移动的距离，还有生殖率、人口增长率、携带儿童的成本，由此得到了一个 10 倍于已知狩猎采集者移营速度的数值。

不久之后，苏洛威尔建立了一个模型，来研究以下问题：在两处考古地点相差的这大约 1000 年内（内陆出现人迹之前），人类是否迫于身后的人口压力，而沿着海岸南迁，从科迪勒拉冰原南部迁徙到了蒙特沃德？这一次，他发现人类不可能这样做。尽管之后出现了一些详细的量化建模，但我们似乎没法就最早的美洲人穿过大陆的速度做更精确的估计了。

然而，在苏洛威尔的计算之后，我们在得克萨斯州发现了比蒙特沃德早 1000 年的巴特缪克河遗址。该遗址不仅在内陆，而且比科迪勒拉冰原更接近蒙特沃德。苏洛威尔还认为，只有人口达到一定密度时，人们才会继续沿着海岸迁徙，而当时的人口密度已经足够高。然而，没有必要假设只有人口压力才能迫使最早的美洲人沿海岸迁徙。让人迁徙的动力，只需要一点就够了，那就是：他们迁徙后可以比在原住地更快地收获食物。这一点很可能符合实情，无论收获者的人口密度是多少。想象一下海滨每 10 米有 10 只牡蛎这种密度，我拿走了 1 只，就还剩 9 只。少于下一个 10 米的 10 只，所以我走到下一个 10 米。同样每 10 米有 10 只牡蛎，有个十口之家拿了这 10 只（和我拿 1 只的速度相同）。牡蛎采光了，这意味着这个家庭要走到下一个 10 米。我和这个十口之家以同样的速度移动。这样穿越地形的前进（此例中是海岸线）是不受人口压力影响的。

这并不是说人口压力不重要。十口之家别无选择，只能继续前行，无论代价多大。而对于我来说，要是前行太累或前方有危险，又或者我因为吃了变质的牡蛎而需要原地休息，我就可以待在原地，因为我仍然坐拥 9 只牡蛎。然而，我独自一人，虽没有人口压力，却仍有可能留下 9 只牡蛎而继续前行，只要此举消耗的能量小于继续前进我将多得的那一只牡蛎的能量。这是我们理解觅食群体如何运作的一种标准理论，它还有个名字，叫作“边际价值原理”。

对鸟类的实验和对采莓人的观察验证了这一理论。例如，这些观察表明，人们迁移到下一块采摘地的速度，取决于他们在现有采摘地发现黑莓的速度。如果这块地方有大量黑莓，他们就会很快前进到下一块地方，似乎相信下一块地方也会有同样多的黑莓。他们一边快速前进，一边只采摘生长得最集中、最易采的黑莓。做老师、父母、监护人的，你们可以在家里进行这个实验。用复活节彩蛋尝试一下就可知道。把大量彩蛋放在花园或房子的一片区域，而在另一片区域上只放少量彩蛋。如果“边际价值原理”

有效的话，我们就会发现孩子们在彩蛋较多区域四处寻找彩蛋的速度，要比在彩蛋较少区域找彩蛋的速度快。

有先进工具和两性分工的最早人类，会不断迁移到没有激烈竞争的地方。那里充满丰美易得的食物，比如牡蛎和大型动物，都不需太多当地知识就可获得。

戴维·梅尔泽（David Meltzer）有些不以为然。他认为，尽可能久地待在某地，以更好地了解当地情况，这么做是值得的，能让人更有效地收获。很明显，这会减缓迁移速度。我对此表示异议。迁移中的狩猎者最不希望的就是让猎物知道他们是危险的狩猎者。待的时间越长，狩猎就越困难。我敢说这个时间是以天计的，而不是以星期和月计的。

我们讨论的显然不是牡蛎这种猎物。牡蛎作为食物有另一个优点，也是我们推测最早期人类最可能沿海迁徙穿越未知大陆的另一个原因，那就是，不同于哺乳类和鸟类，牡蛎们既不会逃跑，也不会学习。

几个人穿越英国黑莓田，无法与一群人穿越大陆相提并论。尽管如此，20 多年前，约翰·比顿（John Beaton）提出，人类到达并穿越澳大利亚以及穿越美洲的迁移有两种速度。他称之为短期探险家的人快速通过了处女地，在他们之后的是速度较慢，比较喜欢居有定所的定居者。这只是假说。比顿只是观察到，在两个大陆上考古学家发现的最早遗址，差不多都处于同样的年代，除此之外他的假说并无其他数据支持。人类似乎是瞬间就遍布了澳大利亚和南、北美洲。

虽说我们没有最早人类开拓者迁移速度的数据，但我们确有另一入侵物种遍布一个大陆速度的数据。且让我通过分析澳大利亚的蔗蟾的入侵速度，来想象最早人类扩张到非洲之外的处女地时，可能发生了什么。我知道人类不是蔗蟾，在别的问题上我很可能不会用蔗蟾来支持关于人类生物地理学的观点。然而，蔗蟾提供了关于向前迁移的动物在新土地上会如何表现的真实数据。以前，我们只是估计，就像梅尔泽指出的那样，关于美洲最早移民的情况，我们除了估计甚至猜测以外，别无他法。

1935 年，澳大利亚蔗糖试验场管理局将原产于中、南美洲的蟾蜍引进到澳大利亚东北部，以控制澳大利亚甘蔗受到甲虫侵袭的情况。这些蟾蜍像最早的人类一样，没有多少竞争对手或捕食者，部分原因是它们有毒。研究发现，先到的蟾蜍进入新土地的速度要两倍于后来的蟾蜍。最前面的蟾蜍向前直行，而且它们更胖、更健康，因为它们最先面对的甲虫并不设防，这些蟾蜍在本地也没有竞争对手。

言归正传，讲人类。克劳迪娅·莫罗（Claudia Moreau）和同事研究了人类从 17 世纪中期到 20 世纪中期穿越加拿大东部的散布过程。通过系谱学分析，他们发现，迁移人群中先到的女性，其繁殖速度比后到女性的繁殖速度高 20%。他们不知道为什么，但暗示可能的原因是，先到的女性更易获得资源——和蟾蜍的情况一样。

托德·苏洛威尔研究美洲人类后发现，快速迁移并不一定意味着缓慢繁殖。事实上可能正相反。队伍前列的女性每日不需要大范围移动，就能为自己和后代找到足够的食物。而后来者因为踏上的土地已被收获干净，所以每天必须走得更远，才能满足需求。苏洛威尔的计算表明，队伍前列的女性为了觅食每天移动的距离，可能只是缓慢人群中女性的 1/4。这是理论上的计算结果。真实的数据和信息是怎样的呢？事实证明，在所有 3 个主要大陆上，迁移频率高的狩猎采集人群，都比迁移频率低的人群繁育了更多后代。

这样，我们就得到了一个快速迁移加快速人口扩张的必胜组合，既适用于蟾蜍，也适用于人类。所以我支持从非洲到澳大利亚的迁徙花费了几百年（而不是几千年）的看法。从白令陆桥到智利也一样。

§

蟾蜍和人，乍一看风马牛不相及。用蟾蜍的活动来类比人类的迁移，似乎很极端，很离经叛道，但其实并非如此。在接下来的几章里，我将更多地比较动物和人类，或者严格说，比较非人类动物和人类（因为人类也是动物）。因此，我们可以预见，那些影响（包括人类在内）大型温血动物栖息地的生物地理因素，也会影响我们在哪里居住。事实上，我们知道，某些生物地理因素的影响，同样可以推广到小型冷血动物身上。这种推而广之非常有趣。但当不同种类的动物产生不同的生物地理行为（比如活动范围的巨大差异）时，事情就会变得更有意思。这样，我们就有机会将生物差异和地理差异精确联系起来了。

第4章

我们是如何获得确切知识的？

“事实”背后的科学

在前两章中，我介绍了人类源于非洲，走出非洲，后来走遍天下的陈年往事，其中包括我们的行进路线和这一漫长旅程中各种重要事件的年代。我也提到了一些事实及推论，也大致讲到了我们为何会采信这些事实和推论。例如我提到了基因上的相似点和不同点。但前两章只浅尝辄止地提到了科学家们必须从事的大量“侦探工作”。在这一章中，我将细致地描述这些侦探方法，以及它们是如何解答关于我们的生物地理历史的诸多问题的。

首先，我们必须找到事实，即科学家口中的“数据”。我们必须找到骨头、石器，还有其他文物，包括（口头或书面的）语言，当然还有 DNA。我们在地下发现的是骨头和其他文物。我们聆听、记录语言，也阅读文字。我们可以从被埋葬的牙齿或骨骼的细胞中获取古代 DNA。如果想检查现代 DNA，可以从人的脸颊内侧或血液中获取细胞。

我们从何处发现这些人工制品和其他资料，对人类进化的故事有很大影响。最早的人族遗迹发现于亚欧大陆时，我们认为自己的祖先起源于亚欧大陆。后来，1891 年，欧仁·杜布瓦（Eugène Dubois）在爪哇岛发现了爪哇猿人和直立人，我们不得不重新思考这一叙事，转而认为我们起源于印度尼西亚。如今，正如我在前两章中所示，基于目前收集到的证据，我们确信非洲是人族和人类的摇篮。但正像我已经说过的，总会有新的发现去改变之前的解读。1915 年，著名古生物学家威廉·马修（William Matthew）提出，亚欧大陆是人类的摇篮。这意味着他要改变之前“热带是人类摇篮”的主张。但他的论著于 1939 年再版时，一位编辑添加了一个注脚，告诉读者罗伯特·布鲁姆（Robert Broom）发现“南非有非常原始的人科物种”，又把人类起源带回了非洲。这一注脚可能指的是在雷蒙德·达特（Raymond Dart）发现了南方古猿和傍人（*Paranthropus*）之后，罗伯特·布鲁姆的后续发现。

我们当然需要专家去发现并识别真伪。几年前，警察来到我们人类学系，找系里的古生物学家亨利·麦克亨利（Henry McHenry）。有人报告在垃圾堆发现了类似人类的头骨。在开始调查谋杀案之前，警察明智地决定先去弄清那个头骨到底是不是人的。亨利·麦克亨利立即告诉他们，不要担心，那是一个红毛猩猩的头骨。至于红毛猩猩的头骨为何会出现在加州一个小镇的垃圾堆里，那就是另一回事了。

我们手中有了骨头、文物、词汇、DNA 这些事实证据，就可以着手进行分析了。所有这些事实意味着什么？它们能告诉我们什么故事？我们从骨头、工具、语言和 DNA 中构建出家谱。就像我们手头只有自己的家庭照片可用时，制作家谱图的方式一样。我们考虑这些证据的年代，寻找相似点和不同点。例如，差不多 5 万年前的人族头骨化石，看起来很像现代人的头骨，而另一个 30 万年前的化石与现代人类的头骨则没有那么相似。这两者的例子，很可能分别是尼安德特人和直立人。

可以说，不但是古代的骨骼和文物，即使是古代的 DNA，如今都可以从土中提取出来。这些都作为有形的物体存在着。过去的语言则已经不存在了——除非它们曾碰巧被记录下来。但在大多数情况下，语言是当下的。因此，要了解过去的语言，只能靠推测。除非是语言学家把最近消失的语言记录在了留声机或磁带上的少数情况，否则我们无法听到那些语言。有个例外是记录古埃及语言的罗塞塔石碑（Rosetta Stone），因为古埃及语使用的象形文字是一种表音文字。

把语言当作历史上的生物地理学关系的线索还有个难处，就是跟工具、骨骼和基因相比，语言的变化可能会非常迅速。父母们就常常觉得，听孩子们说那些来自学校或流行文化的各种流行语，真是一头雾水。约 1.5 万年前最初迁到美洲的移民，都是来自西伯利亚东北部的一小部分人，大概说同一种语言。后来出自这同一地区的移民，可能使用不同的语言。即使如此，来自那一地区的语言数量，仍远远低于南美洲土著语言的数量（仅巴西一地就有 188 种语言）。

语言进化如此快速，要通过不同语言中的词来了解语言间的关系，进而了解人类迁徙模式，可能最多只能追溯到 1 万年前。一旦超出这个时间跨度，词语就可能改变得面目全非，而不再体现与原始语言的任何相似之处。事实上，对于大多数词来说，5000年就是上限了。然而，数词、代词等很常用的词也可能即使经过2万多年，变化也不大。只要选对词语进行比较，从考古学、遗传学、语言学中得出的迁徙模式往往就会比较一致，令人满意。中东农业人口向西欧的扩张就是一个例子。有一个理由让我们很容易理解这种一致性。正如我在第2章描述的，人们（基因）往往会携带其文化（人工制品和语言）一起移动。我现在住在美国加州，距离我的祖国英国9000公里远。虽然我（基因）在加州住了20年，但我仍然在下午4点喝下午茶（人工制品层面），而且我乡音未改，听到我说话（语言）的美国人，都不会认为我是加州本地人。

构建谱系树时，无论是使用骨头、工具、基因还是语言，我们都需要知道谁是祖先，谁是后代。如果我们只想知道谱系树的形状，那么没有关于年代的信息也可以。例如，支持所有人类起源于非洲这一假设的一个发现就是，人群离非洲的地理距离越远，与非洲人群的遗传差异就越大。设任何其他地区为起源地，这两种数据都不能如此匹配。无论人类是在12.5万年前还是仅仅在5.5万年前走出非洲、走向世界各地的，这一事实及其推论都是正确的。当然，年代也至关重要。西伯利亚人占领南美是一种模式。然而，倘若他们占领南美的时间和占领北美大部的时间一样早——1.5万年前，那情况就会完全不同了。

如何判断出土之物的年代？一条简单的法则是，石头和骨头埋得越深，年代就越久远。但这远非金科玉律。动物钻洞，树木扎根，河流运动，都可能把石头和骨头带到比最初掉落点更深的地层。仅基于这些原因，科学家们就已经否定了澳大利亚和其他地区人类活动的几个“最早年代”。

另一种测定文物年代的方法基于这样的假设：简单工具比复杂的工具更古老。大多数人知道的坦桑尼亚北部奥杜威峡谷（Olduvai Gorge）的石器，是已知最古老的文物之一。峡谷边有一座小博物馆，我参观过那里。我不得不说，一些 200 万年前的最古老石器，原始到我都不能把它们与自然破碎的鹅卵石区分开来。但我不是石器学专家。专家可以分辨出，鹅卵石粗糙的一面，是不是有人为了制造刃口，而用另一块石头反复敲打制成的。与这些所谓奥杜威工具形成对比的是另一个博物馆的馆藏。法国多尔多涅省的莱塞济（Les Eysies）史前国家博物馆藏有奥里尼雅克期的文物，那些燧石矛头、箭头、锥子就复杂得多了。说这些莱塞济工具的年代要大大晚于奥杜威峡谷的工具，是不会有人怀疑的。

现在，顺道一谈“奥杜威”（Olduvai）这个名字。我们大多数人仍然称这一遗址为奥杜威峡谷。但是坦桑尼亚网站上正确的名字是“奥杜派”（Oldupai）峡谷。也就是说，单词中的 v 应该是 p。“奥杜威”（Olduvai）是峡谷名字马赛语发音的错误转写。

这个峡谷虽然传奇，看起来却很普通。它更像是一个小而浅的山谷，位于土路尽头平坦、干燥、满布灌木丛的荒漠景色中间。第一次前往时，我满怀期待，以为会看到更壮观的东西，结果看到之后我几乎感觉上当了。我觉得有些讽刺：“就这个？”然而，我后来了解了这一峡谷的历史，了解到从 200 万年前到 100 万年前之间有似人的生物曾住在那里，又了解到他们的遗骸和工具直到被利基夫妇（Leakeys）发现之前，在那里一直躺了一两百万年。知道这一切以后，我下到峡谷里，不禁战栗起来，尽管当时是正午，而且无处遮荫。

除了石器，奥杜派峡谷博物馆（The Oldupai Gorge Museum）还收藏着距奥杜派 45 公里的利特里（Laetoli）的足迹复制品，那足迹是 350 万年前的。我还没看到原版的足迹。然而，我们夫妻两人曾在未见官方报道有大猩猩出没的尼日利亚森林中，辨认出了大猩猩的足迹和粪便，当时我们的兴奋，我至今记忆犹新。我可以想象，如果找到如此久远以前类人生物直立行走的无可争辩的证据，会是怎样一种情景。

回到估计年代的问题上。我们大多数时候都想知道绝对年代，而不是只知道一个比另一个久远多少的相对年代。为了确定骨头、石头和其他文物的年代，我们所依据的，是它们中或者它们所处土壤中的某些化学元素会随时间推移改变形态，从一种所谓的同位素变成另一种。（"同位素"在希腊语中指"相同的地方"，意思就是一种元素的化学形态。那么，这个词的发明人为什么不使用希腊语中表示"相同的事情"或"相同的物质"的那个词呢？为什么用表示"相同的地方"的词？答案是：这个词指的是元素在周期表中的位置。）

最有名的元素转换大概是放射性衰变，这是元素从不太稳定形态变成更稳定形态的一种现象。如果我们知道原始不稳定形态与最终稳定形态在自然环境中的比率，而且知道从一种形态到另一种形态的变化速率，那么从这两种形态在文物或其周围物质中的现有比率，我们就可以估算出文物的年代。具有讽刺意味的是，神创论网站"《创世记》中的答案"（AnswersinGenesis）极其清楚地描述了这种定年法，用的例子是碳，确切地说是从碳 14 到稳定的碳 12 的衰变，即两者的比率。生物组织存活时的年代越久远，其中的碳 14 相对于碳 12 的比率就越小。

关于年代测定，我想最后再说几句。碳定年法只能带我们回到 5 万至 7.5 万年前。超过这个年限，所有的碳 14 就都消失了，我们就无法比较生理组织中碳 14 与碳 12 的量了。于是，我们改用其他衰变速率更慢的元素。一个例子是钾-氩定年法，或者氩 39 与氩 40 的比较。现在，通过这个方法，我们能够估测的年代提前到了几百万年前，但是其原理和碳定年法是完全一样的。碳定年法的一个优势是，估测的材料可以是骨头这样的有机材料。而且，碳 14 变成碳 12 的速率足够快，精确度在几十年之内。衰变速度快是这个方法适用时间跨度只有数万年的原因。其他定年法（如钾-氩测定法）可用于测定无机样品。这些方法也有自己的优势，例如可用于确定某件石器的年代。

使用上述方法时，出于种种原因，我们不会测量我们要研究的化石或工具，而是会测量周围的土壤或岩石。这种方法有一个误区——这一点我之前已经间接提到过，正如我一开始描述定年法时所说的，我们感兴趣的样品周围的沙子，其年代可能比样品本身更久远。

基因定年法与放射性定年法的原理是一样的。我们的细胞在不断更新换代。每一次复制，组成 DNA 的化学物质都可能变换位置或自己发生改变。通过比较两个物种或种群的 DNA，计算基因突变数量，并且得知（或者我应该说“认为我们得知”）变异率，我们就可以计算出物种或种群是多久以前分离的。这一过程同样适用于语言。我们研究基因或语言本身，其实并不能知道它们的变化率是多少。因此，我们需要找到独立的年代证据，以此为基础进行研究。例如，化石证据表明，人属兴起的年代不早于 200 万年前。如果我们计算人类和人族物种之间的遗传差异，然后除以 200 万年，我们就得到了人族谱系内的突变率。如果知道现代诸人群之间差异的数目，我们就可以利用这一速率，计算这些人群是什么时候分离的，比如澳大利亚土著的进化线与亚洲人的进化线是什么时候分离的。

在现实世界中，事情多少要复杂一些。不同基因的变化率不同。若有新的数据、新的测定方法、关于样品状态的新信息，科学家就可能对重要人工制品的年代产生新看法。例如，有一种定年法（光释光法）一方面依赖测量矿物完全埋于地下后由衰变产生的辐射量，另一方面依赖测量矿物最后一次暴露于阳光下时其中的辐射量。但最后一次暴露于阳光下时，必须是完全暴露，然后埋藏也必须是完全的。尽管如此，如果我们小心操作，仍可以得到最接近的猜测。

估算两个人群分离的时间，方法上等同于估算其中任一人群存在的时间，换言之就是这个人群的年龄。人群已存在的时间越长，人群中基因改变的可能性就越大。一个人群中基因多样的程度，本身就意味着这个人群的年龄。因此在各大洲中，非洲人群（全世界其他人群都由此进化而来）具有最大的基因多样性。存在不到 2 万年的美洲原住民人群，其基因多样性则最小。

然而这种解读有个问题。随时间推移变化并不是一个人群中产生遗传多样性的唯一途径。一个单一的人群可以包含来自不同地区的人，他们聚集在一起，彼此通婚。这种情况发生时，多样性就会迅速增加。在定居并繁衍后裔的人群中，极小频率的杂交都会大大增加遗传的多样性。

非洲南部的霍曼尼桑人就是这一效应的例证。他们在外貌上与邻近的纳米比亚桑人没有什么区别。然而，霍曼尼桑人的基因比纳米比亚桑人基因的遗传多样性大得多。但这额外的多样性并不是因为霍曼尼桑人更古老。两者的不同之处在于，纳米比亚桑人的基因是当地的，而霍曼尼桑人的基因则不仅来自非洲，也来自亚欧大陆。纳米比亚桑人没有与南部非洲以外的人群通婚，而霍曼尼桑人就像美国一样，显然是个族群的大熔炉。

我描述事件年代的时候，大多会谨慎地加上“大约”“大概”“左右”这一类词。估算年代不可能绝对精确。估算过程的许多步骤都会发生误差。然而，在定年时如果测量充分，足够谨慎，化学家和语言学家还是可以相当准确地判断定年的准确程度（或不准确程度）。

例如，我之前提过，公认最古老早期现代人的年代大约在 20 万年前。学者们的实际估计是 195000 ± 5000 年（利用氩 40 与氩 39 的比例定年）。现在，如果你去阅读这一发现的最初声明，就要当心了。科学写作中的“±”符号在这种范围估计场合都有特殊意义。它的意思是，确切的年代大约有 2/3 的概率处于两端数字界定的范围之内。如果你想知道确切年代的整个可能范围，也就是想几乎完全确定可能的年代范围——我们称之为“可能误差的完整范围”，那么（在本例中）“±”后面的数字就得改为 15000 年。

不要被“误差”这个词误导。误差不是错误，它只是表示“估计范围”的术语。用通俗的话讲，前段中最早人类遗迹所处的

“195000 ± 5000 年前”，可以读作“195000 年前，加减 5000 年，甚至加减 15000 年”。

定年时，还有另一个问题。我们知道，考古学家很少能够找到年代很久远的东西。首先，并非所有的古物都能保存下来，即使保存下来了，大部分也不会被发现。试想穿过一个村庄，寻找村里最年长的村民。你碰到的年长村民就是最年长村民的概率，基本上是零——除非你仔细搜索每一所房子的每一个房间。考古学家无法这样做。他们没有足够的时间和金钱。他们放低标准，只搜索相当于一两座住宅中一两个房间里一两处角落的地方。

最后，用于定年的科学方法有点像我们的记忆：我们追溯的时间越久远，就会越不精确。我可能记得今天早上的某一小时发生了什么事，但超过一星期的事情，我就只记得它大约发生在某一天了。

因此，我在本书里给出的年代都只是粗略的估算。而且，往往很快就会有人得出新发现，提出更早的年代。

我需要再澄清几个和定年有关的术语。在前两章中，我写到人类在 6 万年前走出非洲，其实是在考古学家所称的晚石器时代文化起源之后的大约 1.5 万年。“晚石器时代”（Late Stone Age）的英文首字母需要大写，因为它是考古学家给予那些当时在非洲制造的石器的正式名称。对，“晚石器时代”不是年代，而是对石器的一种描述。这很恰当，因为通常工具上是不会附带年代的。考古学家知道的仅仅是工具的外观。

让非专业人士苦恼的是，相应的欧洲石器文化并不被称作晚石器时代，而是被称为“上旧石器时代”（Upper Paleolithic）。“上”

（Upper）在这种情况下基本就意味着“晚”，而“paleo”是希腊语中“旧”的意思，因此这对我们来说就是欧洲的“旧石器时代晚期”。它和非洲的“晚石器时代”有什么区别呢？事实上两地的石器略有不同。但我们还要问：用“非洲晚石器时代”和“欧洲晚石器时代”这样的名称有什么问题呢？

相对于非洲的晚石器时代文化，欧洲迟来的“上旧石器时代”文化大约出现在 4.5 万年前，当时华丽的奥里尼雅克技术和艺术已初具雏形。奥里尼雅克是法国南部的一个地区，那里发现了一些最早的文物。克鲁马努人（Cro-Magnon）这个名字通常与这一时期的人类联系在一起，它也是根据在法国首次发现该时期人类迹象的遗址命名的。这一文化不仅产生了制作精美的石刀，而且还有石雕、骨笛和后来织物的证据，当然还有这个时代晚期辉煌的洞穴壁画。肖维洞穴（Chauvet）和拉斯科洞穴（Lascaux）可能是其中最著名的壁画洞穴，但还有许多其他洞穴。

这些洞穴壁画显然在某些方面是不可思议的。画家们有时要爬到洞穴的 500 多米深处。我指的确实是爬，当时有些洞穴就是这样又低又窄。如果只是为了展现自己有多优秀，或者唯一的意图只是画出那些他们希望之后要捕杀的猎物，又或者只是为了庆祝他们捕杀到了猎物，当初的画家们其实并没有必要画这些壁画。也许他们最初只是在探索洞穴。我想象他们闪烁的火光在洞穴石壁上造出摇动的阴影，一些影子看起来就像行进的动物。因此我们的这些祖先熟练地画出了他们见过的马、狮子、野牛的轮廓，留下了这些写实的画像，此后再也没修饰过。

复杂的奥里尼雅克文化起源于非洲还是欧洲，考古学家们对此争论不休。当然，在欧洲发现了更多的例子。但相比于非洲，欧洲有更多的考古学家，考古学家在那里出现的时间也大大早于非洲。而且在欧洲，保存良好的早期艺术的洞穴也更多。在法国，你能够在比利牛斯山脉中部和多尔多涅河地区的中西部，找到最密集的壁画洞穴。

前面我们描述了一些可行的方法，可以让我们知道人类从非洲散布到世界各地的情况，现在我举几个例子来解释这些发现，并给目前仍十分宽泛的历史时间线添加一些细节。我将从最古老的考古发现和一些年代开始说起。过去我们认为，晚石器时代文化于 5 万年前始于非洲，但进一步研究将年代推到 7 万多年前，地点是南非和东非。那时的人类不仅制造复杂工具，还很可能进行了艺术创作。在南非，克里斯托弗·亨希尔伍德（Christopher Henshilwood）率领的考古学家小组发现了一个遗址。通过研究各种元素的放射性衰变，他们发现这个遗址可以追溯到约 10 万年前。在遗址中，他们发现了制作赭石颜料所需的所有材料——赭石，木炭，粉状骨头，用于研磨的石头，还有当作碗的装有颜料的鲍鱼壳。纯赭石是从远一些的地方带来的，也许也用于艺术，年代可以追溯到比这更早的时候。

7 万年前，人类甚至已经能用赭石在自己身上涂抹，然后洗掉了。我这样说，是因为人类那时已经开始采用另一种形式的健康生活习惯。林恩·沃德利（Lyn Wadley）、克里斯蒂娜·西弗斯（Christine Sievers）和他们的同事一起，发现可以追溯到约 7.5 万年前的另一个南非遗址里，有用海角温桲树做成寝具的迹象。这种树的树叶碾碎时有一种芳香，包含具有杀虫效果的各种化学物质。

许多木本植物都生长在这个区域，因此，仅仅用这一种树制成床上用品，表明海角温桲树是人们主动选择的。林恩·沃德利小组还发现证据表明，床上用品偶尔会被烧掉。他们使用的定年方法，是亨希尔伍德团队用过的放射性衰变定年法之一。我可能可以补充一点，就是此处的年代是 7.5 万年前，也就是比欧洲遗址出现“讲卫生、求健康”这一迹象的年代早了 5 万年。

接下来，我将比两章之前更详细地描述南美洲南部蒙特沃德遗址年代的争议，以此说明科学方法，展现科学中隐含的政治，并讨论向公众报告科学成果的情况。在人们发现蒙特沃德并确立其古老年代之前，考古学家和人类学家认为，最早的美洲人群是克洛维斯文化人群。考古学家是通过那些美丽的石矛头将这一文明归类的。就像我先前描述的那样，这些矛头的底部有颇具特色的光滑凹槽，便于稳固地装上矛柄。然而，美洲克洛维斯各处遗址的最早年代大约是 1.3 万年前，比人类在美洲的最早遗迹晚 2000 年，比人类在蒙特沃德的年代晚 1000 年。

克洛维斯文化和北美联系紧密，其具有特色的人工制品并不见于南美。在克洛维斯文化之前和之后，分别在亚欧大陆和南北美洲出现了不同的文化（换句话说，就是不同形态的片状石刃和投射物尖端）。人们围绕克洛维斯文化的确切起源争论激烈。

然而，尽管存在比最早期克洛维斯遗址还早 1000 年的蒙特沃德，也存在比任何一个克洛维斯遗址都古老的其他几个遗址（包括刚刚提到的在得克萨斯州的遗址），但记者们还是极力描述“最新发现”如何否定了“克洛维斯最早”这一观点，甚至一些科学家恐怕也是如此。我们要怎么样才能让科学记者们明白，“克洛维斯最早”这一观点在几十年前就已经奄奄一息，而且在至少 15 年前就已经被彻底否定了？是的，一些声称各处遗址年代更久远的主张已经被证明或认为是错误的。但是蒙特沃德的存在，本应让任何对“美洲有早于克洛维斯人的其他人”一说的怀疑烟消云散。为什么却没有呢？

一个答案是，为了吸引读者，记者需要突出争议。如果新发现没有戏剧性地推翻已经广为接受的观点，谁还会对新发现感兴趣呢？人们进入美洲是在 1.4 万年前，而非 1.3 万年前，这有什么重要的吗？另一个答案是，大多数人都很难放弃被普遍接受的观点。比如，板块构造理论（即地球表面有大量大陆板块的运动）最初遭到一些人的强烈反对，哪怕这一理论有很多证据支持。20 世纪 60 年代，我去听板块构造理论创始人之一德拉蒙德·马修斯（Drummond Matthews）关于该理论的讲座，演讲快结束时他说，我们恐怕得等到那些不相信的人都去世的时候才行。马修斯和我当时都还年轻。年轻人往往更容易接受新想法，某种程度上是因为他们还没有完全吸收旧的想法。这是一种简单的解释。事实上，有证据支持这一解释。著名的科学哲学家戴维·李·赫尔（David Lee Hull）和两位合著者发现，在《物种起源》出版后的最初十年里，在 67 名 20 岁以上并且足够出名、有所著述的科学家当中，接受达尔文物竞天择进化论的人，平均而言比不接受新理论的人年轻 8 岁——即 40 岁对 48 岁。赫尔及其合著者笑谈托马斯·赫胥黎（Thomas Huxley）的观点：科学家年满 60 岁就该绞死，以免他们阻碍科学进步。

说了这些，我得补充一点，我不知道支持和反对“人类很早就到达南美洲”这一观点的人士，平均年龄各为多少岁。不过，我的年龄与赫尔的研究结果一致——我已经超过了48岁，我还没有接受人类很早就到了南美洲的观点。例如，聂德·吉东（Niède Guidon）和同事们认为，人类在2万年或更早以前，就出现在了巴西东北部。另一个很早的年代猜测是，人类3万年前就出现在了更南边的乌拉圭，尽管作者们小心又诚实地承认，这一年代猜测不同寻常，令人生疑。

当然，有一些“新理论”是每个人都该拒绝的，比如鲁珀特·谢尔德雷克（Rupert Sheldrake）的“形态共鸣”理论。该理论讲的是远程获取知识的事，一头毫无经验的牛会以某种方式吸收远方有经验的牛的知识，从而知道不应该跨越地上的拦牛木栅。这是臭名昭著的垃圾理论。即便如此，这也好过埃里克·冯·达尼肯（Erich von Däniken）认为外星人建造了金字塔的理论。我可不愿意在参考书目中列出他们的书，但只要你在谷歌中输入他们的名字，你就不仅会找到他们的书，还会找到许多支持者的网站，这真是可悲。为了避免有人攻击我思想封闭，我得说，我亲爱的母亲是认同这两种观点的。

说到利用基因了解人类如何散布到世界各地，达到今天的状态，不得不提两位科学家：丽贝卡·卡恩（Rebecca Cann）和萨拉·蒂什科夫（Sarah Tishkoff）。蒂什科夫带领的高效率实验室，开展了现在大部分研究非洲人遗传图谱的工作，而卡恩目前则致力于保护夏威夷鸟类。

25年前，媒体报道了被称为“夏娃”的非洲女性，这源自丽贝卡·卡恩在1987年发表的论文。论文中，卡恩和她的合著者将人类起源追溯到一名约20万年前生活在非洲的女性。他们得出这一结论的方法，是分析世界不同地区人群线粒体 DNA 变异程度的差异。

简而言之，通过研究 5 个地区（亚洲、澳大利亚、欧洲、新几内亚）147 个人的血液，研究者们逐步将相似的个体归入涵盖范围越来越广的群体，设想这些人组成家庭、城镇乃至省份。结果，只有把非洲作为起源地，才能通过最少的步骤、最简单的模式、最少的大陆间迁移来完成这个过程。通过线粒体基因突变率的信息，研究者提出了起源的年代。

人类学家们又等了 20 年，才看到了通过放射性衰变方法测量那个年代人类骨架的报告。基因和放射性衰变这两种完全不同的定年方法得出的结果相互匹配，支持了由单种方法得出的年代结论。在提到“夏娃”的同一篇论文中，丽贝卡·卡恩和她的合作者还表示，非洲人群比其他地区人群在基因上更多样。后来的许多研究证实了他们的说法。一些发现指出，非洲人群的基因多样性两倍于其他地区人群。对于非洲基因的这种多样性，一个显而易见的解释是，人类在非洲的时间长于在其他地方的时间，所以有最长的时间经历在 DNA 中最大数量的改变。

非洲人群比其他地方人群具有更大的遗传多样性，不仅如此，离撒哈拉以南非洲越远的人群，其基因多样性越小。这种模式是如何产生的？我简单说一下，并不是这些远方人群的基因少于非洲人的基因，而是他们的任何一个基因都有着更少的形态。多样性随距离增加而减少的一个原因是，人群离非洲越远，他们存在于这世上的时间也越短，他们积累基因变化的时间因此就越短。

人类的遗传多样性下降的另一个原因是，我们在离开非洲的途中不断分散，每群人中只有一小部分继续前行。想象一个有不同颜色球的弹球机（或类似的游戏机），一种颜色代表基因的一种形式。把它放在门口（非洲），启动机器，那么小球飞得越远，你看到的颜色的种类也会越少，因为通过抓杯的只有很少几种颜色。

这样，只有一些非洲东部人群迁徙到了中东，只有一些中东人群迁到了亚洲，其中又只有一小部分人迁到了澳大利亚，只有少数西伯利亚人迁到了美洲，以此类推。遗传学家已经发现了两片这样的区域，每片都存在一条明显的分界线，当从一侧跨到另一侧时，基因的多样性会明显下降。其中一片区域位于非洲和中东之间，以红海为分界线。另一片区域在西伯利亚和阿拉斯加之间，现在被白令海分开。

可以印证后一区域中多样性下降的事实之一是，尽管西伯利亚有全部三种主要的血型，即 A、B、O，但几乎所有南美原住民的血型都是 O 型。离开白令陆桥并散播到整个美洲的那一个人群人数太少，并且都来自这么小的一个区域，以至于他们碰巧都是 O 型血的。

我们知道，随着时间推移，DNA 会变异。因此，不同地区的人群有着他们区域特有的基因形式。于是，每一个人群就有了几个自己形式的基因，互称为等位基因。人类分散开来，种群之间的距离越大，分开的时间越长，每一群人中发生突变的可能性就越大，由此不同种群的基因产生了差异。这种遗传差异随时间和地理距离增加而增加的模式，让我们可以回过头去研究世界上的所有地区。正如我在前面介绍如何鉴定人工制品或事件年代时提过的，研究结果表明，只有非洲是其他地区常见的基因或等位基因的起源地。我们之中没有人缺少非洲基因，但是我们很多人缺乏澳大利亚、亚洲或美洲的基因。不存在比撒哈拉以南非洲地区起源更好的遗传模式。

确实，人类走出非洲并不是太久之前的事，出走的人也很少，大约只有几千人，尽管我已经描述的那些遗传差异能让我们了解这次迁移的情形，但正如我在序言中提到的，整个人类物种包含的基因多样性，要逊于任何一种非洲的黑猩猩亚种。

随着人类在世界各地迁徙，我们不仅携带了我们的基因，还携带了和我们生活在一起的生物，以及生存在我们身上和身体里的生物。《圣经》神话的挪亚方舟把“一切……爬在地上的”都一公一母带上船（《创世记》7：14—15）。在现实中，一个家庭可能会有意带上自己每种牲畜的一公一母逃离洪水。但他们逃难时还会无意中带上数以百计（事实上成千上万）的其他物种。他们携带的动物窝和食物中会有许多昆虫，在他们和他们携带动物的身上或体内会有许多寄生虫、虱子和各种各样的线虫，以及千百种细菌。

搭便车的生物散布全球的故事，必然也是人类自身散布到世界各地的故事。我们有人类走出非洲的考古证据。除此之外，我们还有遗传学证据。现在我们又有了和我们生活在一起的寄生虫和其他动物的证据。对于一个科学故事，我们有越多类型的证据，就越能更好地验证这个故事。若每个后续故事都能与之前的故事相匹配，由不同类型证据得出的不同信息越来越多，那么这个故事就会变得更有说服力。恰巧，我们有一些关于和我们生活在一起的（还有在我们身体内外的）生物散布到全世界的高质量信息。

以导致最严重疟疾的单细胞恶性疟原虫这种生物为例。每年大约有 2 亿人罹患疟疾，其中可能有 50 万人死于疟疾。恶性疟原虫起源于非洲，我们在非洲能看到几乎所有由它引起的疟疾病例。恶性疟原虫只感染人类。情况既然是这样，那么如果我们“人类离开非洲散布到全世界”的故事是正确的，我们就应该可以看到相应的（由恶性疟原虫的遗传学所揭示的）恶性疟疾在全世界传播的故事。确实如此。和人类一样，恶性疟原虫的基因多样性随着远离非洲而减少。没有其他起源地能产生这种模式。就像人类一样，恶性疟原虫离非洲越远，它们与非洲恶性疟原虫群体的基因差异就越大。

有一个地区例外，就是南美洲。为什么？因为从非洲去南美的路线要通过北极，携带恶性疟原虫的蚊子无法在那里生存，恶性疟原虫没有与来自西伯利亚的最早美洲人一起到达南美洲，而是 1.5 万年后伴随奴隶贸易过去的。

还有一个例子。我们人类的胃里有一种细菌，叫螺杆菌，学名 *Helicobacter pylori*（幽门螺杆菌），是唯一一种能在胃的酸度中存活的细菌。我们所有的其他内脏细菌都生活在肠道中。我们知道很多关于我们胃里细菌的事，因为它会导致胃溃疡。就当前故事而言，重要的是这种细菌只出现在人类身上。也就是说，细菌学家提出的螺杆菌在全球传播的路径，应该符合考古学家、遗传学家甚至历史学家提出的全球迁徙路径。事实上也的确符合。

对幽门螺杆菌之基因组成的研究表明，它确实像我们一样源于非洲。它离开非洲，约 3.5 万年前传播到新几内亚和澳大利亚，传播到亚洲，又从亚洲传播到太平洋岛屿和美洲。事实上，似乎可以精确定位它向太平洋传播的起点，而不是泛泛地说传播始于亚洲：大约5000年前，幽门螺杆菌从台湾岛开始，穿越太平洋传播开来。

我们也可以清楚识别出，美洲人的肠道细菌与西非人肠道中的细菌密切近缘。很明显，这体现了当年奴隶贸易的影响。我们还发现，欧洲人的螺杆菌在全世界的传播，与欧洲人群在世界各地的迁徙是匹配的。

在这个过程中，跟前面描述的人类遗传多样性一样，细菌的遗传多样性随着离非洲距离的增加而减少。或许最有用的是，细菌的基因分析能够非常精确地估计细菌离开非洲的时间。答案和我们从人类遗传学中得到的一样，即大约6万年前，事实上是5.8万年前，前后误差几千年。

细菌随着我们一起迁徙。与人类一同生活的其他4个物种遍布太平洋迁徙的时间演变图，几乎完全匹配考古学家、遗传学家、语言学家给出的人类跨越太平洋的时间演变图。4个物种之一是家猪，其他3个是太平洋鼠、夜蛾石龙子（一种蜥蜴）和红薯。伊丽莎白·马蒂索–史密斯（Elizabeth Matisoo-Smith）用猪做了一部分研究。她还领导了对老鼠的研究。卡罗琳·鲁利耶和洛尔·伯努瓦作为主要作者，利用基因研究证明红薯从南美洲传到了波利尼西亚。特别提一下，他们讲到，一位语言学家曾指出波利尼西亚语中的红薯“kuumal”与南美的盖丘亚语（Quechua）中表示红薯的词“kumara”十分相似。另一个可以支撑人类跨越太平洋迁徙证据框架的证据是，如果去推测最早出现在新西兰的太平洋鼠骨骼和显然被老鼠啃咬过的种子的年代，我们就会发现得到的年代和最早出现在新西兰的人类骨骼年代是一致的，都是700年前。珍妮特·威尔姆斯赫斯特（Janet Wilmshurst）和同事正表明了这一点。

人类跨越太平洋的迁徙与猪、老鼠、蜥蜴的迁徙吻合，这不可能是偶然的。因为这迁徙要跨越范围数千万平方公里的太平洋。这三个物种并不是分别散播开的。它们不是被海啸带过来的，也不是和植物一起被暴风雨冲到海里的——虽然这是对岛屿上出现陆地生物的两种常见解释。这三个物种也没有通过游泳往来于相隔数千公里的岛屿之间。它们显然是与人类乘船同行的。

我们再跨越半个地球，来到欧洲西北部。在这里我们也发现，动物的迁移可以证实人类的迁移。阿黛尔·格林登（Adele Grindon）和安格斯·戴维森（Angus Davison）发现：约 8000 年前，最早出现在爱尔兰岛的蜗牛的 DNA 与比利牛斯山东部蜗牛的 DNA 相同，而不同于欧洲其他地方（包括法国和英国其他地区）的蜗牛种群。为什么会出现这种模式？他们认为这是因为法国的加伦河（River Garonne）在波尔多注入大海，成为一条由来已久的通向大西洋的容易路线，走这条路线可以绕过不列颠岛南部，到达爱尔兰岛。蜗牛可能是人类有意带来的，因为这地方的人吃蜗牛的历史超过 1 万年。差不多同一时间，近东地区猪的 DNA 出现在西欧多瑙河沿岸的一系列遗址中。这预示了一条可能的迁徙路线。此后不久，我们又发现英国西部和北部老鼠的 DNA 与挪威老鼠的 DNA 相似，这表明当年老鼠伴随维京人造访了英国，应该不是作为宠物来的。

继续西行，一种大型哺乳动物——马鹿的迁徙，确证了（或者更准确地说是匹配了）人类的迁徙。马鹿像人类一样，止步于西伯利亚东北部，直到大约 1.5 万年前才进入了阿拉斯加。如果马鹿可以到达那里，那么人类也可以。实际上，马鹿有可能作为一种额外的肉类来源，促进了人类的迁入。

§

工具、语言、人类DNA以及物种从其他地方来到了新的地方，如果这可以证明人类的移民故事，那么随人类到来而消失的本地物种也是一种证明。在我们从非洲离开之后，全球范围内物种几乎瞬间灭绝的故事情节，是与我们全球扩散的故事相伴的。我后面会谈到，人类是如何在生物地理学上改变了其他物种的。

第5章

多样性让生活更美好

我们之所以如此，是因为我们生活在这里

“我们都是非洲人”是本书第2章的标题。我们掌握的最佳信息和解释都表明，现代人大约20万年前起源于非洲，非洲之外所有人的祖先都在大约6万年前离开了非洲。但是，如果我们都是非洲人，那为什么我们各不相同呢？为什么有些人看我一眼，就知道我父母的祖先来自欧洲，而不是非洲、东亚或波利尼西亚？答案当然是：我们的身体特征不同，我们的肤色、毛发、体型都随地区不同而不同。

在这一章里，我将阐述因为适应不同环境而产生的人群间差异。不同的人群在不同的环境里成功地生存下来，繁衍生息。我们的样子受我们所在之地的影响。比如，我们所在的地方会改变我们的相貌。在达尔文的物竞天择进化论中，这是三个相联系的论证中的第三个。虽然这种适应环境是“适应”的一部分，但是伟大的达尔文没有接受“生存条件”（即环境）对我们人类相貌有

影响的观点，甚至认为即便人“在暴露于一种环境很长一段时间之后”，环境也不起作用。例如，达尔文看不出肤色与环境有什么关联。他写道：“因为那些大多长久住在本乡本土的肤色各异人种的分布情况，同气候差异的分布并不一致。”

智者千虑，必有一失。这一次，达尔文错了。事实上，“肤色各异人种的分布”，更确切说，人类这个物种中的肤色分布，同环境相当吻合，来自不同地区、不同环境的人的体型分布和其他差异分布的情况也是如此。在人类的生物学特点方面，肤色是最明显的地区差异，所以我从肤色开始讲起。

简单说，热带人的肤色比热带以外的人更深。就像贾森·卡米拉（Jason Kamilar）和布伦达·布拉德利（Brenda Bradley）表明的，我们在一些鸟类和哺乳类（包括非人类灵长类）中能看到类似的模式。更热、更湿润环境中动物背部的颜色，比更凉爽干燥环境中动物背部的颜色更深。黑猩猩是黑色的，而狒狒是灰色的。当然，纬度是对实际环境影响的一个间接度量。卡米拉和布拉德利的分析更精确地表明了，在气候较温暖湿润之地的灵长类动物肤色较暗。19 世纪 30 年代，康斯坦丁·格洛格尔（Constantin Gloger）就已经注意到了动物间的这种关联，特别是在鸟类之间。没有人真正知道为什么存在这种关联。

这样的联系当然不是铁律。也有颜色较深的动物住在海拔和纬度更高的地方——换句话说，就是未必更干燥，但肯定更寒冷的地方。弗吉尼亚·芬奇（Virginia Finch）和戴维·韦斯顿（David Western）进行的一项很好的研究发现，海拔 2250 米处马赛牧民的牛群中，黑牛所占的比例两倍于海平面处的牛群。黑牛能吸收更多热量，在高海拔地区更有优势；白牛遭受的热量压力较小，在肯尼亚干旱的北部低纬度地区有优势。

对于动物来说，颜色的变化也可能与避免被捕食者或猎物发现有关。有时深色物种见于森林深处，而不是森林外面，这可能是一些热带物种比高纬度地区物种颜色更深的部分原因。北极野兔、狐狸和雷鸟在冬天的颜色，就是伪装效果的一个极好例子。温度调节也可能与此有关。

然而，无论是伪装还是调节温度，都不能解释为什么世界各地人类皮肤的颜色各不相同。

我们都知道晒伤的危害。但皮肤受损不是暴晒唯一的危害。尼娜·雅布隆斯基（Nina Jablonski）和乔治·查普林（George Chaplin）认为，对于在热带生活和工作，而不是只晒几天日光浴的人来说，更严重的问题是血液中的维生素 B9 在皮肤表面附近循环时，所面对的紫外线破坏。

维生素 B9 也称为叶酸，许多身体机能的正常运作都有赖于此。这些机能中有许多都跟新细胞的产生有关。紫外线过多，B9 减少，红细胞生产放缓，就会导致贫血。最严重的后果可能是伤害胎儿。如果一位刚刚怀孕的白皮肤母亲晒太阳的时间过长，胎儿的大脑和脊髓就有可能发育不正常。

因此，如果热带地区的人们想生育健康的婴儿，就需要保护自己免受紫外线的伤害。在防晒霜和室内生活出现之前，人体皮肤中的暗色素（黑色素）会保护我们。热带居民的色素细胞，会比北方居民的产生更多黑色素。黑色素相当于扮演了遮阳伞的角色，能吸收并散射光线，阻止它们穿透到皮肤深处。

黑色素和我们地球大气层的作用相同。大气层像黑色素一样，能够吸收和散射光线。太阳光通过的大气层越厚，大气层中的臭氧越多，穿透大气层的紫外线就越少。温带地区的阳光不甚强烈，日照时间也更短，温带地区的大气层也有更高浓度能够散射紫外线的臭氧。因此，热带的人受紫外线照射比温带地区的更多。

如果紫外线会这样害人，那为什么不是每个人都有黑皮肤？为什么欧洲人的黑色素细胞产生的黑色素，要少于非洲人细胞所产生的？简而言之，为什么生活在高纬度地区的人比较白？我们回到“有得必有失”这个观念上。日照太多会破坏我们的维生素B9，日照太少，我们就没法生成另一种重要的维生素。

阳光和紫外线有正面和负面的影响。紫外线可能破坏维生素B9，但也会刺激维生素D生成。维生素D影响我们从饮食中吸收钙的能力，对骨骼的形成至关重要。维生素D过少，特别是在我们成长的时候，会让我们的骨头脆弱。这就是为什么缺乏维生素D的常见表现是佝偻病，可以观察到的现象就是严重的O型腿。

尽管对于进化到如今的人体而言，阳光是维生素D的主要来源，饮食是次要来源，但是如今能在西方看到的佝偻病病例已经比从前少得多了，这是因为食品生产商在谷物、面包、牛奶等几种常见的食物中添加了维生素D。而且，我们只需要非常少的阳光，就能得到充足的维生素D，可能一天只需全身晒太阳15分钟就够了。我们还能把维生素D储存在体内，时间长达数周。

然而，人类进化得首先从太阳中获取维生素D这一事实，可以解释为什么即使到了现在，如果一个人极力躲避阳光，也还是会因为缺钙而罹患各种疾病。近1/5生活在欧洲和北美城市中的非洲裔人士缺钙，有的还患有佝偻病，相比之下，只有 1/50 欧洲血统的人如此。在西欧或其他北部温带地区，穿着严格的穆斯林妇女也面临同样的问题，因为她们外出时身体包得很严。

我小的时候，家住苏格兰的爱丁堡。那里与加拿大中部、俄罗斯中部和斯堪的纳维亚半岛南部处于同一纬度。幸运的是，我的父母知道在冬天缺乏维生素 D 的危险。因此，母亲在每个冬天的早晨都会给我和姐妹们喂一勺富含维生素 D 的鱼肝油。虽然那味道令人作呕，但我们免受了缺钙之苦。

等等，问题来了：如果北部人类需要苍白皮肤来从阳光中获取维生素 D，那么一些住在最北边的人，比如北极住民、俄罗斯的驯鹿牧民萨米人，还有游牧的蒙古人，他们的皮肤为何如此黝黑？他们生活在这么靠北的地方，也像某些穆斯林妇女一样长时间包得严严实实，他们为什么不会患上佝偻病？

允许我离一会儿题，来解释一下为何我用了“北极住民”一词，而没有用我们大多数人熟悉的“爱斯基摩人”。尽管一些阿拉斯加的北极住民可以接受“爱斯基摩人”这个称呼，但加拿大的北极住民更喜欢“因纽特人”这个名称。把后者称作爱斯基摩人，无异于把苏格兰人或威尔士人叫作英格兰人，这种错误会惹恼苏格兰人和威尔士人。因此，正如我以不列颠人来指代任何来自不列颠群岛的人，包括北爱尔兰人，我也用北极住民来称呼那些住在北美洲苔原地区的人群，以及像萨米人这样的亚欧大陆北极住民（如果我的数据来自这一地区的话）。

现在，我们回过头来说说为什么这些北方人反倒有黑皮肤。答案其实跟鱼肝油有关，就是我小时候在苏格兰和姐妹们每个冬天早晨都得吃的恶心的鱼肝油。这些黑皮肤北方人过去的饮食中有异常丰富的维生素 D（有些人现在的饮食也是如此），含量高到足以弥补阳光匮乏。直到不久前，北美北极住民的饮食中还全是海洋哺乳类和海鱼的肉。马鲛鱼之类较油腻的海鱼富含维生素 D，其浓度差不多是已知野生动物中最高的。同样的情况出现在南半球。海岸边的澳大利亚原住民，包括塔斯马尼亚人在内，如果他们只有紫外线作为维生素 D 来源的话，他们的皮肤不会像现在这么黑。萨米人和游牧蒙古人以牲畜的肉为食。哺乳类肉的维生素 D 含量远低于油性鱼类肉中的含量，但也足以抵消深色皮肤防护紫外线的作用。

事实证明，跟同纬度地区的人群相比，欧洲西北部原住民的皮肤异常苍白——实际上他们是地球上最白的人群之一。拉齐布·坎（Razib Khan）说，饮食习惯同样能解释这种过分的苍白。西欧人吃肉很多，但是直到不久之前，他们的饮食还是严重依赖燕麦和大麦之类的谷物。谷物对皮肤颜色的影响在于，其中的维生素 D 含量非常低。这意味着依赖谷物的人口需要更白的皮肤来从阳光中吸收足够的维生素 D。

如果我们可以找出，西欧开始小麦种植的年代是否跟导致白皮肤的基因首次出现的年代相符，那么这个关于饮食、维生素 D 和肤色的故事就会更严谨也更可信。我们的确可以。

尽管在约 1 万年前，中东和中国就出现了农业，但就像我在第 3 章所说的，西欧农业需要等气候变暖到能使作物生长才能出现。西欧农业开始于约 6000 年前。桑德拉·怀尔德（Sandra Wilde）和其他 10 位学者（这些考古遗传学论文往往有多位作者）发现，欧洲出现导致白皮肤的基因是在大约 5000 年以前。他们推测出这个年代，是通过检测主要来源于乌克兰的遗骨中的 DNA。他们测到从 6000 年前到 4000 年前的这段时间里，代表白皮肤的基因大幅增加。

5000 年前已经差不多是有历史记录的年代了。那时，人类在非洲竖起了石圈，显然是为了天文上的预测。我说的“石圈”，是指在尼罗河畔的阿布辛贝（Abu Simbel）以西约 80 公里处的纳布塔普拉雅石阵（Nabta Playa）。又过了 1000 年，我们发明了文字。我们的肤色在有典有册的年代里，通过自然选择不断进化，这实际上意味着人类目前仍在进化。这不是个停止在远古迷雾中的过程。假如当时的欧洲人继续他们的洞穴壁画，并且如实地画出人类的样貌，想必我们现在就能从画中发现人类肤色的变化。

在热带，深色皮肤能够把有害的紫外线阻挡在外。在高纬度地区，浅色皮肤允许有用的紫外线进入身体。生物、地理、化学似乎都配合得很好。但是还有另一种假说。提出备择假说并没有错。备择想法很有必要，因其能促使我们去为自己的假说找到最好的证据。不过有时候，另一种假说错得太明显了，我们甚至不需要对我们自己的假说做任何证明。我们只需指出另一种假说的问题所在即可。尼娜·雅布隆斯基就是这么对待我们这里谈到的那另一种假说的。

那种主张认为，黑皮肤能比白皮肤更好地防止水分通过皮肤流失。这听起来很奇怪？那就对了。尼娜·雅布隆斯基表明，这种假设提出的防水化学和生物学完全不符合事实，而且事实恰恰与之相反。深色皮肤并不比浅色皮肤更能保持水分，正如我稍后会提到的，非洲裔人的汗水并不少于白种人。此外，按照上述的防水假设，肤色与干湿相关，但事实并非如此。与肤色相关的，是紫外线辐射的强度。

人类皮肤颜色的故事有一个奇妙的意外转折，说明了意外发现往往是科学发现的一部分。斑马鱼通常用于基因研究。当时基思·程（Keith Cheng）正在这种动物身上寻找与癌症相关的基因。斑马鱼是一种黑白相间的小鱼，约有4厘米长，条纹纵贯身体，而不是斑马条纹那种横向的。

因为白皮肤和日光浴导致的皮肤癌有关，所以基思·程对一种浅色斑马鱼（即所谓的金斑马鱼）背后的遗传学发生了兴趣。基思·程实验室的丽贝卡·勒梅森（Rebecca Lemason）领导一个大型团队，发现了导致浅肤色的基因。结果表明，这个基因和人类遗传学家已知的人类皮肤颜色相关基因是同一个基因。

没人知道人类的这种基因是如何起作用的。但是受到斑马鱼研究成果的激励，勒梅森-程研究组的学者们决定搜索人类遗传学的巨大数据库，即国际人类基因组单体型图计划（International HapMap）。他们想看一看，非洲人和欧洲人的这个基因在形式上是否不同，如果真的不同，那是怎样不同。他们发现了一个明显的差别，但只在一个非常小的方面——只有一个化学物质（即一个氨基酸）的不同。一个单突变引起了一种化学物质的微小改变，从而改变了鱼类和人类的肤色。对一种小观赏鱼的研究，却为我们阐明了人类皮肤颜色的遗传学原理。

不过，影响我们肤色的有多个基因。到目前为止，我们还多半是在拿欧洲人和非洲人比，讲欧洲人的白皮肤。然而，跟非洲人比起来，亚洲人的肤色也比较白。希瑟·诺顿（Heather Norton）和包含其他 9 人的一个小组，描述了基因变化导致东亚人肤色较白的过程，这种基因变化与导致欧洲人肤色白的那种不同。我在第 9 章中讨论成年人消化牛奶的能力时，会再讲到不同基因导致同一个有用特征的问题。

有肤色的地理分布，就有体形和块头的地理分布。我记得几十年前有个都市传说是，非洲出生的人因为腿部肌腱比别人多一块，所以特别擅长田径。从定义上讲，都市传说就是假的。然而，撒哈拉以南的非裔人在田径方面似乎确实出类拔萃。例如，2012 年奥运会女子马拉松比赛的第一名和第二名是非洲人，而男子马拉松比赛的前三名都是非洲人。14 名运动员竞逐奥运会男子百米十大飞人的荣誉，14 人都有非洲血统。截至 2014 年，最近 12 届伦敦马拉松赛的男子组冠军都是非洲人。最近 25 届波士顿马拉松赛的男子组冠军基本都是非洲裔的，只有两个例外。非洲裔女性则在过去 20 届波士顿马拉松赛中赢了 16 次，她们和男性冠军得主一样，大多是肯尼亚人。

当然，非洲人的跑步优势中有很多社会因素在起作用，但生物学可能也发挥了作用。我将继续描述非洲人相对于欧洲或北亚血统人群的解剖优势。不过这个带给非洲人运动特长的进化优势和跑步无关。

我们先放下人类，来讨论一下动物。如果把热带哺乳动物和它们的北极亲族相比，例如去比较豺和北极狐，那么我们会发现些什么？热带哺乳动物不仅体型较小，而且四肢和耳朵也比它们北极亲族的更长。这一区域差异的影响见于各个物种，包括离我们最近的灵长类。生活在离赤道南北纬 5 度范围内典型的热带灵长类物种（例如 5 公斤重的非洲蓝猴），其体型是非热带近亲物种（例如 9 公斤重的日本猕猴）的一半。

这并不是说在赤道附近不存在大型灵长类。那里居住着各种体型的灵长类，从 150 公斤重的雄性大猩猩到老鼠大小的鼠狐猴。相比之下，高纬度地区就没有很大或很小的灵长类动物。

小型灵长类动物体型小，是因为身体大小与热量损失有关。动物体型越小，相较于质量来说表面积就更大。更大的表面积意味着更多的热量损失。让动物保持温暖的是“燃料”，即食品。小动物面临的问题是，它们身体小，嘴巴肠胃就小。在寒冷的气候下，小型动物根本不能通过吃饱来保暖。大型动物则善于保持温暖。一个寒冬的早晨，满地结霜，我家马路对面邻居围场里的马不仅没有发抖，还热到从体表冒出了蒸汽。大型动物面临的问题是，它们需要大量食物来维持大量肌肉的活动。例如，大猩猩每天得花将近半天时间来进食。在温带地区的冬天，它们是找不到足够食物来提供能量的。

但你又问了：旅鼠和麝牛又是怎么回事？旅鼠和鼠狐猴一样小，而麝牛比大猩猩还要大，它们都生活在很靠北的地区。是的，那里也生活着不少其他小型和大型的哺乳动物。小型的通过冬眠熬过冬天。在这段时间里，它们不需要能量。它们如果不冬眠，就会住在雪下坑道里，以免受到严寒的侵扰。大型的是反刍动物，消化系统与猿、猴的不同。

在非人类的动物中，随纬度变化的不仅是体型的大小，还有附属器官的长度。墨西哥羚羊兔和撒哈拉沙漠的聊狐，其耳朵长度都两倍于各自北极亲族（北极野兔和北极狐）的耳朵长度。印尼长尾猕猴的尾巴可以轻易长到与身体等长，而住在热带以外的猕猴，比如日本雪猴，它们粗短的尾巴则不到身体长度的 1/5。这是怎么回事呢？细长形状比粗短形状更容易丧失热量，跟小型身体比大型身体更易散热是一个道理。

简而言之，如果你住的地方气候温暖，就请保持瘦长体型，体重也要轻。如果你住的地方很冷，那么矮矮胖胖的才好。

当然，科学家有表示体型与温度、纬度之间关系的专有名词。在纬度较低、较温暖的地方有更小、更苗条的体型是由于“伯格曼效应”。在纬度较低地方有较长的身体末端（例如耳朵和四肢）是由于“艾伦效应”。这些效应的名字是为了认可德国人卡尔·伯格曼（Carl Bergmann）和美国人乔尔·艾伦（Joel Allen）的工作，他们在 19 世纪最早发表论文，揭示了这些关系。现在，我们回过头来讨论热带地区人群的运动竞技能力，特别是非洲人的运动竞技能力。

人类是哺乳动物，也像其他动物一样，遵循体形和块头与温度相关的规律。所以我们发现，在赤道附近生活的妇女平均体重为 50 公斤，在北极圈附近生活的妇女平均体重为 60 公斤。两地男子的平均体重则为前者 55 公斤左右，后者 70 公斤左右。在身高别体重（weight for height）方面，赤道居民和北极居民也有同样的差异，虽然男女在这方面的差异很小。赤道地区男女的数值为 3 公斤每厘米，而在北极地区则是 4 公斤每厘米。

生活在赤道附近的俾格米人平均身高约 140 厘米，是地球上最矮小的人。三大洲的所有俾格米人都生活在热带雨林里。热带雨林不仅温暖，而且潮湿，因此在这里特别难散热。

顺便提一下，把这些人称为“俾格米人”，只是表示他们的身材不及世界上的其他大部分人群，并不代表这些人的起源相近。即使是在非洲东西两地的俾格米人，也许都已经分开了 2 万年。

靠近赤道的人类不仅仅身体更轻，他们也更瘦。研究在不同气候下人类身型大小的科学家们在评估身体宽度时，经常使用人的骨盆宽度这个指标——就是我们可以触摸到的身体两侧、腰底部的骨突之间的距离。热带居民的骨盆宽度比北极居民窄近 20%。而这些身体比较窄的热带人，四肢也比非热带人长。赤道居民的腿长大概是其坐高的 95%，相较之下，北极居民的腿长是其坐高的 85%。这可能是对非洲人运动优势的一种解释——他们有更长的腿来驱动他们更为轻便的身材。（如果“坐高”的意思还不够清楚的话，我解释一下，它指的是我们坐着时候从骨盆底部——严格来说是坐骨的底部——到我们的头顶的距离。）

请注意，我说的是对非洲人运动优势的“一种”解释。个人素质、社会和文化当然对他们的运动优势也起了部分作用。有很大比例的美国非裔儿童被最好的学校拒之门外，面对这种情况，他们除了从事体育运动，还能靠什么来出人头地？像杰基·罗宾逊（Jackie Robinson）和杰西·欧文斯（Jesse Owens）这些早期著名的公众榜样本可以靠文化方面的成就取得成功（现在恐怕仍然如此），但由于种族隔离——他们正是因此成为公众人物的，只能靠运动来出人头地。

杰西·欧文斯参加了 1936 年的所谓纳粹奥运会，是赢得金牌最多的运动员，其中一块金牌是 200 米短跑的金牌。这项比赛的银牌获得者是杰基·罗宾逊的兄长麦克·罗宾逊（Mack Robinson）。杰基·罗宾逊是第一位因职业棒球大联盟而闻名的美国非裔。不止以上两个例子，在很多例子中，种族隔离的事实，以及美国非裔几乎在各行各业都会面临的机会不平等，都可能导致美国非裔更注重体育——卓越的体育能力可能更加显而易见，在素质评估中也比较不会受到歧视。

毋庸赘言，非裔并不只是四肢发达。20 世纪上半叶，珀西·朱利安（Percy Julian）在化学研发上取得了非凡成就，成为非裔化学家入选美国国家科学院的第一人。以上三个（和更多）例子说明，美国非裔只有具备最出众的能力、意志力、毅力，才可以成为人上人。朱利安成为投身研发的化学家，而不是大学里的研究员，很可能是因为大学因他是黑人而拒绝雇用他。更糟的是，20 世纪 50 年代早期，他终于成功在芝加哥高档社区购得一套住房，结果房子被人纵火烧了。

同样，如果说非洲人总体上具有田径方面的解剖学优势，那为什么多数奥运会奖牌获得者都来自肯尼亚境内的一隅之地呢？按照备受诽谤的乔恩·安帝（Jon Entine）的观点，西肯尼亚的南帝人（Nandi）是非洲人中的超级长跑健将。的确，南帝地区海拔较高，约为 2000 米，但肯尼亚其他地区和非洲东部的海拔大致也是这么高。还有一种观点认为，基普乔盖·凯诺（Kipchoge Keino）在 1968 年墨西哥城奥运会及其后 1972 年慕尼黑奥运会中的惊人表现，激起了肯尼亚人对田径项目的热情，尤其影响了凯诺诞生地（西肯尼亚的南帝山地区）的人们。

但是，不管凯诺意志怎样坚定（他之后在其他领域同样出类拔萃），他和其他出生于非洲的运动员可以在没有长腿的情况下做到这些吗？

毋庸讳言，南帝肯尼亚人不是“一隅之地盛产某一项目运动员”的唯一例子。其他著名的运动员群体还包括墨西哥铜峡谷的长跑运动员，他们出名，是因为克里斯托弗·麦克杜格尔（Christopher McDougall）那本在副标题中对他们大加赞誉的书《天生就会跑》（*Born to Run*），此外还有相比之下默默无闻的英国湖区越野路跑运动员们。显然需要验证一下，是否真的存在这个“非洲人的解剖学优势”。

至于他们小腿和前臂相对于大腿和上臂的比例，与四肢和身体比例的情况相同。热带居民的四肢前段长于后段，北极居民的四肢前段则短于后段。四肢前段比后段细，相对于单位体积的表面积更大，所以散热应会更迅速。如果是这样的话，我们发现热带人的散热部位（四肢前段）较长，而寒冷地区居民的散热部位较短，就说得通了。

然而，一个实验表明事情并没有这么简单。这一实验也说明了科学为什么必须这样精确地表达测量的对象，并精确地表达它的发现。研究发现，现在的威斯康星大学男女学生们大腿的散热量，要大于小腿的散热量。考虑到大腿肌肉多于小腿，这个现象不足为奇。换句话说，当我在上一段说“我们四肢的前段应该比后段散热更多”的时候，我本应该加一句“相对于它们的质量来说”。热带人的四肢后段，并没有因为要更好地散热而变得比实际的长，这大概与运动力学有关。

现在，众所周知，营养充足的健康个体（无论是人还是其他动物）的身材要高于食不果腹的不健康个体。还有，热带居民跟北极居民相比，饮食中含有的脂肪较少，而生存环境中的疾病较多。非洲人体重小于北极人，身体比例也不相同，这些应该都在意料之中。那么，我们怎么知道这些身体差异不只是饮食营养有差异的结果，而是为适应环境温度而发生的改变？

事实上，我们可以区分营养和温度的影响。良好的营养和健康的身体会使我们体重更重，腿更长。例如，我们知道在美国长大、饮食优越的危地马拉第二代移民，其体重和身高都超过他们的父母。研究结果发现，孩子们长得更高，是因为腿更长，而不是因为躯干更长。同理，身体轻、四肢长的热带居民和身体重、四肢短的北极居民之间的差别，不单是营养差异造成的结果。如果只是因为营养的差异，那么较重的北极居民的双腿，就应当比热带居民的双腿长。但事实并非如此。

温度既随海拔变化，又随纬度变化。无论在何处的高大山坡上（即使高山位于赤道）都可以体验到北极式的气温。例如，厄瓜多尔或秘鲁的安第斯山脉中的印第安人，他们寄身的气候比这两国沿海印第安人所处的气候要寒冷得多。就我以往的经验来说，在高山宾馆中睡觉时，最好把酒店提供的毛毯全都盖上。而在海边宾馆中，只盖一条被单我都觉得太热。

根据我迄今为止描述的纬度影响和伯格曼效应，不难预料到，安第斯人的体重应该重于沿海印第安人。我们可以从在秘鲁的研究中得知这一点。然而，安第斯人同时也营养充足，他们更健康，长得更胖。于是我们面临这样一个问题：我们如何知道这种体重上的差别是营养导致的，还是高海拔的寒冷导致的？答案是：安第斯人与沿海印第安人之间的差别展现了艾伦效应。相对于身长来说，安第斯印第安人的四肢比沿海印第安人更短。而营养丰富无法解释为何四肢更短，只有温度可以解释。

随着时间推移，体型和温度之间的相关性减弱了，因为更好的营养和更好的总体生活方式，能减弱环境对人们的影响，从而弱化人们发生体型和生理适应变化可以得到的好处。即便如此，根据各种测量结果，这种相关性仍然存在。

饮食不良的另一个负面影响是“长得慢”。我在前几页提出的观点是，俾格米人如此矮小，是因为热带森林环境特别炎热、潮湿。然而，导致他们矮小的因素，有没有可能其实是热带森林中贫瘠土壤导致的营养不良？

答案是否定的，俾格米人矮小，并不是因为营养不良。他们的生长速度不亚于其他地区的人们。俾格米人之所以如此矮小，是因为他们比其他地区的人群更早停止生长。热带森林的高温和高湿可以解释他们的这种生长停止。他们生活在这里，需要维持小体型，如果长得太高太重，就会难以散热。

除了炎热和潮湿，热带森林中还有各种疾病和大量寄生虫。也许正因为如此，俾格米人活到 15 岁的概率，比在森林之外的相邻人群低 1/3。许多研究表明，至少对于动物而言，如果它们早死的风险较大，那么最好尽早繁殖。繁殖需要花费大量精力，尤其是对雌性哺乳动物（包括人类）而言。如果女性俾格米人想拥有早育的精力，她们就最好早点儿停止生长。

安德烈亚·米利亚诺（Andrea Migliano）及其同事们提出，与其他人群相比，俾格米人开始生育的年龄的确很早（多数在 16

岁），而不像在其他方面类似的族群那样，在十八九岁开始生育。俾格米人身材矮小，不是因为这样本身有任何特别的优势，而是好处多多的早婚早育的一个副作用——需要提早停止生长。

俾格米人身材矮小，可能与基因有关。比如，俾格米人有一个调控基因用以关闭或开启与生长激素生成相关的各种基因。俾格米人的其他一些基因跟对多种疾病的免疫力有关，遗传学家检测到至少有一个基因跟早育有关。

正如我在本节开始时所写的，其他动物，包括非人的灵长类动物，都体现出伯格曼和艾伦效应。在这方面，我迄今尚未提到的非人物种是尼安德特人。尼安德特人的生活范围横跨亚洲西南部和欧洲，在文化的先进程度上不及现代人类。同最终取代了他们的现代人相比，尼安德特人受气候的影响一定更大，尤其是尼安德特人延续到了末次冰期开始之后很久。既然如此，我们应该能够利用伯格曼和艾伦效应，来预测相对于现代人类（特别是热带地区人类）而言，尼安德特人的身体形态是什么样的。尼安德特人比他们更重，更矮胖，四肢更短吗？

的确如此。例如，尼安德特人可能比现代人至少重 20%，部分原因是其躯干更宽。现代非洲人的腿长超过躯干的 90%，相比之下，尼安德特人的腿长只有躯干的大约 80%。他们的臂长和躯干长的比例接近于现代欧洲人，但比现代非洲人小。而且和今天的北极居民一样，尼安德特人小腿与大腿的比例要比当今热带居民的比例小。

不过，关于尼安德特人的身体比例，让我再介绍一种备择假设，以展示科学上的一点分歧。直布罗陀博物馆馆长克莱夫·芬利森（Clive Finlayson）提出，尼安德特人有矮胖的身躯和短小结实的四肢，并不是为了适应寒冷，而是强壮的体现，也说明他们在日常生活中非常活跃。实际上，尼安德特人使用的工具落后于现代人类，因此他们一定更依赖自己发达的肌肉。

我之前说过，在科学领域，备择假说总是有用的，因为它们可以激发进一步的调查，让观点更完备。备择假说往往也能很有趣——至少在喜欢看辩论的观众眼里是这样。双方为了阐明或捍卫自己的论点，会争论得相当激烈。在讨论岛屿适应的那一章里，我们会看到针对弗洛勒斯岛矮人“霍比特人”小小的脑容量，学者们就发生了激烈的争论。不过，关于尼安德特人的争论迄今为止都是客观而文雅的。

芬利森的观点（即尼安德特人有这种四肢比例是因为他们有力量，活动多，而不是因为气候寒冷）的依据是，位于温暖的西班牙东南部和更偏北的尼安德特人，具有同样的身体比例。然而，“西班牙东南部是温暖的”这种观点本身就有可能是错的。

毕竟，马德里以东不到150公里的西班牙中部，在末次冰盛期（这是尼安德特人最终灭绝的时间）开始时是有冰川的。即使在今天，西班牙东南部的穆拉森山（Mt. Mulhacen）上仍有积雪。在我写下这些文字的2014年5月底，就有预报说那里的温度低至零下并伴有寒风，也可能有雪。如果西班牙南部的冬天是寒冷的，即使只有某些年份的冬天是寒冷的，那么尼安德特人中生着北极居民身体比例的人，也应该比其他人更易生存下来。

他们可能也拥有活跃程度很高的良好生活方式。换言之，芬利森在提出尼安德特人的结构与他们的活跃生活方式有关这一主张时，并没有必要否定温度导致尼安德特人矮胖的主张。尼安德特人可以从其身体的大小和身形中，得到保暖性和活跃强度这两个好处，而不是只有其中一个好处。

蒂姆·韦弗和卡伦·斯托伊德尔–南博思（Karen Steudel-Numbers）却不同意芬利森的说法。他们认为，在剧烈而活跃的狩猎活动中，腿长的人，特别是小腿长的人，其效率会高于腿短的人。这和我在讨论非裔具有杰出运动才能时所描述的一样。在这种情况下，尼安德特人狩猎很活跃，但小腿短会让他们更早地耗尽精力，这一点比不上取代他们的现代人类。尼安德特人当然很强壮，但如果他们的生活状态非常活跃，他们的腿就应该更长一些。因此，蒂姆·韦弗和斯托伊德尔–南博思两人更偏向于采用保暖假说，而非活跃生活假说。

但争论仍在继续。尼安德特人的胫骨比现代长跑运动员的更坚硬，这是不是说明他们的生活方式高度活跃，而他们更短的四肢则表明他们的身体更易储热？或者，如我在 2014 年发表的一篇文章里主张的，是不是韦弗和斯托伊德尔–南博思的测量还太粗略，不足以说明运动低效？

瑞安·希金斯（Ryan Higgins）和克里斯托弗·拉夫（Christopher Ruff）从另一个角度质疑了尼安德特人运动低效这一假设。他们指出，小腿短意味着运动低效的这一假设，主要依据的是人们在平地走跑的理论和实验分析。但是，尼安德特人并非居住在平地，而是主要生活在丘陵地带甚至山区。在那里，腿短（特别是小腿短）并不是缺点，反而可能是一项优势。

可以证明小腿短可能是优点的证据是，山区的牛科动物（偶蹄类反刍动物如绵羊、牛、鹿、羚羊）的四肢前段也比后段短。所以“两大好处”的论点仍然有效。尼安德特人的小腿短，既便利他们在山上的运动，又能减少热量损失。

生活方式或许可以解释尼安德特人的身材比例，但这又引出了性别差异的问题。我们知道，在大多数人类社会，包括狩猎采集社会，两性获取食物的方式都有很大差别。我在第3章用托雷斯海峡的一个例子说明，一般来说，女性比起男性更倾向于追捕体型较小、较不危险的猎物。但尼安德特人的两性解剖结构基本相同。因此，芬利森需要去论证，尼安德特人男女的生活方式都是高度活跃的。的确，斯蒂芬·库恩（Stephen Kuhn）和玛丽·斯蒂纳（Mary Stiner）注意到，在尼安德特人遗址中，并没有通常认为的“女人才打的猎物”，这表明尼安德特人中，男女都主要追捕中型或更大的猎物，这些猎物的残骸在遗址中颇为常见。

但我们需要小心地对待这一结论。丽贝卡和道格拉斯·伯德描述了澳大利亚土著女性如何捕猎体型较小、数量众多的猎物，从而给家人朋友提供持续的营养。相比之下，男性会去猎捕更大、更危险的猎物，以此彰显他们的地位。许多狩猎社会中都有这种男女之别。除此之外，从考古角度来看还有一个问题。伊丽莎白·奇尔顿（Elizabeth Chilton）指出，比起较大的动物，女性捕猎的典型小动物（例如兔子和蜥蜴）更不易保存下来，更不易被科学家们发现。此外，比起大型动物，小动物是不是往往在外面就被烤着吃了？如果是这样，那么比起被带回到某一个“中央生活区”的大型动物，小动物的遗骸会更容易散落各处，考古学家更难挖掘到。

简而言之，我们现代人类展现了伯格曼和艾伦效应：相对于热带地区的人，高纬度人群有更重的身体和更短的四肢。在与现代人类的对比中，尼安德特人也展现了伯格曼和艾伦效应，他们的腿比例还能帮助他们在丘陵地带更好地活动。猴子同样体现了伯格曼和艾伦效应。而且兔子、狐狸和其他许多哺乳动物，以及鸟类身上，也都有伯格曼和艾伦效应的体现。所以，一个合理的结论是，和其他恒温动物一样，人类在身体大小和体型上适应了环境。如果人是神造的，那么造人也同样遵循了进化生态学的原则。

不同地区人的肤色和身体比例不同，这有充分的生物学理由。此外，不同地区人的生理状态也不同。记得飞机降落在加蓬共和国首都利伯维尔（Libreville）时，我走出机舱，站在通向机场地面的舷梯顶上。这里如此炎热、潮湿，我感觉自己仿佛走进了一堵坚实的墙，当时就觉得精神萎靡。后来我在那里的室外能做的，就只有梦游一般缓慢行走了。可是当地非洲人似乎并不受高温的影响。

尽管如此，科学家还没找到热带居民和温带或北极居民在应对高温时的明确生理差异。怎么会这样呢？然而再想一想，也许并不那么奇怪。热带当然是炎热的，但苏格兰在夏季也能达到热带的温度。苏格兰有超过 30 摄氏度的记录。所以，苏格兰的劳动者很可能有时会像利伯维尔的劳动者一样，在相同的温度下劳动。如果是这样，那么在进化的光阴里，高纬度的苏格兰人为了应对高温，应该就已经进化出了和赤道的加蓬人一样的生理适应特征。

在大多数情况下，事实的确如此。例如，欧洲人和非洲人感到炎热时，出的汗一样多。但这并不是说纬度不同地区的人群之间，在流汗上就没有差异。汗水是什么呢？不过是盐和水，生命的两个基本要素。我们流汗时会损失这两者。问题来了。在热带地区，盐和水往往供应短缺。非洲土壤比起欧洲地区的土壤，一般而言缺乏矿物质，而且非洲的旱情比欧洲更严重。如果土壤缺盐，非洲人饮食中的植物也缺盐，那么保留已摄入的盐分对生存就至关重要。如果非洲人出汗不少于欧洲人，但非洲人缺水，那么他们通常会比欧洲人更容易脱水，这使得维持血压成为关系到生存的优先事项。

比较非洲人和欧洲人的汗液成分和血压，我们会发现什么呢？是的，正如所预期的，流汗的时候，非洲人比欧洲人能更好地保留盐分，因为他们的汗水含盐较少。此外，当严重脱水时，他们可以收缩血管，从而维持较高的血压。

非洲人和欧洲人的这一区别，其实是热带人群和非热带人群之间的一项普遍性区别。我们研究缺水地区中会影响保留盐分和维持血压能力的基因时，发现就如 J. 亨特 · 杨（J. Hunter Young）所指出的，这些基因中 5 个基因（严格说是 5 个等位基因）的分布和人群所处的纬度之间有密切联系。至于这些基因分布的数值，意即被测量个体中有这些基因人数的比例，其范围是：在亚、非、美洲的热带地区大约为 70%，欧洲和亚洲的非热带地区大约为 45%。而来自非热带但低纬度地区的中东和巴基斯坦人，其数值则居于中间。

如果温带的大部分人都像我一样，那么他们会在高温潮湿的天气里流汗最多。来自美国东海岸的游客颇享受加州的夏天，因为那里很干燥（即使是在炎热的天气里）。在我居住的中央山谷，夏天大多数时候温度在 30 摄氏度以上，甚至会超过 35 摄氏度。在我们之间有这么个玩笑，如果有人说这里很热，那他得到的回复必然是："是的，但这里是干热。"干燥程度对舒适度的影响很大。

我之前讨论过热带森林湿度与俾格米人矮小身材之间的关联。湿度大，人就更难散热，因此森林里会比大草原上热得多。事实证明，如果用非洲森林中部的姆布蒂（Mbuti）俾格米人和比亚蒂（Biati）俾格米人，来对比热带稀树草原的桑人，我们就会发现，与出汗失水时通过收缩血管保留盐分和维持血压能力相关的基因，在前两种人群中更为普遍。

很可惜，热带居民那高于温带居民的保留盐分和维持血压的能力，是需要付出代价的。如果热带出身的人改吃高盐高油的西式饮食，他们就可能会惹上麻烦。我们发现，跟欧洲人相比，美国非裔和内罗毕中产阶级非洲人更容易罹患高血压，并出现与之相关的肾脏问题。是的，社会经济因素和生活方式也有可能是美国非裔更易患高血压的部分原因（事实上很可能发挥了作用）。但是，他们容易患这种病的源头可能在于他们起源之地的环境，以及他们进化出来的对这种环境的适应，这里指的是更善于保留盐分。

这又是一个能真正帮助医生了解生理的地区差异的例子，这样的例子已有不少。这类差异可能意味着，来自世界其他地区的人群，比某个医生通常诊治的人群更容易（或更不易）罹患某些疾病。当人们背井离乡，离开他们祖先生活的环境时，可能会特别容易患病受苦。一般说来，美国非裔可能比住在非洲的非洲人更容易得高血压。除了可能有某些社会原因造成了这种差异外，当年的奴隶贸易也可能导致这两种人群出现了生物性差异。贩奴过程中，许多（应该说几乎所有）奴隶都披枷带锁，吃不好，喝不好。他们在奴隶船上作为俘虏被运往新大陆，很可能罹患痢疾或腹泻。腹泻时，我们失去的不只是水，还有盐分。这种损失可能夺人性命，而且我们知道贩奴船上的死亡率骇人听闻。在这种旅途中幸存下来的非洲人，他们保留盐分的能力会好于一般的非洲人。因此，在当前这种高盐环境下，这些非洲人的后裔就比一般人群更容易患上高血压。

如果说对暑热压力的适应能力（相比于对失水和失盐的适应）在热带和非热带居民身上差异不大，那么对寒冷的适应则的确表现出了地域差异。一个例子是20世纪50年代初朝鲜战争中美军士兵的冻疮。诚然，当时很多人遭受冻疮之苦，但美国非裔生冻疮的比例要高于美国欧裔。那么暑热和寒冷有什么区别呢？纬度的区别又会怎样影响人们对冷热这两者的敏感程度呢？答案是：温带地区夏季气候温和，有时也能达到热带气温，但温带地区的冬季温度要低于——往往是远低于热带地区，除非是海拔很高的热带地区才有例外。

从更普遍的生理学角度说，来自高纬度地区的民族，似乎已经发展出了用高于热带人的代谢率来对抗寒冷的能力。所以当外界气温接近冰点时，北极居民比热带居民有更高的体内温度和皮肤温度。比较北极和热带的鸟类及哺乳动物，我们也会发现相同的情况。在体现这一效应的质量较好的研究中，研究人员考虑到了体脂肪量和体表面积会随纬度变化而变化，控制这两个因素后，实验结果表明，高纬度出身者的基础代谢率，大概要比低纬度出身的人高50%。

同样，出生并生活在高海拔地区的人，其代谢率要高于生活在低海拔地区的人。到目前为止的研究数据表明，年均温度每下降1摄氏度，代谢率就上升大约每日4千卡到5千卡。无论温度下降是纬度升高还是海拔升高造成的，都会发生这种情况。

就我对现有文献的了解而言，我们现在还不知道人们在应对寒冷方面的差异，有多少是个体在一生中发展出来的，又有多少是受遗传影响的进化出来的能力。

来自寒冷环境的人群，其代谢率通常高于生活在炎热环境中的人群，不过有一个例外，就是夜间的非洲南部卡拉哈里沙漠（Kalahari Desert）地区原住民。沙漠的温度在夜间可接近冰点。卡拉哈里人并没有在夜间通过提高自己的体温来保暖，相反，他们的夜间代谢率低于欧裔，这导致他们的体温也低于欧裔。

既然卡拉哈里人可以通过降低体温来节约能量，那么高纬度和高海拔地区的人群为什么不能这样做呢？确实，他们为什么反其道而行之，要去燃烧多余的能量呢？答案可能是：他们承受不了降低体温的代价。因为他们所在地区的温度常常在冰点以下，并经常持续很久，所以他们必须保持相对高的代谢率以免冻伤。

除了人群之间似乎是演化出来的总体地区性差异之外，所有人群中的个体都可以根据他们目前经历的温度来改变自己的代谢率。我们大多数人在天冷时都会适度提高自己的代谢率。所以，如果我们想减肥，就可以在寒冷的健身房里锻炼。这样，我们将更快地燃烧掉卡路里，因为我们失去了更多的热量，并且我们需要产生更多的热量进行消耗。当然，前提是我们不能通过“多吃点”来应对更低的温度和更高的代谢率。我在冬天吃得比夏天多，大概是因为冬天体内热量消耗得更快。因此我和我的猫都会在冬天发胖。

对大多北极圈之外的人而言，测试自己的手指能在冰水碗里浸泡多久，是让人非常难受的一项实验。非北极居民会比北极居民更早抽出手指。一个明显的推断是，北极居民确实有更高的代谢率，他们因而比低纬度民族更能适应低温。

但是，我们解释这个实验的时候要小心。我们知道，期望和适应都可以影响行为。非北极居民在成长过程中并不是每天都经历严寒。我们遇上严寒时，因为不习惯，所以无法承受。条件有限、别无选择也会影响我们的忍受力，想想装备简陋的英国早期南极探险队吧，他们当时的生活条件简直是太差了。阿普斯利·切里–加勒德（Apsley Cherry-Garrard）在《世界上最糟糕的旅程》（*The Worst Journey in the World*）一书里说："如果你在该待在睡袋里睡觉的7个小时里不得不走出帐篷，那就必须系上一条硬如铁棒的绳子（以封闭帐篷的门），回来的时候还得一边重新化冻，一边钻进已经坚硬如板的睡袋。"他和埃德·威尔逊（Ed Wilson）及亨利·"小鸟"·鲍尔斯（Henry "Birdie" Bowers）曾经在冬季收集帝企鹅蛋。那种痛苦生不如死："简直太受罪了，我宁可死了，只要死的时候不太难受。"不过，他们三个人都活了下来，埃德·威尔逊后来死在和斯科特从南极返回的路上。

事实上，跟"冰水实验"有关的一种适应表现，是手指对冷的精确局部反应。最初，北极居民和低纬度地区欧洲居民的手指温度都迅速下降。但是之后北极居民的手指回暖比欧洲居民快，回暖的温度也较高。生活在高海拔地区的秘鲁安第斯民族，他们对于冰水实验的反应与北极居民的相同。这些习惯了寒冷的民族如果没有这种反应，在室外就多半没法活动了。

我尚未提到用行为来缓解寒冷的方法。人们会用许多办法来祛除寒冷，除了所用材料不同，各文化之间大同小异。然而，塔斯马尼亚岛土著在应对寒冷时，反应却有些不寻常：天气变冷的时候，他们会搬到山上。这种出人意料的行为，其实很可能并不是一种地方性适应。相反，这其中的门道是：他们是在寻找洞穴的庇护，特别要依靠洞穴来抵御寒风，而洞穴往往位于高处。

正如我所描述的，高纬度地区居民的平均体重比低纬度地区居民的重。而我们发现的土著居民体型相对较大的另一个地方，就是太平洋的岛屿——地理世界中与两极地区截然相反的地方。世界上最重的人里，有一些是萨摩亚人。但是，这些大块头的太平洋岛民并不像北极居民那样身高体壮，他们只是更胖而已。

世界卫生组织最近的统计数据表明，萨摩亚人的肥胖率接近 3/4。换句话说，他们的身体质量指数（通常简称为 BMI）超过 30，这是判为肥胖的临界值。在其他太平洋岛屿上，具有如此高身体质量指数的人口，占全部人口的 40%—75%。相比之下，通常被认为是肥胖国家的美、英两国，其超重人口的比例也不过是 25%—35%。

我们通常用体重公斤数除以身高米数的平方，来计算身体质量指数。身高、体重这两个很容易测量的数值，按照我刚才说的方法计算后，能或多或少对应上普通人身体中脂肪所占的百分比。当然，这些值跟性别、年龄、我们平时从事的运动都有关系，因为骨骼和肌肉也影响我们的总重量。但用这一方程可以大致估计出身体的脂肪含量。

太平洋岛屿的居民为什么这么容易发胖？请看地球仪，想一想人类最初抵达那些岛屿时的情景。太平洋覆盖了近一半的地球表面。最早到达太平洋岛屿的数千公里的旅途，是在敞舱船中开展的。旅行者大部分时间都浸泡在海水中，他们到达下一座岛的时候，或许已经饿得半死，更不用说挨到他们收获第一批作物的时候了。于是不难想象，存活下来的，是那些新陈代谢最高效的人，也就是最能把食物转化成脂肪的人。

幸存者一旦在岛上定居，即使收成不好，也不能轻易搬到别处。他们将不得不挨过艰难的时期。同样，最有可能生存下来的人，将是那些新陈代谢最高效的个体。用研究这一现象的人的话来说，岛屿居民从过去到现在都具有“节俭”基因，这种基因让身体极其高效地将食物的热量转化为储存的热量，也就是脂肪。难道说，胖者生存？

如今，岛上的居民已经不再忍饥挨饿。事实恰恰相反，他们大可以饱享碳水化合物、糖类和脂肪的盛宴。后果呢？身体质量指数超过 30。情况类似于，非洲人在进化史上第一次拥有了永远高盐的日常饮食。在过去环境中有用的能力，在新环境里反而可能成为一种负担。

“节俭基因假说”也有其批评者，正如伊丽莎白·热内–培根（Elizabeth Genné-Bacon）在评述众多解释肥胖的观点时所描述的。然而，岛上的动物似乎也有一种节俭的新陈代谢系统。不论是否能够有效地利用食物，它们的代谢率都很低。布赖恩·麦克纳布（Brian McNab）指出，它们可以承受低代谢率和长时间的睡眠，是因为小岛上很少有大型食肉动物。

我们讨论了这么多关于大个子岛民的事之后，可能也会想起印度尼西亚弗洛勒斯岛上的小个子“霍比特人”，它是在 2001 年才为世人所知的。太平洋岛民这么高大，为什么霍比特人却这么矮小呢？岛上的动物、植物和人都有自己特殊的生物地理现象。岛屿现象是很不寻常的，值得在这本书中用单独的一章来讨论，到时我将谈谈代谢率和身体尺寸。现在，我先不谈太平洋岛屿，而是谈谈喜马拉雅山和安第斯山那样的高地。喜马拉雅山麓尼泊尔的夏尔巴人以高海拔壮举著称，他们甚至爬上了珠穆朗玛峰。我上一次查看纪录的时候，登顶珠峰次数最多的人是阿帕·夏尔巴（Apa Sherpa）——21 次登顶。在没有人工供氧的情况下，于山顶停留时间最长的人是巴布·赤日·夏尔巴（Babu Chiri Sherpa）——他停留了 21 个小时，他也曾保持在 17 个小时内从大本营开始向上攀登了 3300 米这一最快纪录。夏尔巴人一直保持着从大本营开始的最快登顶纪录，目前最快的人是奔巴·多杰（Pemba Dorjie），用时 8 小时 10 分钟。

第一个登顶的少年是 16 岁的坦巴·雪里·夏尔巴（Temba Tsheri Sherpa），登顶时间是 2001 年。在登顶人中，最年轻的女性是来自印度南部的玛拉瓦·颇纳（Malavath Poorna）。她于 2014 年 5 月 25 日到达顶峰，时年 13 岁又 11 个月，仅仅比最年轻的男性大一个月。我找不到登顶人中“负重冠军”的任何纪录，但是我敢打赌，这项纪录的保持者也是夏尔巴人。他们是怎么做到的呢？

从 20 世纪 90 年代初以来，我们夫妻已经五进不丹，跟牦牛牧民一起，跋涉在不丹北部的喜马拉雅山脉。去不丹的飞机降落在海拔高度 2100 米的帕罗（Paro）。我们每一次访问不丹，都始于气喘吁吁地攀爬酒店楼梯，并且晚上还有强烈的头疼症状。但当我们三个星期后再回到那里的时候，因为有过多次在 4500 米处过夜的经历，还攀登过海拔 5000 多米的地方，所以我们已经可以毫不困难地跑上楼梯，而不需要阿司匹林了。但我们仍然不能在 5000 米高的山上追逐牦牛，而带我们跋涉的牧民却很擅长于此，他们每天早上都会去赶拢前一天晚上放出寻食牧草的牦牛。

我们夫妻两人分别在英国和加利福尼亚低地长大，没有喜马拉雅夏尔巴人或不丹人的血液能力和肺活量——那简直是牦牛般的能力。我们的血液能力和肺活量，也比不上高原安第斯印第安人和他们的羊驼与骆马。这些生活在高海拔地区的人和动物都能在高原的稀薄空气中自由呼吸，他们这方面能力远远超过生活在低地的人和动物。

低地人和喜马拉雅或安第斯人之间的差异，有的仅仅是因为后者在高海拔地区生活过，并且童年以来就经历低氧。出生在低地的人，如果幼年就移居到高地生活，很快就会和在高地出生的人一样精力充沛。移居的年龄越小，效果越好。如果你我在两岁的时候就移居到秘鲁的安第斯山区，那么我们每分钟通过肺部呼吸的空气，也许可以比 14 岁才移居安第斯的人多 50%。

至于高山民族为什么比低地民族在高海拔地区适应得更好，他们又是怎样适应的，我们的信息大部分来自生活在海拔 3500 米—4000 米处的藏族人和安第斯人，以及生活在海拔约 3300 米处的埃塞俄比亚人。相关信息在相当大程度上来自辛西娅 · 比尔（Cynthia Beall）和洛娜 · 摩尔（Lorna Moore）领导的小组的研究。与生活在低地的大多数汉族人相比，生活在高海拔地区的藏族人，其流经肺部的血液量更大，因为他们不像生活在低处的人一样频繁收缩肺动脉。高地人肺部流过的空气更多，肌肉内还有更多的小血管（毛细血管）。令人惊讶的是，他们血液中的血红蛋白浓度较低。但事实证明高浓度的血红蛋白可能与高原反应有关。在运动过程中，会有更多的血液流经藏族人的大脑。而且藏族孕妇会有更多的血液流经她们的子宫，给子宫和胎盘提供更多的氧气。高山安第斯人与低地欧洲人和南美洲人之间有差异的地方，与高原藏族人与低地汉族人之间的差异有许多不同。安第斯人血液中血红蛋白浓度很高，血液含氧量也很高。安第斯人的孕妇通过加强她们的肺通气，向其子宫和胎盘供应更多的氧气，她们的子宫动脉内有更多的血液流过，并有更多的富氧血液。

直到最近，人们才发现高海拔地区埃塞俄比亚人有对高海拔环境的明显适应，尽管他们已经在至少 2300 米的海拔高度上生活了 7 万多年。然而，近 10 年来由萨拉·蒂什科夫实验室的劳拉·沙因费尔德（Laura Scheinfeldt）带头的研究表明，高海拔地区埃塞俄比亚人的血液中，血红蛋白水平较高。戈尔卡–阿尔科塔–艾兰贝路（Gorka Alkorta-Aranburu）和一支来自辛西娅·比尔实验室的团队，也发现了同样的现象。

许多宣称高山人和低地人之间具有某些差异的研究，其实都没能很好地控制统计学上说的混杂效应。比如说，他们没有控制年龄、性别、在某个海拔高度上停留的时间等因素。也许他们做了，但没有加以说明。

控制了上述因素之后，我们会发现，跟控制因素之前相比，藏族人和安第斯人之间的差异变少了。我们也发现，出生在高海拔地区的人和出生在低海拔地区但后来移居高山的人之间的差异，也比先前想象的要少。例如，查尔斯·韦茨（Charles Weitz）和他的支持团队表明，出生在高海拔地区的汉族人和藏族人在童年和青春期，在血液中表现出了完全相同的血红蛋白浓度增加。因此，如果研究者没有考虑到年龄因素，而去比较高海拔地区的年轻汉族人与年老藏族人，他们就会发现藏族人血液中含有较高浓度的血红蛋白。

如果人从幼年开始就生活在高海拔地区，人的身体就能适应所生活地区的海拔高度。这些来自安第斯、西藏、埃塞俄比亚的发现，是否体现了个体在一生之中产生这种适应效应？还是说，我们看到的，是人们对于高海拔稀薄空气的进化遗传适应的结果？答案也许会是遗传适应性。毕竟，高海拔地区的藏族人、安第斯人和埃塞俄比亚人已经在那里生活了数千年。

到目前为止，关于高原生活的遗传适应，证据仍然不足。事实上，就在去年，在这一领域长期耕耘的罗伯托·弗里桑乔（Roberto Frisancho）表示，目前还没有人最终确定安第斯人身上是否带有与高海拔生活能力相关的基因。因此，我将从能够标示其存在迹象的生物学发现开始，讲一讲遗传适应性。

我将用新生儿出生体重这一属性，来讨论潜在的遗传适应性，因为新生儿的出生体重与其生存能力息息相关。在一般情况下，重量轻的婴儿面临的困难，多于体重居于平均值的婴儿。科琳·朱利安（Colleen Julian）和来自洛娜·摩尔团队的一支队伍，通过各种措施，对比了玻利维亚拥有欧洲人或安第斯人血统（依据姓氏判断）、出生在高海拔地区（3600 米或 4100 米）的婴儿和出生于低海拔地区（400 米）的婴儿。他们的统计考虑到了影响出生体重的各种因素，例如产妇身高、婴儿性别和父母的收入。

在低海拔地区，安第斯新生儿的体重比欧洲新生儿的体重轻 5%，但在高海拔地区，他们却重了近 10%。尽管事实上，无论是在高海拔还是在低海拔地区的安第斯产妇体重，都低于欧洲产妇的体重，但新生儿还是重了这额外的 10%。在高海拔地区出生的欧洲新生儿，其体重低于低海拔地区的新生儿，但在高海拔地区出生的安第斯人新生儿，其体重却高于低海拔地区出生的安第斯人新生儿。混血新生儿的体重则处于两者之间。所有新生儿的体重都在 3 公斤左右，但体重低于 3 公斤的新生儿（即低于平均体重的新生儿）是高海拔地区的欧洲人新生儿。

由洛娜·摩尔指导的一项研究在西藏发现了类似的结果。藏族人已在高海拔地区生存了数千年，藏族父母生下的孩子们，其体重随海拔升高下降的程度，要弱于大约只在高海拔地区生存了几百年的汉族人和欧洲人生下的孩子们，尽管四组人员中在海平面高度出生的人体重相似。这些差别的具体数据是：在海拔 4000 米左右地区出生的藏族新生儿，比在海平面水平出生的新生儿轻 300 克，而在高海拔地区出生的汉族人和欧洲人新生儿，则要比在海平面水平出生的新生儿轻 400 多克。

这些从安第斯和西藏地区得出的研究结果，让最早的遗传学家认为其中存在着某种东西，这种东西后来被称为基因。父母不同，他们的后代也不同。然而，单是环境影响也可能在后代身上产生差异。在玻利维亚研究得出的结果尤其体现了这一点，因为医院的记录没有表明他们的父母已经在高原生活了多长时间。看起来，相较于安第斯父母，可能有更大比例的欧洲父母在成人后移居于此，几乎可以肯定他们来自海拔较低的地区，因为测量这些婴儿的医院位于世界上海拔最高的行政首都——拉巴斯。

可能受进化出的基于基因差异影响的另一个例子，是调查在高海拔地区出生和长大的人，然后把他们分成两组进行对比，一组的父母来自高海拔地区，一组的来自低海拔地区，这时我们就会发现，高地人后代的肺活量远大于低地人后代的肺活量。

如果具有某一特征的个体能活得比没有这一特征的个体更好，那么这些特征就会进化发展。假设出生体重和婴儿的存活率有关，我们就可以预测，如果没有现代医学，那么在玻利维亚的高海拔地区，安第斯婴儿的存活率会大于欧洲人的婴儿，藏族婴儿的存活率也会高于欧洲人或汉族人婴儿的存活率。如果有任何遗传差异促成了高海拔地区新生儿的体重，相关的基因就应该遍布高海拔人群。同样的理论也适用于按海拔高度研究肺部大小的问题。

说得更直接一些，在西藏，如果双亲（或双亲之一）携带一种与血液中携带氧气有关的基因形式，那么孩子在婴儿时期的存活率，将两倍于双亲没有携带这种基因的孩子。

还有更直接的发现，有几支队伍，其中包括由辛西娅·比尔和洛娜·摩尔带领的团队，已经确定了特定基因的进化能力与在高海拔地区生活的进化能力相关。他们的工作，是通过研究可用基因数据库中高海拔和低海拔人群之间基因的差异完成的。

例如，西藏人有与低血红蛋白浓度和低血红细胞总数相关的基因。也许我们已经想到，在高原缺氧的环境中，携带更多血红蛋白和更多红细胞，更有利于在血液中携带更多氧气。事实上，藏族人血液中的血红蛋白浓度，只是略高于低海拔地区的汉族人。正如我之前写的，如果你不想发生高原反应，你就最好不要有太多血红蛋白和红细胞。这两者过多，会让血液变得黏稠，从而减慢血流速度，因此不能给组织供应足够的氧气。奇怪的是，高海拔地区的玻利维亚人，尽管有较高的血红蛋白浓度，但显然没有高原反应——否则他们也不会生活在玻利维亚高原了。阿比盖尔·比格姆（Abigail Bigham）和洛娜·摩尔参与的另一个团队，详细搜索了在安第斯山区和青藏高原生活的某些个体的全部染色体（在遗传学上讲是基因组扫描），寻找他们和低地民族之间的基因差异。他们在寻找的，是那些有着未知功能的基因，以及那些已经被证实或被认为影响在高海拔地区生活能力的基因。研究结果充满了大量行话，恐怕只有遗传学家才能理解。不过证据足以说明，他们在高海拔人群中发现了不同于低海拔人群的基因，其中很多都会使前者在高海拔地区生存得更好。

有一点很奇特，一种让藏族人很好地生活在高海拔地区的基因，明显来自丹尼索瓦人。我估计这个基因会很出名，所以我在这里给出它的大名：EPAS1。2014 年 7 月，艾米利亚·韦尔塔-桑切斯（Emilia Huerta-Sánchez）和一个很大的团队报告了新发现的这一丹尼索瓦人的基因。迄今为止的所有证据都表明，只有少数其他基因呈现了像这个基因这么大的不同于常见形态的变化。这么大的变化，说明具有这种基因变形的个体具有很大的优势。丹尼索瓦人应该不可能生活在高海拔地区。丹尼索瓦人还远不是现代人类，这意味着，他们还远不需要适用于这种极端环境（高山）的这些身体技能。然而，迄今为止的证据表明，只有丹尼索瓦人和藏族人有这种高海拔的基因形式。

对这一看似异常的情况，一种可能的解释是，该基因形式在低海拔地区，有一些它在高海拔地区时不具有的优势。该基因跟体内的氧气化学反应有关。它似乎有助于耐力运动，换句话说是对需要通过肌肉收缩获得足够氧气的运动有利。如果人们跑得太快太远，就会出现在高海拔地区时那样的组织中缺氧的现象。同样的基因形式也许可以使这两个活动受益。不过，目前为止，我们还完全不知道丹尼索瓦人是怎样生活的。

我讲了这么多关于适应高原生活的事，但还没有明确地对比高海拔地区的安第斯人和藏族人，除了有一次提到玻利维亚人高得惊人的血红蛋白浓度。实际上，安第斯人和藏族人适应高海拔的方式有所不同。为了让读者不必回翻前几页的内容，我来列举几个不同点。藏族人的肺通量高于安第斯人，而安第斯人只是肺比较大。藏族人主要靠给身体组织提供更多的血液，来获得更多氧气，而安第斯人则是在其血液中携带更多的氧气，这部分是因为他们具有更高的血红蛋白浓度。

两大山地中高、低海拔人群之间具有差异的基因也不大一样。赋予藏族人适应高海拔能力的基因，不同于安第斯人所拥有的高海拔基因，也不同于高海拔地区的埃塞俄比亚人的这类基因。

我们已经知道，不同地区的人有不同的生理手段，而且基因控制生理。那么，如果存在基因诱导的性状演化，就恰恰会产生上述结果。

走不同的生理和基因路线，都可以达到在高海拔地区生存、繁殖的目的。换言之，到达终点的路线并不重要，只要到达了终点就好——此例中指的是应对缺氧的能力。

达尔文的物竞天择进化论认为，具有某一有用能力的生物，可以比没有这些能力的个体，产生更多可生存、可繁衍的后代。正如我所说的，我们现在知道，有一些位于高海拔地区的人群，他们所具有的基因和生理机能可以使他们更好地生存和繁衍，这是相对于从低海拔地区迁来、没有这些基因和生理机能的人群说的。换句话说，在我们人类中，也有自然选择的进化导致的结果。

人类可能在 2 万多年前甚至 3 万年前就已经进入了青藏高原。1.2 万年前，人类可能已经进入了安第斯山脉，正如我在第 2 章中提到的那样。事实上，一些生理和遗传研究的高原藏族受试者，其先祖可能是在 3000 年前移居到该地区的。就像白皮肤在西欧的演变一样，人类的进化不仅限于考古年代，在有典有册的时代还会发生，这一点我会在第 9 章里再次阐述。正如我在开始讨论适应高海拔地区生存时所指出的，逐渐适应低压、缺氧环境的并非只有人类，还有牦牛、羊驼和骆马，以及包括狗在内的其他物种。

藏獒对缺氧的生理反应，有一些和高海拔地区的藏族人相同。例如，藏獒血液中的血红蛋白浓度较低。然而，所涉及的基因不同于那些已经发现的人类基因，因此我决定把藏獒的情况与中国低海拔地区的狗和狼做比较。

可想而知，牦牛有一些基因是与生活在高海拔地区相关的。其中一个是和高海拔地区藏族人相同的，但其他的基因不同。

同样，藏獒以及高海拔地带的安第斯人和埃塞俄比亚人，也许我还要加上高原藏羚羊和地山雀，都有一个产生新血管的基因，但低海拔地区的相应物种则没有相关基因。当然，每个物种所涉及的基因是不同的。到目前为止，我都没有区分两性在环境适应性方面的不同，只谈到了尼安德特人中缺乏两性差异的证据。因此，我隐含的意思是，两性在我论述的生理解剖学的任何方面，本质上都没什么不同。然而，不同地区之间比较的结果表明，性别会造成差异，我们可能需要明确我们所讨论的是哪一个性别。

我的饭量很容易就能达到我妻子的两倍，尤其是当食物中有土豆或米饭的时候。然而，让我妻子愤愤不平的是，我从不发胖。我现在和 20 年前一样重，仍在世卫组织建议的身高体重比例范围内。原因很简单：我的代谢率高于我的妻子。一个无心插柳的后果是，冬天的时候，我们的猫更喜欢睡在我这边的床上，因为我这边暖和一点。为了避免毫无根据又容易激起怨恨的比较，我要赶紧补充一下：我的妻子也不胖，她好端端地位于世界卫生组织建议的范围之内。

男性的代谢率通常高于女性。就我在这一章中写到的其他体质特征而言，通常来说，女性要比男性更白净、更丰满、更娇小、更圆润，并且在一些方面比男性更坚强。可以说，从这些差异看，女性就好比来自更高纬度或更高海拔地区的人。

女性的皮肤比男性的白，因此她们在怀孕和哺乳期时更需要（通过维生素 D 或阳光）补充钙。

人类女性的代谢率较低，身体更宽，四肢更短，脂肪比例更高，这些都适应女性要为母子两人进食的实际情况，她们因此需要比男性更能节约能量。跟身高或体重相同的男性比起来，女性不仅会有更多的脂肪，而且她的脂肪还会集中在更接近皮肤的地方，男性则是在内脏周围有更多脂肪。因此，女性能够比男性更好地保存能量，而男性的脂肪可以通过代谢来提供能量。

女性为了节省能量而发生的这些适应（正像在北极居民身上

发生的适应），在环境恶化的情况下（换句话说，当食物短缺、温度下降时），会让女性显得更加坚韧。

著名的当纳拓殖队（Donner Party）被反常早降的雪困在了内华达州和加利福尼亚州的山脉中长达数月。据唐纳德·格雷森（Donald Grayson）统计，其间女性死亡率只有男性的一半。他发现，类似情况在威利手推车拓殖队（Willie Handcart Company）遇险中也反映了出来。我要补充一点，这个比例不包括队伍中特别容易死亡的单身男性。很小的孩子也同样很容易死亡，因为他们的体表面积相对于身体体积更大，所以更容易丧失热量。

另一个与饥寒交迫有关的著名悲剧，是发生在第二次世界大战末期的 1944—1945 年荷兰饥荒。在这个异常寒冷的冬天，德国阻止给养进入荷兰。饥寒交迫和贫病交加导致成千上万人死亡。在当纳拓殖队和手推车拓殖队中，童叟面临的困境更加明显。而在最糟糕的长达半年的荷兰饥荒中，工人阶级男性的死亡率要两倍于工人阶级女性的死亡率。

没有那么著名但同样具有毁灭性的饥荒，是 1866—1868 年的芬兰饥荒。当时占当地人平时能量摄入 80% 的黑麦和大麦发生歉收，产量只是正常年份的一半。在 1867 年末和 1868 年初，该国的死亡率翻了两番。就像我们通过体型、脂肪量和分布，以及代谢率等差别可以预料到的那样，男性的死亡比例高于女性。此外，死亡人数最多的是幼童、老人和赤贫者，这再次符合我们根据婴儿体重和老人、穷人脂肪状况做出的推测。

然而，既然是科学，我们就必须考虑其他的解释。正如我采用的那些科学家的研究那样，我刚才把内华达山脉和荷兰女性的韧性，归功于更高效的新陈代谢和体型。然而，这里有另一种可能的解释：在全世界的各个社会（即地区），男女从事的任务往往都不同。那么，男女死亡率的不同，是不是因为当纳拓殖队和手推车拓殖队的女性留在了营地里，而男性则精疲力尽地在积雪里跋涉呢？在内华达山脉、荷兰和芬兰的男性，是否很绅士地将食物留给了妻子和女儿呢？或许导致儿童死亡的不是身体表面积相对于体积更大，而是父母会很现实地觉得放弃年龄较小的孩子更容易？

在面临灾难时，男人们发扬绅士精神是造成两性死亡率差异的一种原因吗？这会不会太异想天开了？事实上，在 20 世纪，不止一次发生过这样的事。对“泰坦尼克”号和“卢西塔尼亚”号上两性罹难概率差异的研究表明了绅士精神的存在。“泰坦尼克”号沉没时，有近 3/4 的男性死亡，但只有 1/5 的女性死亡。不过，“卢西塔尼亚”号上的情况并非如此——两性的死亡率在统计学上不相上下。

这两艘失事船只的情况为什么会存在差别？原因在于，“泰坦尼克”号撞到冰山，两个半小时之后才沉没，这使男人们认为自己会得救，他们因此可以表现出绅士风度。而“卢西塔尼亚”号被鱼雷攻击之后，在短短 18 分钟内即告沉没。这时，每个人都只为自己着想。

可悲的是，“卢西塔尼亚”号上的情况才是常态。另一项关于 19 世纪末以来其他 16 次船难的研究发现，女性丧命的可能性两倍于男性。她们是被男人从逃生路上推开了吗？还是因为她们的长裙妨碍了逃生，或者是她们希望先救自己的孩子而不是自己？

如果女人们忙于拯救自己的孩子，那么其实往往会徒劳无功，因为孩子们被成功救出的概率只有女性的一半。这符合“人人为己”的情境。

一些读者，特别是美国的读者可能知道，乘坐“五月花”号航船前来北美殖民地的人中，跟男人相比，有更多女人死于1620—1621 年的冬天（即他们刚到美洲海岸的那几个月）。然而，我们并不是说，这是因为没有风度的男人们把女人赶出家门或拒绝给女人食物。相反，卡贝尔·约翰逊（Cabel Johnson）发现，事实上在前 4 个月中，妇女们都挤在船上不健康的环境中，而男人们都在露天海岸上。

现在，我们需要检验不同环境下，对于男性女性死亡概率不同的各种解释（例如女性身体更坚韧，工作岗位不同，男人是否有绅士风度，生活条件不同），以分辨出在每种情况下，什么是对于性别差异的更好解释。这就是进行科学研究的方法。我们观察女性和男性人体生理结构的不同之处，提出了一个在其他情况下保存能量的解释，即地区间的解剖生理学方面差异。我们可以看到，另一组数据似乎能证实“在缺乏能量时，女性似乎比男性更能生存”这一解释。但我们也考虑了另一些解释——男女分工的不同，或者社会中的绅士精神。

现在，我们从头来过。我们需要一种区分这些观念假说的方法。但这是将来的事了。目前我们所能说的是，当食物短缺时，我们现有的关于男女死亡概率差异的信息符合我们的假说，即代谢和结构的差异影响我们耗尽体能的速度，因此在进化过程中，在不同环境中的人身上出现了不同的代谢方式和结构。如果对于两性差异的解释是正确的，那么，它们在该环境中起作用这一事实，就支持了跨地区的伯格曼和艾伦效应这种原本的生物地理假说。

§

这一章的副题说，我们之所以如此，是因为我们生活在这里。生活在高纬度和高海拔地区的人们，不同于生活在低海拔地区的人们，因为随着时间的推移，前者的生理和结构发生了一些后者没有的演化。我们一旦适应了我们和祖先们生活的环境，我们的现有特征就会影响我们对于生活环境的选择，因为在其他条件相同的情况下，我们会按照现有特征，选择能够让我们舒适生活并且成功繁殖的环境。至少从前是这样的。现在的情况不大一样，因为我们有很多文化手段来对抗恶劣环境的影响。我想用个双关语，这个世界不仅文化越来越趋同，到处都是一样的牛仔裤（jeans），而且人们的生理和基因也可能会越来越像，到处都是同样的基因（genes）。现在情况还没达到那种程度，但会往这个方向发展吗？

第6章

基因地图与少有人走的路

流动障碍保存了多样性

正如我在上一章里说的，大多数非洲人的皮肤比（系出西欧的）我的皮肤黑。同我相比，非洲人四肢相对于其躯体更长。安第斯山区印第安人的孩子可以在高海拔地带踢一场完整的足球赛，而我走一小段路都会气喘吁吁。这些来自不同地区的人之所以进化出这些差异，是因为具有某些特点的人能够在某种环境中活得比其他人更好。非洲人修长四肢的散热性优于我的较短四肢，安第斯山区印第安人的肺则比我的更大。

但在20年前的一次爱尔兰之行中，我发现爱尔兰人之中红发且生有雀斑的人占很大比例，这又是怎么回事呢？难道是红发和雀斑果真有助于爱尔兰人生存或寻找配偶？还是说这让他们比其他发色或肤色的人能更成功地养育小孩？这似乎不太可能。

查尔斯·达尔文用不同于自然选择的“性选择”，来解释为何不同区域的人在解剖学上具有与生存无关的差异。不同地域的人在许多方面的不同，不是因为不同的人在不同环境中过得或好或坏，而是因为在选择配偶时，不同地区的人喜欢不同的特征。这其中也没有特别的原因，爱尔兰人就是偏爱红发配偶。很多心理学研究表明，我们更喜欢自己熟悉的事物。于是，红发父母的孩子亦偏爱红发配偶，因此，在爱尔兰有红头发的人数目就增加了。

也许吧。但是达尔文完全不了解基因，这意味着他错过了另一个对“为什么世界上不同地区的人有差异”的解答。这关系到在或多或少独立于环境的情况下，区域间基因差异的起源和增加。这是本章第一部分的主题。

一旦地域差异出现，要维持这种差异，就需要保持种群分离。只需要几个个体从一个种群迁移到另一个种群进行繁殖，就可以让这两个种群的基因构成变得难以区分。因此，我接下来在本章中要谈的，是隔开我们、使我们保持不同的障碍，这些障碍也因此促成了人类生理和文化辉煌灿烂的多样性。

世间没有完全相同的两个人，即使同卵双胞胎也不完全相同，更不用说一般的兄弟姐妹了。当人类散布到世界各地时，一些往北，一些往东，少数的往东又往南，每一个人群都有一些与其他人群不同的基因。在这种情形下，不同地区人之间的差异，实际上是一种偶然。

我在第4章说过，几乎所有南美洲原住民或南美印第安人的血型都是O型。没有证据表明，O型血的人在美洲会比A型或B型血的人活得更好。南美洲原住民大多数是O型血的唯一原因是：碰巧他们奠基人口的血型都是O型的，而不是A型或B型，尽管在东北西伯利亚也存在A、B血型。

这同样适用于我们所知用来区分不同地区人种的其他一些特征。其中一个奇怪的特征是我们耳垢的性质。人的耳垢分为干、湿两种。众所周知，对干、湿耳垢的人在世界各地的分布，唯一的合理解释是“起源的偶然性”。亚洲人的耳垢通常是干的，尤其是那些来自亚洲东部的人，此外，美洲印第安人的耳垢也是干的。欧洲人和非洲人的耳垢是湿的。然而，只有一半埃塞俄比亚人的耳垢是湿的。如果有人能在其中看出任何环境上的关联，那他的洞察力就超过了迄今为止的一切科学家。世界各地人们指纹螺旋形状和头颅形状的差异，也同样缺少同任何可能的环境影响的关联性。

但是，任何人都不应将“不同地区人之间的差异，是由于起源的偶然性”作为唯一的假说。首先，这样会关闭科学研究的大门——从此不必再研究不同地区的不同基因形式所可能进化出来的功能了。更糟糕的是，这可能意味着关于人类起源和迁徙路线的推断是错误的。如果实际上南美洲 O 型血的人比 A 型或 B 型血的人活得更好，那么我们就不能得出“南美土著印第安人起源于西伯利亚东北部一小部分 O 型血人口”这种结论了。南美洲的人有可能来自任何地方，但只有 O 型血的人幸存了下来。

对于我刚才描述的现象，遗传学家有一个术语叫“奠基者效应”，它表达的理念简单说就是，奠基族群是不同的，后代也就都是如此。最早成功移居美洲的移民身上恰好流着 O 型血，因此其繁衍产生的全部美洲原住民也都具有 O 型血。几乎所有的人都流着 O 型血——特别是在南美洲。

从抽象的描述和类比转向现实，爱尔兰人与英格兰人的遗传基因并不相同，根据斯蒂芬·奥本海默那本精彩的著作《不列颠人的起源》，爱尔兰人的始祖是来自西班牙北部巴斯克地区（Basque）的凯尔特人（Celt），和大不列颠西部大部分人口的始祖一样。相比之下，不列颠东部人口，特别是不列颠东南部人口（换句话说即英格兰人）的始祖则从西北欧直接跨过英吉利海峡和北海，大量涌入英国。

当然，爱尔兰人和英格兰人早已互相通婚，并且还有其他的起源，包括拥有老话说的维京人“血统”，尽管维京人的影响最明显的地区是大不列颠东北部。但无论如何，现在爱尔兰人和英格兰人的遗传基因都已经产生了不同。他们之间的不同，不只是因为凯尔特人和巴斯克人在爱尔兰的生存状况，要好于所谓的盎格鲁-撒克逊人，也不是因为盎格鲁-撒克逊人在英格兰比凯尔特人更能适应。他们的遗传基因不同，在很大程度上是因为他们奠基祖先的基因不同。相比于祖先均来自同一奠基人群的情况，不列颠人具有更大的生物学和文化多样性。

了解族群间地区差异的基因起源，不仅仅是出于纯学术的兴趣。在某些人群中，一些疾病的发生率高于其他人群。如果在某人群中的某一常见疾病，来自其环境中的一些特殊因素，那么要解决这些问题，所用的方法就应不同于解决源于人群基因组成特性的疾病。

与特定族群和地点相关的一种著名遗传疾病，是以英国眼科医生华伦·泰伊（Waren Tay）和美国神经病学医生伯纳德·萨克斯（Bernard Sachs）名字命名的泰萨二氏病（Tay-Sachs）。与血友病一样，人若只遗传父母一方的变异基因，是不会罹患这种疾病的。然而，如果一个人从父母双方各遗传到一个变异基因的副本，也就是说，有两个这种基因的副本，他就会得泰萨二氏病。这一种疾病会造成神经退化，导致婴儿夭折。源于东欧德系犹太人（Ashkenazi Jews）的族群中，尤其流行这种疾病和其他一些致命疾病。就泰萨二氏病的情况来说，东欧德系犹太人的患病率大约是一般人群的 100 倍。

对于东欧德系犹太人高发泰萨二氏病等疾病的状况，据我所知，并没有被广泛接受的解释。但有一种可能符合事实的解释是，东欧德系犹太人的奠基人群人数较少，恰好他们中间泰萨二氏病基因非常高发，也许是因为奠基人群的很大一部分来自同一个家族。如果奠基族群偏爱族内通婚，这一问题基因在人群中出现的频率就会增加。

泰萨二氏病源自奠基人群，与病人或病人父母的生活习惯无关，这让医生和患者有信心去进行遗传方面的专业咨询，而不是生活方式方面的专业咨询。

然而，在奠基者效应导致的另一种状况中，生活方式可能关乎生死。肝性卟啉症（*porphyria variegata*）的外部表现是皮肤的紫色病变（*porphyra* 在希腊语里表示紫色），这种由基因引起的病症，可以使一个健康个体死于巴比妥类麻醉药（barbiturate anesthetic）。

直到 120 年前，还没有人服用过巴比妥类药物，因为没人知道它们是一类麻醉剂。因此，它们对当时的肝性卟啉症基因携带者并不构成威胁。而 17 世纪中后期荷兰移民到南非时发生了什么？他们住在这片富饶的土地上，家庭规模随即增大，人口大量增加，意味着肝性卟啉症基因的两位携带者，赫里特・扬斯（Gerrit Jansz）和阿里安特耶・雅可布斯（Ariaantje Jacobs）繁衍了成千上万具有变异基因的后代，有一种估计认为，其总数在3万人左右。当巴比妥类麻醉剂抵达南非时，白种人医院中突然有很大比例的病人突然死亡，病人的在院死亡率发生了出人意料的增加。

在这种情况下，只要每个人都认识肝性卟啉症，并且知道对这种基因的携带者不能使用巴比妥酸盐，患者病愈后就可以享受健康的生活。如果在一个家庭中有一个人有这种症状，那么许多家庭成员就都可能有这种症状。在治疗时，只需告诉麻醉师不要使用巴比妥类麻醉剂即可。

这个例子简要地说明了不同的奠基人群会如何产生区域差异。当然差异既表现为疾病的差异，也表现为包括文化属性在内的各种属性差异。

另一个随机的基因遗传过程也能导致种群产生差异，其原因跟基因生存环境的任何差异都无关。用术语说这叫“遗传漂变”，这一术语完美地描述了这一过程。种群的遗传构成一代又一代地发生漂变，仅仅是因为没有因素阻止这一变化。

请想一想被称为“打电话”或“中国话的耳语”（政治不正确的不列颠人是这么称呼它的）的游戏：轻声说出的一个句子在人群传递，因为每个人都或多或少地发生误听，原始信息便不断被曲解，于是最后一位玩家说出的语句就跟原始语句风马牛不相及了。

这是一个表示随着时间推移，差异不断增加的生物学概念，就好比文化也会随着时间推移发生分化改变。拿语言来说，我这个英国人第一次搭乘美国航班飞赴美国时，途中听到飞行员宣布“飞机将暂时着陆”（the plane will be landing momentarily），不由得大为惊慌。我不知道在飞行员再次起飞之前，我是否来得及下机 [deplane，这个词模仿“下船”（disembark）变化而来]。这是因为在英国，“momentarily”的意思还是“暂时”，而不是“很快”。这种情况可以用一句据说是萧伯纳（George Bernard Shaw）说的话来总结：“英国和美国是被同一种语言分割开来的两个国家。”

美国人和英国人交流时，双方基本上还是可以互相理解的。但如果发生了足够多的意义改变，语言的微小差异就能衍生出不同的方言，最后变成几种无法互通的语言。这些变化与环境无关。环境中，并没有任何因素使得用“momentarily”来表示“很快”意思的人，比用“in a moment”来表示同样意思的人更容易生存或繁衍。但渐渐地，语言间的差异可能越来越大，以至于最终人们无法互相理解。

大约在 1.6 万年前，只有一种人类文化（也许不超过一个村落）占领了南美洲。我在前几章中描述了这次迁移和相关的证据。然而这第一批人到达南美洲 1.6 万年之后，南美洲的语言密度已经增长到超过非洲或亚洲的一半（在亚洲和非洲，人类的语言可能已经有 5 万多年的历史了）。非洲和亚洲每 10 万平方公里有 11 种语言，相比之下，南美洲的同等面积有 7 种语言。如果各种语言之间通过类似遗传漂变的方式，变得互相无法理解，那么语言不通就好比物种间的生殖隔离。

如果没有阻碍各地区的人发生自由迁移的因素，那么我刚才描述的遗传现象，无论是奠基者效应还是遗传漂变，就都不会导致人群出现差异。如果人们能自由迁移，那么所有区域都会是基因和语言的大熔炉。流动障碍的存在对于解释人类的地理差异至关重要。障碍限制了人类的流动，也就同样限制了生物和文化的传播。所以，障碍促进了文化和生物的多样性。

地理障碍、沟通障碍、文化障碍等障碍，以及它们是如何使人群分离进而使整个人类种群产生区域差异的，则是本章接下来要讨论的主题。

探讨非洲的人类生物地理学时，我们通常会区分开撒哈拉以南的非洲与撒哈拉以北的非洲。这是因为，撒哈拉沙漠南北两边的人在生物学和文化上存在差异。事实上，讨论生物地理问题时，我们往往忽略撒哈拉沙漠，因为没有人生活在沙漠里。

如果你不习惯茫茫沙海无边无际的景象，那么站在撒哈拉沙漠的边缘就足以让你心生恐惧。在通往尼罗河西岸阿斯旺大坝的道路上，放眼窗外，你将看到绵延5000公里的沙漠戈壁。从的黎波里南望，你会看到1500多公里的沙漠戈壁。

但是，撒哈拉沙漠并不一直都是沙漠。过去，这里曾有河流经过。这一地区曾是季节性的茂密草地，野生动物出没于其间，像东非的现代国家公园一样。大约12万年前，可能是现代人类第一次离开非洲时，世界正处在一个非常温暖的时期（在现今暖期出现之前的最后一个暖期），而撒哈拉当时也可能是湿润的。离开非洲的人们完全可以途经东撒哈拉，进入中东。

随后，大约6万年前人类全球大迁徙后，世界迎来了一次冰盛期。在人类这第二次大迁徙时，撒哈拉沙漠极有可能是干旱的。为了绕过撒哈拉，我们的祖先不得不沿海岸线而行。我在第3章提到，当我们人类迁徙到世界各地时，我们甚至很有可能利用了海岸线。

撒哈拉沙漠不仅是地理障碍，还于获取知识有碍。沙漠的空旷和在沙漠中开展科研工作的艰难，极大地阻碍了我们在那里寻找到自己起源的痕迹。如果我们找不到撒哈拉沙漠中的考古遗址，也就无法找到最早的人类。如果可能与我们祖先有关的人中没人现在住在撒哈拉沙漠，那么根据现在非洲人的遗传信息，我们就不可能在撒哈拉找到人类的起源。撒哈拉的信息是一片空白，人们只好退而求其次，将埃塞俄比亚北部当作可能获取人类遗骨或基因的地方，所以在考古学和遗传学上，我们几乎默认这个地区是人类最早离开非洲的地方。

寒冷之地与干燥的地方一样不宜人居。现代人类最早走出非洲的时候，尼安德特人已经在亚欧大陆很好地立足了。正如我在前一章所写的，解剖学表明，尼安德特人的身体构造能够适应寒冷。也许现代人类不得不再等 1.5 万年，直到他们发展出一种足以应付寒冷的高级文化，才可以脱离中东，北上移居到亚欧大陆的其他地方。

我在第 3 章中写过，一个巨大的冰原是如何阻挡人类在亚欧大陆和美洲的散布的。如果去游览纽约的中央公园，你就可以在那里看到带有所谓冰川擦痕的岩石。岩石、沙子、石头嵌入冰盖的底部，与岩石来回摩擦。把砂纸放在显微镜下，你就可以对冰原底部的模样有些概念。

你也会能中央公园看到罕见的巨石，大到足以让很多人在上面或坐或站，可以供人攀爬玩耍。这些巨石重达数百吨。巨石在冰盖南下大陆时与山体剥离，并在冰盖融化后着陆。这些巨石可以远离其源头达上百公里。因此，要形容这一现象，“漂砾”（erratics）

这个地质名词正合适。

最著名的漂砾可能是普利茅斯巨石（Plymouth Rock），至少在北美是这样。最初，它的重量可能超过 9 吨，长约 5 米，宽 1 米。现在，这块巨石因为人为移动而受到了破坏，不少人还会从上面削下一块留作纪念，现在的巨石已不复当年的雄姿。

仍然是在纽约，布鲁克林区（Brooklyn）的最高点是战斗山（Battle Hill）。战斗山是所谓的终碛（terminal moraine），这又是冰盖覆盖遥远南方的一项证据。冰川携带的泥土、卵石、漂石在冰川融化后堆积形成山脊状的冰碛，称为终碛。

据估计，约 1.3 万年前（据另一种估计，也许是 1.4 万年前），全部覆盖北美北部的冰盖将落基山以东的地区分为几个部分。西部较小的一部分（占总面积的 1/3）是科迪勒拉冰盖。中部和东部（占总面积的 2/3）是劳伦冰盖。后者的范围往南延伸到今天的纽约。

冰盖之间的通道是了解人类路线（特别是进入北美洲的路线）以及他们如何迅速遍及整个大陆的关键。北美野牛群在两个冰盖分离几百年后，进入了冰盖之间的通道。它们是从两端进入的。然而，人类学家仍在讨论人类是否经过了这条通道，经过的话又是何时经过的。

这条通道开通之初，那里一定非常寒冷，狂风呼啸，毕竟它位于除南极冰盖和格陵兰冰盖之外两块最大的冰原之间。来自冰原的风（专业术语为“katabatic winds”，下降风）时速可超过 100 公里。我曾被冰岛凛冽的寒风吹离地面。雪上加霜的是，数千年来，大地都被掩埋在 1 公里甚至更厚的冰原之下，以至于所有对人类有益的生物都无法生存。冰川融化退却之后，地面出露，呈现出被冰山融水淹没的瓦砾湖（rubble-and-lake）景观。我曾参观过一些国家（不丹、冰岛、新西兰、挪威）的冰川边缘，那里都是一片荒芜。

因此，我倾向于认为，最早到达北美中心地区的人类（例如 1.5 万年前到达得克萨斯的人），是先沿海滨南下，然后转向内陆，最后抵达此地的。

摩西和以色列人出埃及，准备进入中东“旷野”时，不得不止步于红海，直到上帝暂时将水分开，“海就成了干地”（《圣经·出埃及记》14：21）。随后海水回流，淹死了所有追赶他们的埃及人（《圣经·出埃及记》14：28）。

这熟悉的场景来自英王钦定本《圣经》。后来学者们认为，钦定本的翻译并不完全准确。他们认为，事实上被译为“红海”的那个希伯来词应该译为“芦苇之海”。换句话说，那里应是一个很浅的水域，想必是沿着苏伊士湾（Gulf of Suez）的某个地方。水浅的地方有时会出现气象学家称之为“风降”（wind setdown）的现象。《出埃及记》14：21 完美描述了这种现象：“耶和华便用大东风使海水一夜退去，水便分开，海就成了干地。”风停息时，大水回流，在摩西出埃及的时候，水便淹没了追杀他们的人。

其中的要点是，如果没有神的干预，没有发生反常的自然现象，也没有舟船，那么水体对人类和其他大多数陆地动物而言，都是一种有效的屏障。这就是为什么迄今为止，在非洲以外，我们只在中东发现了最早的人类遗骨，因为只有中东才与非洲在陆地上相连。事实上，即便没有“风降”，人类第一次“全球性出非洲”，即从红海南端进入阿拉伯的时候，他们的鞋子也可能是干的。正如我在前一章所描述的，7 万到 5 万年前的海平面比现在低几十米，因为在世界走向末次冰期时，冰盖中锁住了大量的水。

如果说最初来自非洲的移民未凭舟楫之利，那么迁移到澳大利亚和新几内亚的人一定动用了船只。大约 2.5 万到 2 万年前，甚至在全球海平面最低的时候，亚洲与澳大利亚和新几内亚之间，也仍有至少宽达 100 公里的水域相隔。4.5 万年前，当人类第一次到达澳大利亚时，他们所跨越的距离可能还更远。

地球的曲率让任何人都无法在一条小船上看到 10 公里以外的海洋。所以最早到达澳大利亚或新几内亚的人，一定是从东部印度尼西亚群岛的某座小岛（例如帝汶岛）划着小桨出发的，他们虽然事实上是朝着澳大利亚前进，但其实并不知道地平线之外有什么。我们只能猜测驱使他们出发的因素。然而，我们所知道的是，如果他们没有沿着印尼群岛跨越通向帝汶岛或新几内亚的两个几百米深的大洋障碍，他们就不会出现在帝汶岛。

水体这种屏障非常有效，以至于直到近 4000 年前人类发明大型独木舟之后，才开始开拓西太平洋的岛屿。正如我在前一章写的，人类到达新西兰，并不是经由大约 1200 公里之外的澳大利亚，而是经由距离近 2500 公里的靠近塔希提岛的库克群岛。为什么不是澳大利亚人最早移民新西兰？很简单！库克群岛所处的波利尼西亚有船架技术（outrigger），而澳大利亚没有。

出于类似的文化方面的原因，距离非洲仅 450 公里的马达加斯加岛，最初并没有被非洲人进占，而是被 6500 公里之外的印尼人越过印度洋占据了。原因是印尼人和已经占领太平洋诸岛的人一样，来自南岛文化，所以是很熟练的水手。而且印尼人横渡沧海是顺风顺水，非洲人却是逆风逆水。

大西洋是新、旧世界之间的有效屏障，所有的可靠证据都表明，是东北西伯利亚人横跨了当时是干地的白令海峡，繁衍了美洲人。下一个移民是红发埃里克（Erik the Red）之子雷夫·埃里克森（Leif Erikson）。埃里克森到达纽芬兰的时间比哥伦布发现新大陆早了近 500 年。尽管如此，埃里克森还是比经由陆地到达新世界的人晚了数千年，大海作为我们这些陆地人类的障碍，就是这样有效。

事实上，远比大西洋狭窄的水域也可能成为人类扩散的障碍。天气晴朗的时候，海峡边上的人们可以远眺看到英吉利海峡的另一端。法国人并不愿意将其称为英吉利海峡，而是称之为拉芒什海峡（La Manche）或“袖子海峡”（the sleeve）。海峡最窄处仅 34 公里。尽管如此，英法两国人民在其史前和史上的绝大部分时期里，都分别生活在海峡两岸。他们的文化和社会生活也相应存在极大的差异。

他们在基因上亦有所不同，尽管直到现在，欧洲内部人口仍在不断迁徙。欧洲人内部的基因区别非常明显，欧洲基因类型分布图看起来简直就像欧洲诸国的地图。用不同的颜色表示不同的基因类型，且不绘制国家的边界，我们会得到这样的图：葡萄牙在西班牙的西边，然后是法国、英国和北边的斯堪的纳维亚，罗马尼亚在东北边，塞浦路斯在东南边，以此类推。

地理障碍可以解释欧洲人的这种隔离状态。欧洲人群中基因区分的 33 条界线里，有 19 条与水有关，例如法国人和英国人之间的界线就是海峡。这一发现来自吉多·巴布詹尼（Guido Barbujani）

和罗伯特·索卡尔（Robert Sokal）的研究。除英吉利海峡外，其他造成障碍的水体还有爱尔兰海、北海和地中海的部分地区。即使是北苏格兰和奥克尼群岛（Orkney Isles）之间仅 15 公里宽的彭特兰湾（Pentland Firth）也是一个极其有效的屏障——尽管这一海湾两边的人在政治意义上都是苏格兰人，但他们的基因却不同。凯尔特人生活在苏格兰，而诺斯人（Norse，即斯堪的纳维亚人）则生活在奥克尼和设得兰群岛（Shetlands）。

根据欧洲的基因差异地图判断，欧洲的河流既不宽阔，也不湍急，不足以成为人口迁徙的屏障，而贝蒂·梅格斯（Betty Meggers）的研究表明，在南美洲，亚马孙河是多种语系的明显分界线。

我个人不喜欢海洋，因为海水会淹死人。但我和妻子却喜欢在山间徒步旅行，用新西兰人的话叫“山里游”（tramping）。山脉跟海洋一样，数千年来一直是人类路途上的有效障碍。谈到山，我便想起了我和妻子去不丹的徒步旅行。尽管不丹的政治、军事和经济与印度有联系，但不丹语却不属于印度语系。不丹语源自藏语。不丹是喜马拉雅山上的国家，境内最高峰超过 7500 米。印度和大英帝国都没有征服过不丹。我们只要看看抱怨在不丹行路艰难的游记，就能知道原因了。

因此，我刚才提到的巴布詹尼和索卡尔对欧洲的研究表明，33 条区分不同基因人群的界线里，有 4 条是山脉。其中最著名的阿尔卑斯山分隔了讲法语、德语、意大利语的人。此外，西班牙西北部的山脉将巴斯克地区与西班牙的其他地区隔开了。

我们再来看看世界上的其他多山地区，我在第 2 章写过，人类在 6 万年前离开非洲之后，被困在阿拉伯半岛上长达数千年。是不是环绕阿拉伯地区的许多山脉阻止了我们离开阿拉伯半岛？阿拉伯半岛东部伊朗的扎格罗斯山脉（Zagros Mountains）冬天被大雪覆盖，直到 20 世纪初，山上仍存在冰川。难道是土耳其的金牛山（Taurus Mountains）或格鲁吉亚的高加索山脉（Caucasus Mountains）阻止了我们北上？

人类 4.5 万多年前到达亚洲后，可能花了 1.5 万到 2 万年才得以深入西藏。最早的人类约 1.4 万年前抵达南美之后，又过了约 2000 年，才有先民的骨骸遗落在安第斯山脉海拔 2500 米高处（1.2 万多年前），然后又花了 600 年，先民才开始在海拔 3000 米以上的地区生活。

丹·简森（Dan Janzen）的观点值得注意，他认为特定海拔的山脉对热带物种迁徙造成的障碍更大，较高纬度物种迁徙受其影响则较小。从人类的角度说，在热带生活，我只需要一条短裤和一件 T 恤。但当我开始徒步上山时，会发生什么呢？很快，我就感冒了。而且我没有冬衣，我必须赶紧下山。在苏格兰，情况就截然不同了。我在爱丁堡过冬的行头，足以让我夏季时暖暖和和地待在英国最高山——本·尼维斯山（Ben Nevis）上。虽然我还没有登上本·尼维斯山，但我已经成功登顶仅比本·尼维斯山低 130 米的本·拉文斯山（Ben Lawers）。本·尼维斯山那种高度的山是不会成为我穿越苏格兰的障碍的。

因此我们发现，相比于高纬度地区的物种，生活在热带的物种往往更容易受山脉的限制。所以，除非热带物种能在山上活动，否则不管地形有多开阔，它们都会被限制在较小的地理范围内。

在某种程度上，人类也是如此。伊丽莎白·卡什丹（Elizabeth Cashdan）研究全球范围内文化多样性的密度为什么差异颇大，尤其是热带的文化密度为什么高于非热带地区。在一篇详细分析中，她发现在热带之内，而不是热带之外，地形的坡度与文化多样性相关。下一章将通过与高纬度地区的比较，展示热带地区文化多样性的各个方面。

海洋、河流、山脉都能增加旅行的难度。而且不论是否有明显的地理障碍，旅行自身的难度就是迁徙的一大障碍。举三个例子。第一个例子是关于新西兰南岛的奥塔哥省（Otago）北部的。1875 —1914 年间，男女双方家庭相距 13 公里之内的夫妻的数目，三倍于家庭相距 13 公里之外的夫妻数目。第二个例子来自位于该省西北方向 1.8 万公里之外的英国牛津郡南部。从 17 世纪晚期直到 19 世纪 50 年代的约 200 年间，婚姻登记处记录的丈夫和妻子的出生地大约相距 10 公里。随后，夫妻双方出生地的距离增加到 12 公里，有的相距近 40 公里。在那一时期，自行车的质量提高，人们的购买力极有可能也大幅提升。但更有可能的原因是，1851 年这一地区修建了铁路，这是人们流动性增加的主要原因。第三个例子，也是最后一个例子，格雷厄姆·罗布（Graham Robb）在其精彩的著作《探索法国》（*The Discovery of France*）中指出，在 18 世纪初法国西南部的一个村庄里，90% 以上的女子嫁给了方圆 8 公里以内的男子。

我补充一点，20 世纪中期，社会阶层在很大程度上影响了出生于牛津的夫妻出生地之间的距离。最高阶层和最低阶层这两个圈子中的夫妻，出生地均远隔约 140 公里，而中产阶级圈子的夫妻，出生地则相距 70 公里。个中原因，可能是因为最高阶层负担得起远途旅行，而最低阶层被迫外出寻找工作。

如果人类不远游，各种文化就无法交融贯通。格雷厄姆·罗布称，在 18 世纪的法国，许多方言之间是无法沟通的。去巴黎的旅客必须动用字典来理解巴黎人说的话，远赴各省的巴黎官员则需要翻译陪同。甚至在 19 世纪，巴黎人仍会发现自己完全听不懂以下三种法语方言：法国西南的巴斯克方言、西北的布列塔尼（Breton）方言和南部的奥克（Oc）方言。事实上，除非普罗旺斯人讲话慢条斯理且吐字清晰，否则巴黎人根本无法理解他们在说什么。罗布所著《探索法国》第 4 章的标题为"O, Òc, Sí, Bai, Ya, Win, Oui, Oyi, Awè, Jo, Ja, Oua"。这些是多种主要法语方言中"是"的发音，是按从普罗旺斯开始顺时针方向移动的顺序排列的。

我刚才提到，不丹从前由于缺乏完善的道路而与外界隔离，并因此保持了文化独立。我现在将更笼统地从经济角度探讨为什么在较小的地理范围内，热带文化比温带文化更具多样性。这涉及在热带地区旅行的难度，即使在没有沙漠、冰原、海洋或山脉的地方，也有其他因素阻碍人口迁徙。

因为许多环境、社会和政治原因，热带国家通常要比温带国家贫穷。在贫穷的热带国家迁徙，比在富裕的温带国家要难。让我用一个具体的例子说明一下。我是英国人，我妻子是美国加州人，我们初次见面是在 1973 年的卢旺达，换句话说，我们在转机数次之后方才相遇，而机票钱轻易就相当于撒哈拉以南非洲居民人均年收入的 10 倍。撒哈拉以南的普通非洲人不可能负担得起赴英或赴美旅行的费用。贫穷是旅行的一个障碍，也因此保持了人类物种和文化的多样性。

即使在非洲内部，贫穷也导致旅行不易。一些撒哈拉以南的非洲国家，其每平方公里内的公路长度，还不到欧洲国家的 1%，人均交通工具数量则不到欧洲国家的 1/20。另一个具体的例子是，在我出生的肯尼亚，2009 年时每 100 平方公里内的公路长度是 11 公里。相比之下，美国是 67 公里，英国是 172 公里。

撒哈拉以南非洲地区的平均国内生产总值和欧洲相差 20 倍，和美国相差逾 40 倍，即使在相同的道路密度或车辆条件下，热带国家的居民仍可能较少旅行。支持这一假设的，是伊丽莎白·卡什丹将国家与民族多样性和其所谓运输效率联系起来的分析。她指出，（道路及河流）运输系统效率越低的国家，种族越多样。此外，船只越小，可承载的旅客越少，种族越多样化。然而，公路的质量与各国的民族多样性并没有关联。卡什丹没有提供任何关于水路和陆路运输之差别的解释，但我记得在热带非洲的时候，司机们善于驾驭车辆沿着几乎不能称之为路的小道前行，这能力太叫我惊讶了。

对于热带和温带地区交通便利性的差异比较很大程度上是现代产物。在中世纪欧洲旅行，可能与在今天非洲的大部分地区旅行一样困难。而数千年来在热带地区之内，更为普遍的生物地理障碍可能是另一种。

这种生物地理障碍就是疾病。病原体和寄生虫体现了热带生物的多样性。比起高纬度地区，热带任何地区的病原体和寄生虫数量都更多，也更具多样性。因此，相比于温带国家，人类在热带从一个地区移动到另一个地区时，面临的病原体和寄生虫不仅数量更多，而且更多种多样。那么，病原体和寄生虫是否因此对热带人口的迁移比对温带人口的迁移造成了更多障碍？如果成吉思汗是非洲或南美洲的军阀，那他还能征服那么广大的地区吗？另外，热带地区的寄生虫和病原体有这么大的地区差异，是不是由它们的载体（包括人类）在热带迁移困难导致的？我稍后再回来说这个鸡生蛋还是蛋生鸡的问题，本书之后会讨论疾病如何影响了我们的分布。

即使没有物理上的障碍，排外心理（xenophobia）也会分隔我们（希腊语中，"xeno"表示陌生人，排外心理就是对陌生人的恐惧）。如果我们害怕或鄙视外国人，那我们大概就不会去国外旅行，甚至在本国也不会与他们有任何沟通。2000年版的《美国传统字典》（*American Heritage Dictionary*）中写道："异族通婚：名词，不同种族的人之间杂交、同居、发生性关系或结婚。"在美国南方的一些州，异族通婚直至20世纪都还是违法的。

美国共和党总统候选人推选大战期间，纽特·金里奇（Newt Gingrich）的支持者用一条竞选广告攻击米特·罗姆尼（Mitt Romney）："他就像约翰·克里（John Kerry），也说法语。"结果这次大选以2012年民主党的巴拉克·奥巴马（Barack Obama）胜选告终。一些共和党人如此鄙视外国人，甚至认为会说一门外语的美国人不宜治国理政，即使讲这种外语的国度不仅是美国的传统友邦，而且还把自由女神像送给——不是卖给——了美国。

继续说多样性和排外问题，新几内亚岛是世界上相较其面积而言语言多样性最高的地方。这是一片据说"每一个山谷都有其自身文化"的神奇土地。新几内亚的山区地形陡峭，降雨量大，森林密集，这些必然在保持其文化独立方面发挥了作用。但探险者所描述的大量困难，并不足以解释所有不同的文化，因为部分新几内亚低地的语言多样性，几乎不亚于山地语言的多样性。同时，新几内亚各民族还会跨越山谷进行贸易。在地形之外，我们还需要一种解释。

另一种解释可以从早期探险家对新几内亚的描述中找到。他们充分描述了许多新几内亚族群极强的地盘意识。新几内亚部落之间的战争是人类学研究的一种典型材料。带有强烈侵略性的文化以及这一文化所造成的恐惧，足以使人们不相往来。

通过更多的定量分析，马尔科姆·道（Malcolm Dow）及其同事于25年前发现，在8个所罗门岛屿（位于新几内亚东南的群岛）上，岛民的齿形和指纹间的差异与语言差异的联系更大，而不是与岛屿间距离的联系更大——分隔开岛民的因素似乎是语言，而不是大海。

与此类似，我之前提到的欧洲不同人群间的33条基因界线中，有9条界线上找不到任何明显的地理障碍。尽管如此，界线两边的语言依然存在差异。如果我们在意大利南部旅游，顺着E35/A1公路从佛罗伦萨到罗马，就会发现沿途经过的地形是起伏较小的丘陵，并没有河流或山脉。然而，北部意大利人与南部意大利人却存在基因差异。是什么分隔了南、北部的意大利人？一个可能的解释是：方言不同阻碍了他们的融合。

即使没有英吉利海峡分隔英、法两国（实际上现在两国交通如此便利，海峡已可以视若坦途），如果英国男友和法国女友无法悄悄互诉情话，他们就不会结婚生子。甚至在21世纪，能流利说对方语言的英国人和法国人也不多。因此，他们跟 1000 年前一样，很少通婚。

是不同的方言、语言，还有彼此无法理解的不同声音造成了分隔吗？这是任何一个鸟类或昆虫观察家都非常熟悉的概念和现象。像我们人类一样，鸟和昆虫在交配时，对发声不同于本族群的个体是没有兴趣的。其结果就是我们周围奇妙的物种多样性。

不同的方言可能是把意大利南部和北部隔开的原因，但文化的其他方面也有可能造成人口分离。意大利北部的饮食比南部丰盛。正如玛塞拉·哈赞（Marcella Hazan）在《经典意大利烹饪的精髓》（*Essentials of Classic Italian Cooking*）一书中描述的，北方菜丰盛，南方菜简朴。不同的饮食习惯会将我们隔开吗？为什么不会呢？英国著名作家和词典编纂家塞缪尔·约翰逊（Samuel Johnson）将燕麦定义为“一种谷物，英格兰人用它喂马，但苏格兰人以此为食”。英格兰女子会想嫁给一个吃燕麦的苏格兰男人吗？法国人似乎将大部分玉米喂猪。法国女子会想嫁给一个吃玉米的英国男人吗？英国女子会想嫁给一个吃青蛙的法国男人吗？

我们在亚马孙发现了相同的文化分离现象。跟欧洲的情况一样，我们也发现了相应的生物分离现象。在巴西中部和北部的亚马孙地区，沙万提人（Xavánte）和卡雅波人（Kayapó）可能在不到 2000 年前发生了分离。然而分隔他们的并不是明显的环境障碍，而是不同的文化习俗。例如，在沙万提人中，男子可以娶一群老婆，而卡雅波人通常遵循一夫一妻制。塔比塔·胡内迈尔（Tábita Hünemeier）和其他 10 人组成的团队提出，这两个文化群体的基因不同，因此在一定程度上也可以通过他们的头脸形状对他们进行区分。在短短2000年里，他们的生理和基因就被不同的文化（而非地理差异）分隔开了。与此类似，帕塔·马宗达（Partha Majumder）用了“社会壁垒”（social barriers）来解释印度文化的区域多样性。

人类非常善于吹毛求疵地区分“我们”和“他们”。挑一组互不认识的学生来做个实验，给其中一半人绿色铅笔，另一半人红色铅笔。现在，告诉他们内部分为两组。果不其然，拿绿色铅笔的自动和拿绿色铅笔的一组，红色的自动和红色的一组。在雅各布·拉比（Jacob Rabbie）报告的一个实验中，挑一群互不认识的滑雪初学者，为了让他们的导师好辨认，让他们中的一半人把绿丝带戴在脖子上，另一半则用蓝丝带。然后让滑雪者来判断每个人的滑雪技巧。同样，戴绿丝带的滑雪者认为戴绿丝带的人滑得更好，而戴蓝丝带者的看法则相反。不知怎么，这完全是下意识的，学生们设法发现一个他们之间的明确差异，并下意识地做出相应的排外行为。青蛙腿的味道尝起来很像鸡肉，但吃鸡肉的英国人仍然看不起吃青蛙的法国佬。当然，不只是欧洲人做这种事。凯蒂·米尔顿（Katie Milton）看到亚马孙印第安人的饮食差异甚大，根本无法用他们所处的森林环境差异来解释。

雅各布·拉比及其他人强调，尽管我们会将自己人与其他人区分开来，青睐像我们一样的人，疏远与我们没有太多共同点的，但我们不一定会和不同于自己的人针锋相对。是的，绿丝带滑雪者认为，其他绿色丝带滑雪者的技术更胜一筹，但他们并没有痛打戴蓝丝带的人。伊丽莎白·卡什丹通过更多的定量分析表明，尽管在战争期间，人们更忠于自己这一方的战友，对另一方怀有更多的敌意，但在一般情况下，忠于同志和敌视外人并没有很大关系。

尽管如此，一旦接受了自我—他人的二分法，看到了像我 / 不像我的差异（a like-me/not-like-me difference），人们就很容易会犯排外的错误。我不得不承认，我在自己的身上也看到了这一点。我不是 X 人。某个 X 人具有攻击性。所以，所有的 X 人都具有攻击性。应该禁止所有 X 人如何如何。虽然这种排斥比较温和，不那么粗鲁，但这还是固守自我—他人二分界限的典型例子。我上一次去伦敦时，拥挤的地铁列车上没有座位，一个刚才还在和女朋友拥吻、浑身文身的年轻人却站起身来，让座给我，我惊讶得不得了。刻板印象就是这样。不过，虽然我很感激他为我让座这种姿态，但我并不太愿意接受，自己已经老得需要人让座了。

人为什么如此排外呢？动植物之所以避免与其他物种交配，是因为物种之间的杂交通常效果不佳。事实上，许多杂交的后代都是不育的。骡子作为马和驴杂交的后代也许是最有名的例子。然而，似乎理所应当，我们很少谈论物种内的杂交。那是因为这不会产生任何问题。全人类都是同源的，所以和其他地区的人生育后代可能导致的生物学方面问题，是无法解释我们的排外心理的。

一个解释我们为何不喜欢陌生人的假说跟寄生虫有关。科里·芬彻（Corey Fincher）和兰迪·桑希尔（Randy Thornhill）认为，排外（和排外的另一面，就是人们喜欢与自己相似的人，这明显表现在家庭关系中和宗教虔诚度上）有一个有益后果，就是它能使我们远离不同环境下饮食习惯不同的人。因此，排外能使我们远离我们不适应的病原体和寄生虫，免得受其侵害。

芬彻和桑希尔用来支持他们论点的部分证据是，在世界各地，寄生虫携带量增加的时候，人类的宗教热情和同胞偏好也相应增长。然而，托马斯·柯里（Thomas Currie）和鲁思·梅斯（Ruth Mace）表明，之所以会呈现出这种寄生虫与宗教虔诚度相关的全球趋势，完全是因为研究对象中纳入了大量（发达）欧洲国家，这些国家里这两者的相关度很高。但欧洲人的寄生虫携带量并不高，在宗教上也不算很虔诚。如果把他们排除在外，那么这种全球性的关联将不复存在。事实上，芬彻和桑希尔所分析的世界5个地区中，只有一个地区的寄生虫携带量与宗教虔诚度呈相关关系。

此外，还存在明显的例外。爱尔兰在西欧诸国中宗教虔诚度最高，但寄生虫携带量只有中等水平；法国在宗教虔诚上得分倒数第三，但寄生虫携带量却位列前四。如果看欧洲整体的情况，而不是只看西欧，我们就会发现宗教虔诚度和寄生虫携带量并不相关。难道因为某个国家例外，因为世界上大部分地区中都不存在他们声称的那种关联，就要否定芬彻和桑希尔的主张吗？答案是肯定的，除非他们能对此做出解释。

还有很重要的一点，芬彻和桑希尔只讨论了导致宗教虔诚度（或排外性）与寄生虫携带量相关的诸多可能原因中的一种。他们认为排外的直接益处是使我们远离我们不适应的生物。但是，如果我们坚守自己的文化，排斥异文化，并不是为了避免寄生虫，而是另有原因呢？在这种情况下，我们可能仍然会看到排外和寄生虫携带量之间具有相关性，或不同种类的寄生虫与病原体和排外有不同的相关性，但这两者之间并无真正关联。

几乎所有人都倾向于远离陌生事物，远离陌生人。如果说我因为不喜欢吃蜗牛而远离法国，法国的寄生虫又跟加州的不同，那么这看起来似乎是陌生的寄生虫让我产生了对法国的排外反应。但事实并不是这样，使我不想去法国的因素是蜗牛。如果我不去法国，我就既不会把身上的寄生虫带到法国，也不会把法国的寄生虫带回加利福尼亚。换句话说，正是文化之间缺乏交流才导致了寄生虫和病原体的不同，而不是寄生虫和病原体阻碍了文化之间的交流。

也许更现实的是，我们之所以留在自己的出生地，会不会是因为我们在熟悉的地区能够更有效地狩猎或采集呢？举个例子，我在本书其他地方描述过的一次旅行中，我们夫妻在尼日利亚和猎人们一起工作时，我们这群人一离开猎人们熟悉的那个小区域，全体猎人就都迷路了。我们不得不依靠我携带的指南针来找到我们的营地。如果猎人们的活动不离开他们已知的区域，他们身上的寄生虫和病原体也就不会跑到其他区域去了。

还有一种情况会让排外心理看似与避免寄生虫有关，但实际上真正的原因却是另一个。我提过，事实上从人均拥有的汽车数量和道路公里数来看，人们在非洲往来要大大难于在欧洲。不管宗教或家庭关系还有寄生虫的情况如何，非洲人迁徙起来都不方便。欧洲人的活动却很方便。非洲人留在原处，也避免暴露于多样性高的寄生虫环境，这两者之间的相关性其实与寄生虫无关，而是跟欧洲、非洲两个地区的经济发展水平有关。

在我看来，人类如果尽力避免与其他文化的人交往（他们实际上似乎也这么做了），那么在很大程度上，其原因跟包括植物在内的物种避免杂交的原因相同，那就是杂交的后代可能会有问题。在人类这方面，后代面临的问题是社会问题而非生物学问题。人类后代面临的问题，可能包括父母之间缺乏沟通，还有他们在饮食、神圣节日以及其他许多导致文化区隔的问题上持不同看法。

§

当然，排外有很多不好的后果。但排外会不会也有好处？对其他文化的反感可能有助于保持文化多样性，就好像沙漠、冰川、海洋、山峦、道路缺乏，也许还有病原体和寄生虫造成的效果的一样。宽容的态度比排外更令人愉快，但单纯的宽容会不会让人很容易接受外来的风俗，从而导致文化趋同？

我们夫妻都看到了消除障碍对于不丹的影响。不丹文化能够作为独立文化生存下来，部分原因在于不丹位于高山莽林之中，在地理上与世隔绝。它北面受到喜马拉雅山脉的保护，南面受到复杂地形和茂密森林的保护。直到最近，不丹还没有采取鼓励游客进入的措施，甚至不鼓励发展国内交通。20 世纪 70 年代之前，不丹实际上都处在闭关锁国的状态之下。到 20 世纪 60 年代，不丹才有了一条柏油路。即使到了 20 世纪 90 年代，城市里的大多数不丹人还是身穿民族服装，今天的官员仍然这么穿。在 19 世纪中叶，就连武力强大的英国殖民者也感到这个国家甚难征服，尽管当时不丹人民最先进的武器不过是欧洲 18 世纪之后就已淘汰的火枪。

不过，电视的入侵将有怎样的影响？我们夫妻 1996 年第一次到不丹时，宾馆里的电视只有四个频道，没有一个是美国频道。现在，不丹的电视已经有了大量频道，其中还有很多美国频道。

第7章

人不过是一种猴子？

人类文化多样性与生物多样性的全球分布一样，原因也相同

世界不同地方的人在遗传、身体结构、生理上都所有不同。这些差异有合理的生物学原因。适应不同的环境，源自不同的祖先，人群中发生随机遗传变化，障碍阻隔人群之间的流动等，都是原因。这是总结上两章的内容。目前为止，一切顺利。

但人是被文化界定的。文化将我们与其他动物区别开来。是的，非洲不同地方的黑猩猩使用不同的工具，或者用不同的方式使用同样的工具，或者用同样的工具收集不同的食物。但是，这些微小差异与我们所谈论的人类文化相去甚远，以至于许多人认为，将我们所了解的大猩猩之间的区域差异视为“文化”，是贬低了这个词对于人类的意义。因此，我要再次重申：文化令我们有别于其他动物。

然而，正如我将在本章中展示的，文化与物种的分布表现出

了相同的地理格局。不仅如此，可以解释物种地理分布的生物学原因，亦可用于解释文化的地理分布。换句话说，即使谈到文化这种使我们有别于动物的现象，人类与动物在生物地理学方面也没什么不同。在生物地理学上——我来押个头韵吧，人类不过是一种猴子（man is merely a monkey）。

在深入探讨前，我得先说，人类学家对于“文化”一词的意义，还在没完没了地讨论。这跟生物学家几十年来一直在讨论什么是“物种”一样。他们一直在争论，该如何定义“物种”，如何区分物种，如何决定他们看到的东西是一个物种、一个亚种还是一个族，还是要完全抛开这一术语。他们仍在进行文字大战。

不过，生物学家通常可以忽略所有这些争论，通过高度复杂的分析，表达关于进化进程和物种分布的深刻的生物学见解。换句话说，尽管定义上存在诸多细节问题，但没有异议的是，大概念通常是可用的。

我曾经在非洲的森林里研究过大猩猩。当我开始研究的时候，大多数人都认为只有一种大猩猩生活在非洲，并分为三个亚种。现在据我了解，大多数灵长类动物学家都倾向于认为存在着两种大猩猩。

我不同意。我见过这两个所谓的物种，听过两者的叫声，也嗅过它们的气味——雄性大猩猩的臭汗味强烈，也很典型。我认为它们是一个物种。但就生物学研究来说，大部分时候，不管我们认为是存在一种还是两种大猩猩，对于我们写作、思考、分析数据都无关紧要。事实上，生物学领域最著名的进化论者乔治·盖洛德·辛普森（George Gaylord Simpson）说，哪种对“物种”的定义最适用于我们的科研工作，我们就可以用哪种。

据我所知，这种情况在文化、社会和语言上都是一样的。的确，很多争论都很重要：什么是“文化”？什么是“社会”？两个文化和社会的界限在那里？什么是方言？什么是语言？什么是语系？有些人认为语言可以定义文化，还有的人主张生活方式可以定义文化。服饰、工具、观念、婚姻制度或探知的起源可以定义一种文化，或区分不同的文化。当然，如果对相同文化的不同研究得出了互相矛盾的答案，那么首先要问的问题就是：是不是人们对“文化”的不同定义、不同看法、不同理解影响了结果？

不过总的来说，在我看来，辛普森的态度似乎比较明智。研究者们基本也是按辛普森说的做的。我所做的，就是追随前辈的做法，尤其是丹尼尔·聂托（Daniel Nettle）在《语言的多样性》（*Linguistic Diversity*）一书中所做的。正如聂托指出的，地区间语言密度的差异相当之大，若说单纯的定义差异就可以产生这些差异，是很难叫人信服的。他表示，如果中国与全球语言密度最高的新几内亚岛有相同的语言密度，那么单单中国就将拥有 20 万种语言。因此，我对任何文化的定义都没有偏向。无论原作者采用哪种“文化”分类方法，我都欣然使用，不会质疑它的有效性。

定义到此为止。现在回到生物地理学。只要是对博物学有一点兴趣的，大多数人都听说过一个主要的生物地理规律：与高纬度地区相比，热带生物具有惊人的多样性。说到热带，就会想到生物多样性。

拿我大姐已经生活了 30 多年的厄瓜多尔为例。厄瓜多尔的面积与英国的大致相同。英国有约 1500 种植物，鉴于英国有那么多植物学家，我估计尚未被发现的顶多还有两三种。厄瓜多尔有超过 2 万种植物，如果石油公司和其他人能为了下一代而善待森林，可能还会有上百种植物等着人去发现。英国的食肉动物不超过 10 种，而厄瓜多尔有近 30 种食肉动物。

厄瓜多尔物种丰富，英国物种贫乏。不仅如此，这种差异在大陆内部也成立。最近我们夫妻在厄瓜多尔和阿根廷各待了两个星期。我爱好观鸟，所以当然带了《厄瓜多尔鸟类大全》（*Birds of Ecuador*）和《阿根廷鸟类大全》（*Birds of Argentina*）。正如其法语名称"Equateur"所示，厄瓜多尔位于赤道。阿根廷则位于赤道以南，只有其最西北角位于热带地区。与之相对应的是，虽然厄瓜多尔的面积不及阿根廷的 1/8，但两本《阿根廷鸟类大全》摞到一起还不及《厄瓜多尔鸟类大全》一本厚。热带国家与温带国家在生物多样性方面的巨大差异，在世界范围内不断重现。

虽然说我们中的许多人对热带地区物种的非凡多样性都有所了解，但恐怕只有很少一部分人听说过热带地区的文化多样性。语言学家走遍厄瓜多尔，就能听到 23 种土著语言。英国的语言数只有厄瓜多尔的一半，12 种，比如康沃尔语（Cornish）、盖尔语（Gaelic）、马恩岛语（Manx）、罗姆语（Romani）、苏格兰语（Scots）、威尔士语（Welsh）之类。

从大陆范围来说，热带南美洲的人讲 487 种土著语言，而语言学家在他们的北部邻居美国中，只能数出 176 种土著语言。在面积大致相同的地区，热带南美洲的语言数量是美国的 2.5 倍多。通过比较非洲和其北部邻居欧洲，我们也能得出相同的结果。非洲面积是欧洲的 3 倍，但非洲的土著语言种类却是欧洲的 9 倍。非洲有

2100 种土著语言，而欧洲只有 230 种。

总的说来，热带地区丰富的生物多样性是与其非凡的文化多样性相匹配的。

去热带的任何一个地方，例如厄瓜多尔的亚苏尼国家公园（Yasuni National Park），站在森林中央观察、倾听，你会比去北美或英国的森林时看到更多的植物，听到更多动物的声音。这就是低纬度地区多样性高于高纬度地区的一种表现。在低纬度的任何地点，你都能看到更多的物种或听到更多物种的声音。

然后，在一条森林小路上走 100 公里，再一次，停下来，凝视，倾听。无论你行走在什么方向上，你都会看见新的物种，听见新物种的声音。但如果你去的是北卡罗来纳州和田纳西州的大雾山国家公园，那么虽说公园里有 3 种主要类型的森林，但当你同样去观察和倾听时，却并不会注意到什么大的变化，而且你走了这么远，可能都还没有走出公园的云杉林。

从更大的范围来看，如果沿着安第斯山脉的东部山脉从厄瓜多尔的亚苏尼往南走 1500 公里，到秘鲁玛努国家公园（Manu National Park），你将看到更多全新的物种。但如果你在西欧的任何地方行走相同的距离，你在出发和到达的旷野里看到、听到的，却都不会有什么差别。

在文化方面，新几内亚一直以语言密度高闻名。相对于其面积，它的语言数量要多于世界上任何地区。“相对于其面积”这个短语至关重要。无论是生物还是文化，如果我们要进行地区间多样性的比较，就必须比较大小相似的地区。这就是为什么我在前几段中将英国的语言多样性与一个大小类似国家的情况进行比较，而且当我比较南、北美洲以及非洲和欧洲之间语言多样性的差异时，我要指出它们的面积各是多大。

把面积因素纳入考虑，并不仅仅是因为在其他条件一致的情况下，较大地区很有可能比较小地区包含更多的物种或文化。不仅如此，结果还表明，物种、文化、语言的密度（换句话说，在特定区域内的数量）实际上会随面积的大小而变。

我们可能会期望物种数与区域面积的比例是一比一，即面积减少一半，物种数也随之减少一半。但事实并非如此。一个粗略的经验法则是，面积减少九成，物种种类只会减少一半。所以，假设在 100 平方公里的森林里有 100 个物种，当森林面积减少到其 10%，即只剩 10 平方公里的时候，我们会发现森林里还有 50 个物种，换句话说，还有 50% 的物种。森林面积减少到原来面积的 10%，但物种数只减少到原来数目的 50%。

因此，如果我们想要比较地区间语言或物种的密度，就必须考虑，就其面积而言，密度是否大于或小于平均值。现在的确新几内亚是第一名。相比于面积大致相同的热带森林国家或地区（例如中非共和国、哥伦比亚、泰国等），新几内亚岛的语言密度是这些国家的 10 倍以上。巴布亚新几内亚（面积大约只占新几内亚岛一半的政治实体）有占世界 0.1% 的人口，居住在占世界 0.4% 的土地上，却说着世界上 13% 的语种。

热带和温带地区存在这些差异的一个原因是，物种和文化在热带地区的覆盖面积比在高纬度地区的小。让我们以非洲灵长类动物为例，来说明非人类物种的分布。非洲灵长类动物覆盖的地理范围（南北距离），在赤道平均为 1400 公里，但在离赤道 10 度的地区，就超过了 5000 公里。

人类的文化也表现出同样的模式。比如说，某一种语言在加蓬的覆盖范围大约为 6500 平方公里，然而在北纬 60 度及以上的地区，例如瑞典，相应语言的覆盖范围就超过 3 万平方公里。在全球范围内都能看到这一现象，我对非洲和亚洲两个洲超过 10 种语言的分析，也说明了这一现象。而鲁思·梅斯及其同事的独立分析已经证明，北美洲和澳大利亚也存在同样的情况。虽然他们只分析了班图语（Bantu languages），但也得到了跟我在分析非洲时一样的结果。

我在本章除了呈现其他文化或语言群体的信息之外，也常常提到狩猎采集民族的信息。部分原因在于，环境性质与狩猎采集者分布之间关系的紧密程度，要超过在农业社会里的情况，特别是那些财富积累到足以让商品交换成为可能的农业社会。此外，狩猎采集者的流动性可供生物地理学研究。主要以狩猎为生的人，其生活方式与本书的读者大不相同，当然本身就很值得关注。

热带狩猎文化，例如非洲的姆布蒂俾格米人，一般来说活动范围约为 3500 平方公里。在北极圈以北的狩猎采集文化，比如西北地区的麦肯齐因纽特人（MacKenzie Inuit），其活动范围是姆布蒂俾格米人的 20 倍——7 万平方公里。这一效应在全球范围都比较显著，在北美洲、亚洲和澳大利亚内部也都是如此。然而，非洲和南美洲的狩猎采集文化却无此效应。我不知道为什么在非洲没有这一效应。在南美洲，我们从阿德里安娜·鲁杰罗（Adriana Ruggiero）的著作中了解到，贯穿南北的安第斯山脉，对哺乳动物的地理分布有很强的经度效应。同样对人类而言，在我对任何与纬度关联的文化多样性的分析中，也都隐藏着经度效应。

总而言之，事实是：与高纬度地区相比，热带地区物种和文化的密度都较高。这种纬度差异的部分原因是，与高纬度地区相比，热带地区物种和文化覆盖的地理范围较小。植物、有蹄类、猴子和人类文化都显示出相同的生物地理格局。但语言和文化作为人类思想的产物，怎么可能在生物地理方面与物种一致呢？

在进一步解释之前，我想先简要地介绍人和其他动物的一项有趣区别。

文化和物种的分布模式虽说在某种程度上相似，但二者在生物地理方面有一个区别：在热带森林里，小小一块土地上都能有各样动物。在厄瓜多尔的亚马孙雨林里，在亚苏尼国家公园的任何研究站附近，持续观察一队蚂蚁大军，你就可能看到超过十种的鸟类跟随这一队蚂蚁并捕捉被蚂蚁扰动的昆虫——与牛背鹭跟着牛群捕食被惊扰昆虫的方式类似。在森林研究站附近坐上一天，你可能会看到5种有蹄类动物，如果你幸运的话，还能看到10种猴子。但在同一片森林及周边许多平方公里的范围内，你只能看到一种人类的土著文化——华拉尼人（Huarani）。

事实上，人类注重地盘是众所周知的。我们很少发现会有不同文化的人占据同一片土地。阅读早期在美洲和非洲的旅行者的叙述，我们会发现其中充满了探险家与当地人斗争的故事。卡皮查·德·瓦卡（Cabeza de Vaca）在16世纪初搁浅在佛罗里达州的西海岸。后来他和他数量与日俱减的同伴们终于到了墨西哥。安德烈·雷森德斯（Andrés Reséndez）在《如此陌生的土地》（*A Land So Strange*）一书中，这样讲述卡皮查·德·瓦卡穿越美国南部的故事：

"玛里阿梅人（Mariames）人杀死女婴，以免女婴成为他们周围仇敌的妻子……苏索拉斯人（Susuolas）在这一地区与其他人群打仗……这些印第安人间争战不断，他们专门进行精确的伏击……印第安人因为害怕被杀而不敢去往西边。"世界上其他地方的人们对其邻居的好战程度也差不了多少。

同样的模式也存在于人类和其他生物体中。至于它们之间在地理范围重叠方面的区别，是不是生物学上显著的差异，那就是另一个问题了。我们讨论人类情况时，讨论的是一个物种内部的重叠程度。而在讨论其他物种时，例如前面提到的蚁鸟，我们说的是物种之间的重叠，甚至是属的重叠。

我们如果研究单个物种，并探索物种内的差异重叠（即亚种的重叠），就会发现，人类的重叠规律也一样。也就是说，分布范围的重叠不大。我在非洲中、西部分析过河流屏障对灵长类动物地理范围的影响，我的分析也显示了这一效应。3/4 的亚种以河流作为其地理范围的边界，这意味着实际上，3/4 亚种的分布范围是不重叠的。相比之下，只有 40%的物种和 10%的属分布范围不重叠。

分类群数量从热带开始，随纬度升高而减少，我们观察到的这种模式，用行话说叫"生物多样性的纬度梯度"。200 多年前，生物学家就已经知道了这种模式，但他们至今还在进行相关的研究和论述。这方面最早的作者，是 18 世纪晚期参加库克船长第二次环球航行的约翰·格奥尔格·亚当·福斯特（Johann Georg Adam Forster）。"生物多样性的纬度梯度"实在拗口，所以为了纪念 J. G. A. 福斯特，我把它简称为"福斯特效应"。

由于某些原因，人类学家对科学分析热带多样性产生兴趣的时间，要远远晚于生物学家，尽管小约翰·福斯特（Johann Forster the Younger）在其时代就因描述库克船长远航期间遇到的文化而出了名。事实上，他的名气非常大，在二十几岁时便成了英国皇家学会的一员。他不到四十岁即死于中风，我们不该对此多做解读。不管怎么说，人类学都起步较晚，这意味着人类学家们对于文化多样性和福斯特效应的论述，要远远少于生物学家们的论著。

生物地理学因此在很大程度上忽略了我们所知道的人类的情况。书名简单、被誉为生物地理学圣经的《生物地理学》（*Biogeography*）一书由马克·洛莫利诺等人合著而成，书中有一张密密麻麻三页纸的表格，详细列举了31种对动物和植物中福斯特效应的解释，却一次都没有提到人类。

同样，人类学家也在很大程度上忽略了生物地理学家的人类文化分布知识。截至2014年底，我还没有看到一本考虑到文化地理分布的生物人类学或体质人类学方面的现代教科书，更没有教科书把这种分布与我们对非人类物种地理分布背后生物学的认知联系起来。

在这里，我要简单总结一下试图解释非人类物种中福斯特效应的各种观点，其中有几条不适用于人类，有几条则适用。正如生物学中经常有的情况，答案很可能不是一种解释，而是几种解释的组合。

福斯特效应的非生物学解释并不适用于人类。我姑且将其称为“铅笔盒解释”。想象一下，用铅笔代表地理分布的南北范围。想象在铅笔盒里有许多不同长度的彩色铅笔，哪个地方的铅笔重

法国诺曼底哈考特（Harcourt）镇的镇标附近，作者坐在父母和三个姐妹中间。他出生于肯尼亚，后移居英国，现居于美国加利福尼亚州。这是人们在世界各地流动的一个小例子。图片来源：A. H. 哈考特。

《亚当和夏娃》，作者亨德里克·霍尔齐厄斯（Hendrik Goltzius）。鉴于人类起源于非洲，所有图像上的亚当和夏娃都理当是非洲人，而非白种人。图片来源：维基共享资源。

克洛维斯矛头和疑似箭头的东西，是迁移到北美的第二主要文化中的典型器物。其中最长的刃有 14 厘米出头，出自伊利诺伊州的费耶特。其他的则发掘自南达科他州到新墨西哥州一带。图片来源：加州大学戴维斯分校人类学系，J. 达文特。

狩猎采集家庭。一个因纽特家庭平均每次迁居至少 50 公里，平均每年迁居逾 500 公里。

图片来源：乔治·R. 金（George R. King），维基共享资源。

在奥杜派峡谷发现的石器，是一把大概有200万年历史的奥杜威石斧，它和一块破碎的鹅卵石几乎没有差别。图片来源：大英博物馆，维基共享资源。

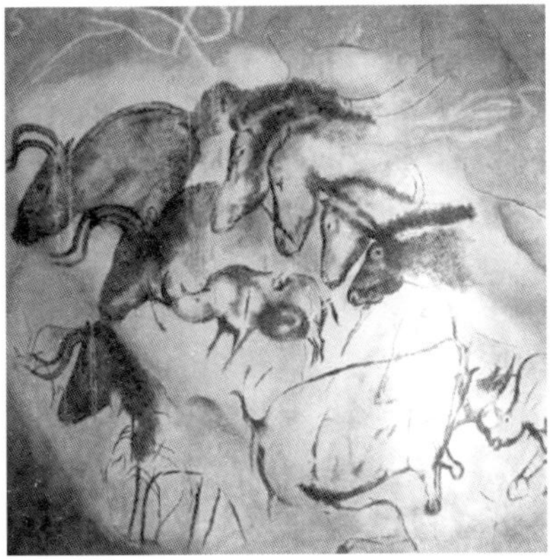

肖维洞穴壁画，约有3.2万年历史。图片来源：捷克共和国布尔诺人类学博物馆，维基共享资源。

日本猕猴。它们住在冬天会下雪的日本北部。请注意其短尾。图片来源：A. H. 哈考特。

印度尼西亚的长尾猕猴。它们住在一年四季都很温暖的热带地区。请注意它们的长尾。图片来源：T. 布朗（T. Brown），维基共享资源。

卡拉哈里人在寒冷的沙漠夜晚降低体温，以节省能量。
图片来源：Yanajin33，维基共享资源。

左图：定居在安第斯山脉地区的盖丘亚妇女和儿童。图片来源：© 阿尔弗雷德·巴尔迪维耶索。
右图：定居在喜马拉雅地区的不丹耗牛牧民和耗牛。图片来源：A. H. 哈考特。两地居民展示了生活在氧含量低高海拔地区的不同适应方式，牦牛也是如此。

非洲大草原——湿润时期的撒哈拉可能就是这样，早期人类因此可以通行。图片来源：A. H. 哈考特。

这种沿海冰川会极大妨碍人们从西伯利亚到美洲的迁移，因其表面有裂冰（在左部中心有一处模糊），人也不可能走上去。图片来源：M. 克拉克（M. Clarke），维基共享资源。

冰盖边缘是一片荒地，附近没有食物，没有遮蔽物，也没有柴火，冰川消融形成的大片水洼从这里延伸出来，所以在冰盖间迁移几乎是不可能的事。图片来源：A. H. 哈考特。

可能人类就是借助这种有舷外支架的木舟最终遍布太平洋各处的。图片来源：维基共享资源。

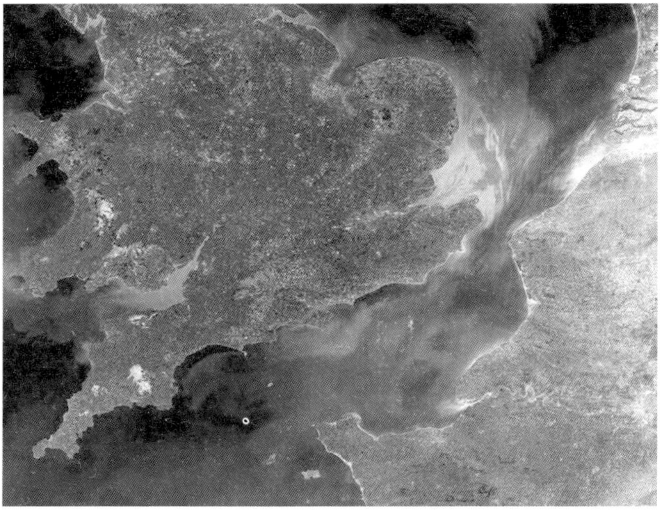

分隔开英国文化和法国文化的英吉利海峡，又称拉芒什海峡。图片来源：欧洲航天局。

奥克尼群岛和苏格兰被彭特兰湾隔开，因此岛上居民有着不同的遗传基因。图片来源：M. 诺顿（M. Norton），维基共享资源。

伊朗的扎格罗斯山脉，可能是阻碍早期人类迁移出中东地区的屏障。图片来源：S. 阿萨迪（S. Asadi），维基共享资源。

不丹的民族服装。这是一个典型例子，说明文化是如何因与其他文化缺乏接触而保存下来的，在不丹，法令对保存文化也起了作用。图片来源：A. H. 哈考特。

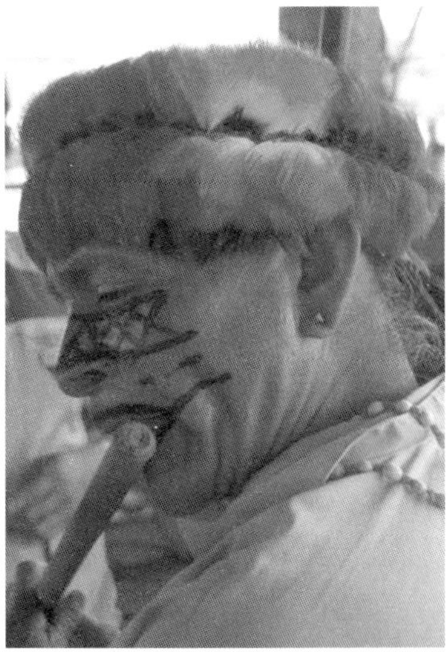

厄瓜多尔的阿丘雅人（戴有羽毛头饰）。厄瓜多尔与英国大小相似，土著文化的数量却是英国的两倍，本土物种的数量更是英国的若干倍。图片来源：© 阿尔弗雷德·巴尔迪维耶索。

新几内亚人。就其面积而言，新几内亚的语言及文化密度非常高，十倍于其他面积相近、被森林覆盖的热带国家，比如中非共和国、哥伦比亚或泰国。图片来源：S. 科德林顿（S. Codrington），《行星地理》，2005，维基共享资源。

左右两图体现了热带（厄瓜多尔）与非热带（苏格兰）的对比。热带地区全年温暖湿润，使得动物和人类可以高密度地生活在较小区域里。高纬度地区一年里有6个月无法出产作物，动物和人类不得不在大面积范围内活动以谋生存。图片来源：A. H. 哈考特。

图为印度尼西亚弗洛勒斯岛良巴（Liang Bua）的一处洞穴，人们在那里发现了霍比特人的遗迹。你可以看到洞穴入口附近的探方坑。图片来源：罗西诺（Rosino），维基共享资源。

在其他地方体型较大的动物，到了岛上就渐渐变小了。勒克米尔（Rekhmire）陵墓内的埃及壁画上有一只侏儒象（左下角），距今约3500年。长长的象牙表明它并非幼象。图片来源：岩画艺术博客（Rock art blog），维基共享资源。

孤立岛屿上常常演化出独特的文化（及物种）。图为毛利会堂的雕刻，毛利文化是一种新西兰特有的文化。图片来源：Kahuroa，维基共享资源。

西非的富拉尼牧人。像西欧人和其他一些地方的人一样，富拉尼人已经演化出了在成年期消化牛奶的能力。图片来源：J. 阿瑟顿（J. Atherton），维基共享资源。

欧洲传教士托马斯·萨维奇牧师，西非热带地区的疾病令他失去了两任妻子（第10章）。图片来源：弗吉尼亚大学图书馆，特殊馆藏。

杰弗里斯·怀曼，哈佛大学教授，他和托马斯·萨维奇共同对一种大猩猩进行了科学命名，称其为 Troglodytes gorilla，现称为 Gorilla gorilla。图片来源：维基共享资源。

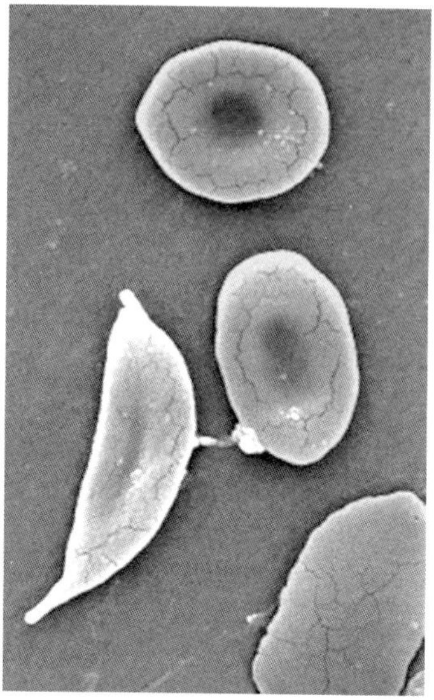

镰状细胞性贫血病人的畸形细胞。这种状况较轻时，可以保护身体免受疟疾的侵害，但像图中左侧细胞那样的严重状况，则会导致疾病甚至死亡。健康细胞是中心凹陷的圆盘形，和图片顶部的细胞类似。图片来源：教科书计划（OpenStax College），维基共享资源。

特立尼达糖料种植园的工人。种植园的灌溉渠为蚊子提供了理想的繁殖地。图片来源：理查德·布里金斯（Richard Bridgens），维基共享资源。

仙女木属花，新仙女木冷期就是因此得名的。图片来源：H. 斯托奇（H. Storch），维基共享资源。

巨型鹿，或称爱尔兰麋鹿，在约 1.5 万年前——人类到来的 1000 年前灭绝。气候变暖和缺乏食物很可能是其消亡的原因。图片来源：伦敦维尔康姆图书馆（Wellcome Library），维基共享资源。

狮尾狒。由于气候变暖和人类活动，狮尾狒的活动范围被限制在了埃塞俄比亚的瑟门山山顶。图为一只雄性狮尾狒正在为雌性伴侣之一梳毛。请注意它们被寒风吹起的毛。图片来源：R. 沃丁顿（R. Waddington），维基共享资源。

野葛，原产于日本和中国东南部，现已为祸于许多其他地区，扼杀当地物种。图为夏威夷毛伊岛，深色背景就是野葛组成的。图片来源：约翰·尼兰达尔（Johnny Randall,），北卡罗来纳州植物园。

亚利桑那州纳瓦霍族保留地——谢伊峡谷，是美国最贫瘠的一片土地。
图片来源：katsrcool，维基共享资源。

舒阿尔人。他们将这一支厄瓜多尔 - 秘鲁亚马孙文化从灭绝边缘救回。1964 年，舒阿尔人成立了厄瓜多尔亚马孙地区的第一个族群联盟。联盟用无线电节目、一台印刷机和其他方式来维持他们的文化。图片来源：© 阿尔弗雷德 · 巴尔迪维耶索。

叠最多呢？换句话说，在哪里铅笔的颜色最多样？答案是在盒子的中部，也就是相当于热带的地方。为什么？因为在这个盒子里的长铅笔几乎没有什么选择的余地，只能重叠在中心。

这个观点不适用于人类。首先，我们在热带具有高度的文化多样性，是因为各个地理范围很小（而不是很大）的文化都集中在一起。大地理范围的文化在热带之外。这就是这个假说及其类比不适用于人类的另一个原因。人类诸文化所跨越的纬度对于铅笔盒假说来说太小了，就好比在一米长的盒子中，放上了正常长度的铅笔来进行实验论证。

福斯特效应的一些生物地理学解释在一定程度上回避了这个问题。例如，多种病原体（致病生物体）、寄生虫和竞争者能防止任何一种物种占尽优势。是的，但是我们还要问，为什么热带地区病原体和寄生虫的多样性很高？会不会是致病生物感染的物种具有多样性，反过来让这些致病生物本身也变得多样了？然而，我认为，这样一个假说可以部分解释，为什么光是人类这一个物种，就在热带这一小片地理范围内表现出了高度的文化多样性。

前面说到有人认为，热带病原体和寄生虫的多样性维持了寄主的多样性，另一种可能成立的观点是，寄主的多样性使得病原体和寄生虫具有了多样性。如果维龙加火山群（Virunga Volcanoes）一带既没有猴子，也没有大猩猩，那么那里就不会有分别对应猴子和大猩猩的致病生物。因此，我们回到了为什么热带地区寄主的多样性高这个问题。我在上一章就提到过这个鸡生蛋蛋生鸡的难题，当时是在讨论排外是否让人们远离了他们所不习惯的病原体和寄生虫。

热带物种密度高的另一个解释是，热带地区的环境多样性更高，有着更多的环境类型，换句话说，热带地区有更多的生态位。环境的多样性使得在此环境中生活的物种也具有多样性。也许吧，但如果是这样的话，那为什么热带的环境更多样化？毕竟，温带和北极文化的覆盖范围都小于任何一片人类栖息地。北方区连起了世界，但那里并没有横跨美洲和亚欧大陆极北地区的人类文化。

热带物种和文化覆盖的地理范围很小，因而可以更紧密地集中在一块地方。是的，但是虽然人类文化的地理范围不能重叠，其他物种的地理范围却可以重叠。鉴于许多地理分布范围很广的物种可以在任何一个地点重叠，物种范围的大小不应影响任何一个地区的物种数量。此外，我们还有一个问题，首先，为什么地理覆盖范围在热带较小？我将在下一章里给出这个问题的答案。

关于动植物物种的福斯特效应，一种有说服力的说法是，这跟冰盖和冰川，还有它们随着地球史上冰期来去而发生的消长有关。热带物种比高纬度地区物种有更多的时间演变出多样的形式，因为热带没有周期性地被大面积冰盖覆盖。

将此观点应用于人类的问题在于，文化可以演化得非常快。以我在第 4 章中讨论的美洲印第安人语言数量为例。正如我所描述的，人类在南美洲生活的时间可能不超过 1.5 万年，但南美洲的平均语言密度仅比非洲或亚洲的低 1/3，而人类在亚非生活的时间要比在南美洲的长数万年。不仅如此，人类至少已经在温带地区生活了 1.5 万年，在北极地区气候中也生活了那么久，然而高纬度地区的人并没有像热带居民那样发展出那么多专门的文化。

我比较认同的对福斯特效应的生物地理学解释，是从土壤生产力入手的。生物学家评估一个地区的生产力有各种方式。基本上，他们会称量在一段给定时间内生长或生活在一个特定区域的植物和 / 或动物的重量。有多种因素影响生产力。主要因素是能量（在植物方面经常表现为温度）、水分和土壤的质量。在自然系统中，温度和水显得更为重要，因为在土壤贫乏的地方，许多植物已经进化到只要气候相对温暖湿润，就足以应对贫瘠土壤的地步了。

关于为什么人们常常认为温度和水是影响生产力的最重要因素，我得说，还有个原因是温度计和雨量计价格便宜，读取信息容易，只要走过去记下显示的数值就可以了。这个过程既简单又容易。分析土壤质量则完全是另外一回事。分析过程很复杂，需要把样品带到实验室，然后才能进行各种检验测试。结果就是，我们缺乏跨区域的土壤质量信息，土壤质量也因此不会出现在对生产力区域差异的解释中。

接受这类测量生产力方法的缺点之后，让我们继续讨论生产力的问题。除了在盛夏，热带之外土地的生产力都不如热带的土地。原因显而易见。相对而言，热带地区全年温暖，并且全年光照都比较强。在常年水分也充足的地区，植物可以全年生长。

热带之外，各地较短的白昼和冬季的低温，使得植物在一年中数月的时间里都无法生长。在纬度 60 度的地区——例如阿拉斯加的安克雷奇（Anchorage）以北、加拿大的哈得孙海峡、斯堪的纳维亚半岛上的奥斯陆或俄罗斯中部，土地一年的生产力只有赤道南北 10 度地区的 1/5。

于是，尤其是在贫瘠的月份，热带之外的许多动物（同样包括人类）都需要每天、每周或每月到更远的地方，才能找到足够的资源来维持生活。因此，温带和北极人口的密度较低，这意味着物种或文化若想以可行的规模长期存在，则高纬度物种 / 文化需要的地理范围，就得大于低纬度物种 / 文化。因为需要更大的地理范围，所以高纬度地区的物种和文化不能像在富饶的热带那样高度集中。因此，高纬地区的物种和文化多样性逊于热带。

反过来说，如果高纬度地区的物种或文化因为某些原因，范围无法扩大，那么种群的大小就可能不够大，不足以使其在遭受种种命运捉弄和折磨之后，仍然存活下来，繁衍生息。找一张全球变暖图，你会发现，气候学家预测的高纬度地区温度升高，要高于低纬度地区的温度升高。的确，高纬度地区的气候与低纬度地区的相比，往往比较不稳定。是的，非洲森林在上一次冰期只剩下零碎残余，但仍然存活了下来。它们面临厚度逾 1000 米的冰盖的威胁，却仍然没有消失。

气候大幅波动的结果是，高纬度地区物种或文化的个体数量即使等同于坚守低纬度地区的（物种或文化的）个体数量，也仍有可能是不安全的。这一预测很明确。高纬度地区的物种和文化，不仅需要在覆盖范围方面大于低纬度地区的物种和文化，而且这种范围还应该大到足以容纳更大的种群。

我不知道这一预测对动物而言是否属实，但我知道对人类来说是属实的。高纬度地区狩猎采集文化的人群，其规模要大于低纬度地区的狩猎采集文化人群，尽管前者居住的密度更低。

总体而言，对为什么物种在热带地区比在高纬度地区更多样化的解释，看来也适用于解释文化。我们不应该惊讶于这个发现。

我们都是基于碳的生命形式，需要（归根结底来自太阳的）能量进行生存和繁殖。既然文化多样性和生物多样性的纬度差异，可以用同样的生物地理机制来解释，那么也许我们同样不应该感到惊讶的是，前 25 个最具生物多样性的国家中，有 2/3 也是语言最多样化的国家。

如果这种论证是正确的，那么与某一文化人口密度相关的因素，就应该是对生产力本身的量度，而不是纬度。实际上，纬度应该仅仅是影响个人实际环境因素的一个指标。生产力与个人移动的距离也应该有相关性，因此也跟各文化覆盖的地理范围有相关性，并跟文化多样性相关。

我们发现的情况往往确实如此。随着生产力下降，文化的人口密度亦下降，每日移动的距离或帐篷移动的距离增大，文化的范围大小增加，区域内文化多样性下降。

这些相关性不可能是完全的。有时与文化多样性关联最强的因素不是生产力，而是环境的某些方面。生长季节的长度就是这样一种因素。而从某些方面说，测出的生长季节长度往往能说明可种植作物的数量。上述关系在狩猎采集者社会中表现得特别明显，大概是因为，在这种社会里，影响某地区人口密度的外部因素（例如农业和贸易的加强）是比较少的。

我将比较赤道南美洲的哥伦比亚和北美洲北部的阿拉斯加，以提供一些具体数据。阿拉斯加的年生产力不及哥伦比亚的 1/20。一种阿拉斯加狩猎采集文化的平均人口密度可能低于每 100 平方公里 3 人，帐篷每年移动的距离超过 400 公里，覆盖的地理范围大概有 8 万平方公里。至于南边的哥伦比亚，一种文化的平均人口密度接近每平方公里 18 人，一年内帐篷移动的距离约 280 公里，覆盖的地理范围是 3000 平方公里。比起阿拉斯加，哥伦比亚各文化覆盖的范围较小，文化多样性更大。

高纬度地区的冬天不利于植物生长，热带地区的旱季亦阻碍植物生长。撒哈拉沙漠终年干旱，几百万平方公里内几乎没有绿色可言，因此文化多样性低。丹尼尔·聂托指出了这一地区的一处例外，该例外支持了这样一种主张：全年生产能力允许一群自给自足的人在一片小范围内生活，从而导致一个地区出现高度的文化多样性。

他表明，在整个西非，生长季节越长，文化覆盖的地理范围就越小。生长季节长达 9 个月的地方，文化的平均地理范围是 2000 平方公里。生长季节只有 3 个月的地方，文化的平均地理范围就要大上 30 倍。

但是有些文化的地理范围，相对于当地生长季节的长度而言，小得非同寻常。在一个案例中，聂托提出，这一例外与这种文化所在的位置有关。这种文化尽管位于撒哈拉边缘的沙漠里，但却在乍得湖畔。换句话说，沙漠地带附近地区的生长季节对于农民来说，本来是极短的，但这一地区可以在小范围内支持一定密度人口的可持续发展，因为人们一年到头都可以获得食物，所以这一地区的生长季节其实相当于一年。

25 年前，我和妻子在尼日利亚度过了 3 个月。我们的工作是与尼日利亚动物保护协会的易卜拉欣·伊娜霍罗（Ibrahim Inahoro）一起计算该国东南部西区大猩猩的数目。在发布结论之前，我们需要查证一个传闻，传闻说在我们工作地更北的地方，还有大猩猩。因此，我们远行至尼日利亚东部的中心地区，过了那边就不是森林，而是林地了。我以前从来没见过有人试图在这样炎热的土地上种植作物。小块土地上，每一棵木薯植株都种在旱地小土堆里的景象，仍然历历在目。

狩猎采集社会平均覆盖的地理范围，一般大于语言平均覆盖的范围。原因显而易见。总的来说，顾名思义，狩猎采集不是种植农业。没有农业的优势（密集的粮食供应），狩猎采集社会就需要更多的土地以谋生存。

在我系考古学家罗伯特·贝廷格的带领下，我愉快地观览了加利福尼亚州—内华达州边界的白山（White Mountains）。整个行程令人着迷，但我永远不会忘记贝廷格指着脆弱的野草种子头，告诉我们美洲原住民从前采摘它们为食。我估计，我家菜园角落里一颗玉米植株所产生的卡路里，都要多于我视野所及这片白山山坡上所有草头加起来能提供的卡路里。

迄今为止，詹姆斯·布朗（James Brown）在生物地理学方面发表的文章可能多于这颗行星上的任何其他学者。针对热带地区以外物种缺乏的现象，他喜欢另一个意见，就是在较冷的地方，代谢率较低。因此，与新陈代谢相关的一切都慢。而在生物中，这指的是一切——包括形成物种的速度。我能看到，在各物种中都会是如此。但是我们已从第 5 章了解到，人类物种内，北极居民的代谢率比热带人群高。

我要指出，在我刚才一直在论述的一些生物地理关系中，存在着一个有趣的模式。詹姆斯·布朗大约 20 年前强调过它。在低纬度地区，我们能发现各种大小的地理分布范围，或者（例如）找到各种体型大小的灵长类。但是，在高纬度地区，我们发现动物物种或人类分布的范围都很大，或者只发现大体型的物种。

实际上，在热带地区，一切皆有可能。但在高纬度地区，气候限制了可能性。在热带任何大小范围的葱郁环境中，文化或物种都能找到足够的生存资源；但在高纬度地区，资源并非全年都丰富，物种和文化需要较大的地理范围才能生存。虽然研究者们对此并没有说什么，但这一模式很明显地见于我前面提到的对非洲班图语地理范围大小的分析。他们的图表显示，该语言在赤道附近扩展了近 40 倍的地理范围，但在纬度 25 度或回归线附近的地区只扩展了 5 倍大小的地理范围。

整体而言，热带地区因为物质和文化更密集，而在生物和文化上比纬度较高地区更具多样性，我们也发现了热带地区里多样性特别高的热点地区。就猿、猴而言，非洲喀麦隆高原和毗邻刚果东部盆地的山脉，就是两个这样的热点地区。南美洲主要的热点在亚马孙河的源头。在亚洲找最密集物种的绝佳去处是婆罗洲。想在最短的时间内看到最多数量的物种，就得去马达加斯加东海岸。

几年前，我和妻子前往马达加斯加岛东海岸的拉努马法纳国家公园（Ranomafana National Park），拜访帕特里夏・赖特（Patricia Wright）的研究站。在公园的第一天，我们看见了 7 种日间狐猴物种中的 6 种。第二天我们看到了第 7 种。美国恐怕没有地方能让一个人在两天内看到 7 种大型日间哺乳动物，更不用说一类动物的 7 个物种了。我们家附近是位于加州海岸的国家公园，我们远足时经常看到那里的两种鹿，但 25 年来，我们记得只有一天曾看到该地 4 种食肉动物中的 3 种。

任何事物都几乎不可能均匀分布，因此仅仅因为随机效应，几乎所有事物的分布就都有热点。即使对计算机编程知之甚少的我，也可以让我的电脑把各种颜色的点——真正意义上的点——绘到一张虚拟的地图上。只要输入你想让各点出现的坐标就可以了。如果以一组随机数作为坐标，是不能让色点均匀分布的。这样得到的图像上色点分布不均，一堆颜色挤在一起，周围却是一大片空白，有颜色集中的热点，也有没什么颜色的冷点。

因此，一些文化或语言的热点恐怕只能用随机性来解释。但是，随机性恐怕不能解释生物多样性和文化多样性热点的这么多地域重叠。新几内亚岛、亚马孙地区、刚果地区既是生物多样性的热点地区，又是语言多样性的热点地区，而且都地处热带。既然已经有人主张，对热带文化多样性的环境方面的解释，也适用于解释热带生物多样性，那么这两种多样性热点的地理位置发生重叠，大概也就不足为奇了。

但是，热带地区的高生产力不一定是多样性的唯一因素。在热带地区以外，喜马拉雅山脉和喀喇昆仑山脉内，也存在着一些语言密度极高的地区。对这种多样性的解释与对新几内亚语言密度高的解释一样：原因在于交通的障碍（前一章讨论的主题）。东新几内亚大部多山，森林遍布，人们难以从中通过。并非巧合的是，喜马拉雅和喀喇昆仑山的沟壑特别深邃，山峰特别高耸，河流异常湍急。

美国西北沿海也曾有一个文化热点地区，从华盛顿州南部穿过俄勒冈州直到加利福尼亚州北部。早期记录表明，在西部的内华达山脉和喀斯喀特山脉，有 16 个语系和 44 种语言。这密度相当

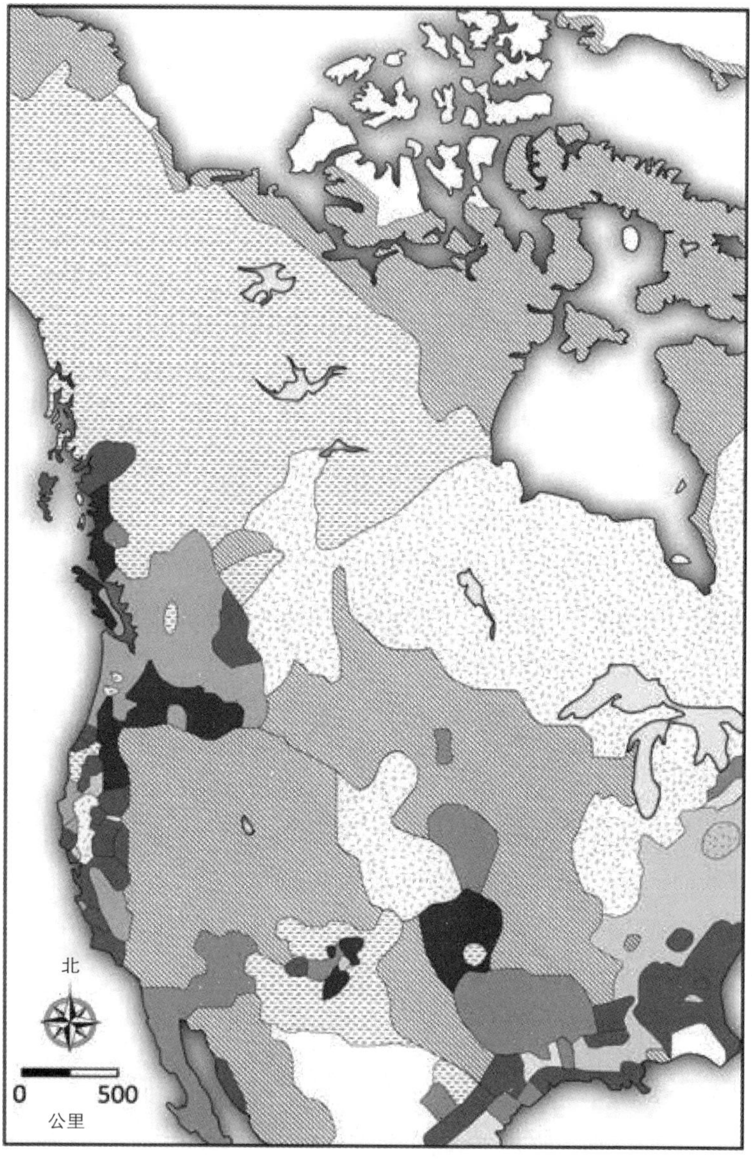

美国中西部土著文化地图。注意西海岸和墨西哥湾沿岸小地理区域内语言的高多样性。
图片来源：戈达尔德（I. Goddard 1996），维基共享资源，约翰·达文特重新绘制

于近 25 万平方公里内有 20 种语言。只有在热带地区才能指望有如此高的密度。例如哥伦比亚，同样的面积内有 17 种语言。我们料想不到北纬 40 度地区（已经深入温带地区）的文化密度会如此之高。

沿海地区的文化密度很高，相比之下，从美国西北海岸往东，在内华达山和喀斯喀特山以东，我们只发现了 4 支语系和 10 种语言，略等于我们对温带地区语言数量的估计。美国加州的文化种类，7 倍于内华达州内面积对等的地区（这里的文化密度与北极地区的一样低）。在加利福尼亚州，育堪（Yukian）、坡满（Pomoan）、文团（Wintuan）、迈端（Maiduan）、帕莱新汗（Palaihnihan）、沙思坦（Shastan）、纳登（Nadene）和阿吉克（Algic）文化，更习惯于在那里繁衍生息。内华达州的大部分地区位于犹他–阿兹特克（Uto-Aztecan）语系区。平均而言，沿海居民的生活范围不及内陆印第安人的一半。

坐在飞机靠窗的座位飞越这一地区，我们就能明白为什么海岸和内陆在文化数量方面会有这样的差异了。在从沿海飞往内地的航班上，比如从旧金山到拉斯维加斯，我们从飞机上鸟瞰下面的大地，就会发现，在喀斯喀特山脉和内华达山脉的山顶，颜色突然从绿色变成了棕色。这是因为从太平洋上空来到美国西部的雨云，在太平洋沿岸山脉、喀斯喀特山脉和内华达山西坡倾注了其大部分雨水，而几乎没有雨水落到东边。西边被称为“美国的粮仓”，是土壤肥沃、灌溉良好的加利福尼亚州中央谷地。东边则近乎沙漠。事实上，旧金山—拉斯维加斯航班是会飞越死亡谷（Death Valley）的。

与棕色土地上的内陆人相比，沿海绿地上的居民还有另一个优势，就是他们能够利用海洋，来有效地增加其所在土地的生产力。我在第 3 章说过，世界各地的海岸都发现了成堆的被丢弃的贝壳（贝冢）。人们不仅可以直接利用大海的恩惠，而且农耕人口也可以把海藻当作肥料，提高土地的生产力。在英国海峡群岛（British Channel Islands）和苏格兰部分地区，农民仍然在这样做，网络上也有成百上千的网站在讨论这种园艺方法。

如果对沿海生产力的这种论证，可以解释美国西海岸地区的文化多样性，那么这一论证也应该适用于其他地方。事实也的确如此。西海岸美国原住民文化的密度大于南、北达科他州和明尼苏达州，也大于加拿大的曼尼托巴省和安大略省的文化密度。北美洲南部原住民文化有通卡瓦文化（Tonkawa）、阿塔卡帕文化（Atakapa）、阿岱文化（Adai）、纳奇兹文化（Natchez）、卡东安文化（Caddoan）、图尼卡文化（Tunica）。在北美洲北部的加拿大，原住民文化只剩下了奥吉布瓦文化（Ojibwa，也被称为奥吉布伟 Ojibwe）和克里文化（Cree）。

墨西哥湾以北的海岸既能体现纬度差别，又能体现沿海和内陆的差别。所以，我们面对的是气候影响下纬度造成的差别呢，还是沿海资源的高生产力和内陆地区相对贫困造成的差别？这些对人类文化多样性的分析还无法获得明确的答案。理解文化多样性的地理变化是一个开放探索的领域——非常开放，以至于它尚未进入标准的体质人类学教科书。

布赖恩·科丁（Brian Codding）和特里·琼斯（Terry Jones）对加州的高文化密度提出了不同的解释。他们提到了文化在这一区域到来的先后顺序。最先到达的人定居在富饶的海滨。后来者并未取代以前的人，因为最先定居的人已经先于他们大量繁衍，不容易被取代。因此，后来者只好定居内陆。实际上，两批人的到来使文化密度翻了一番。最后抵达的阿吉克和阿萨巴斯卡（Athabascan）人的确取代了沿海族群。他们能够做到这一点，是因为他们拥有先进的技术。

这个假说可能是合理的，但我们如何验证它呢？期刊对文章的长短有限制，发表出来的这个论点还需要更多的解释。于是好心的布赖恩·科丁直接告诉了我。我问他，为什么具有较高人口密度的早期文化，无法阻止后来的文化迁移至此。他的回答是，狩猎采集文化很难捍卫任何形式的领地，不得不大范围迁徙。

我问他，这两种最后到达、技术更先进的文化，为什么没有扩大范围，取代原有居民，反而成了这一地区所有文化中实际范围最小的。他的回答是，他们严重依赖洄游的鲑鱼，这意味着他们只能生活在鲑鱼洄游时会经过的河流附近。

用到达顺序来解释世界其他地方（例如热带和新几内亚）文化的高度集中，在验证方面有一个问题，就是我们可能永远不知道人类到达的确切顺序，因为一些文化已经在那里存在得太久了。不过这个关于鲑鱼洄游的想法，倒可以很好地解释，为什么澳大利亚海岸和大河河口的原住民，其分布范围要小于平均值。

对此的一般性解释是，像乍得湖的渔业文化一样，这又是一个高生产力使小范围内人口自给自足的例子。还有一种可能，会不会是他们过于依赖某种专门出产（对于加利福尼亚沿岸的阿吉克和阿萨巴斯卡群体来说是鲑鱼），以至于无法扩张？

目前，我更偏向于将生产力和多样性联系起来的论点，因为在我看来，跟依靠抵达顺序和专门化程度的说法相比，这种观点更有理据，更能推广到别处。无论如何，生产力高，环境稳定，有利于专业分工，并为专业分工提供了更多的时间，从而允许小范围内某一物种的高度集中，这一观点从生物地理学的角度来讲是比较有力的。

但是，如果说美国西部沿海与内地的土地生产力差异，解释了两地文化多样性的差异，那么我们就有了一个用生产力来解释福斯特效应的很好例证。除了生产力以外，环境的许多方面都与纬度相关。但美国西部既有生产力与多样性相关的情况，又出现了跟经度有关的模式，这样一来，在讨论福斯特效应的潜在原因时，我们就可以将其他和纬度相关的因素排除在外了。通常来说，一个假说可以解释的情况越多，人们对这一假说的可靠性也可以越有信心。

关于小块土地上高生产力允许更多人生存，从而实现文化的高密度，托马斯·柯里和鲁思·梅斯提出了一个有趣的版本。他们说，现代城市可以被视为高生产力地区，尽管城市自己不产粮食，而是买粮食。如果城市遵循生物地理模式的话，那么城市的文化也应该是多样的。在英格兰地区的伦敦，人们在学校里可以听到超过300种语言。这密度是平均每5平方公里存在1种语言。通过更多的定量分析，另一项控制了其他各种各样潜在影响的研究表明，1970—1990年美国城市工资的变化，是和语言多样性的变化相匹配的。

总而言之，如果生产力较高，许多文化就都可以在小范围内集中共存；如果生产力较低，则少数的文化就必须各自生存在大范围之内。这一假说既适用于晚近的时代，也适用于人类全球性狩猎采集的时代。

在这一章里，我一直在区分针对狩猎采集社会的发现和针对所有文化的发现，部分原因是，获取文化原始信息有两大来源，即收集狩猎采集社会信息的默多克资料库（Murdock）和罗列民族语言的“民族语言网”。若干狩猎采集社会与他们的农耕近邻讲的基本是同一种语言。尽管如此，与农业相比，狩猎和采集显然是一种不同的生活方式，一种不同形式的文化。

我在前几页讨论了多样性的热点地区。事实证明，东亚有狩猎采集文化的热点，主要在热带，这在意料之中。比起我们对非洲狩猎采集文化的了解，我们对东亚狩猎采集文化知之甚少。但是我们知道，在基因和语言上，比起附近的一些狩猎采集群体，他们与邻近农耕人口的相似度更高。所谓的菲律宾矮黑人（Negrito peoples of the Philippines）就是一个例子。

遗传学研究表明，矮黑人抵达这一地区很早——事实上，他们是最早到达的人群之一。随后，他们中的一些成为农耕者，而另一些人仍然是狩猎采集者，尽管他们（像非洲的俾格米人一样）也跟务农的邻居做交易。与此相对，在泰国北部，另一个民族马拉比人（Mlabri），似乎只在 500 年前才从农业重返狩猎和采集。

在上一章中，我讲到了丹·简森对于热带物种地理分布范围普遍较小导致热带物种密度相对较高的解释。简森的解释是，比起对温带物种，山脉对热带物种更是一道难以逾越的屏障，热带物种很少遇到寒冷的天气，因此不那么耐寒，也无法越过高耸的山脉。于是比起高纬度地区的物种，热带地区的物种更经常被限制在相对较小的区域内。相比之下，高纬度物种如其定义，一般必须熬过冬天，这意味着它们能承受高海拔和高纬度的寒冷，它们的地理范围因此并不受山脉的限制。

这一论点也许可以解释热带山区丰富的热带生物多样性和文化多样性。但若将其视为普遍主张，问题就来了，因为亚马孙森林和刚果森林是以热带生物多样性和文化多样性著称的。这之所以对该论点构成了挑战，原因在于亚马孙森林和刚果森林的地形方圆数百公里，在几十万平方公里的范围内，都是平坦的。山地无法解释这些森林里的生物多样性和文化多样性。

对于人类当代或近代文化史上福斯特效应的一种解释，是帝国主义。尽管南美洲、非洲和亚洲仍然存在严重依赖狩猎采集的文化，但这类文化在北美洲和欧洲无疑都已成为历史。在那里，帝国主义性质的农业社会取代了狩猎采集文化。那么，帝国主义在不同时代的各种形态（例如蒙古帝国和大英帝国），是不是就足以解释为何生产力低的高纬度地区文化覆盖的地理范围大，文化多样性低？

不，不足以解释。正如我说过的，狩猎采集文化范围最大的地区，恰恰是人们认为会被帝国主义文化严重制约的地区（即热带以外地区）。此外，我们在被北方帝国主义势力征服的地区，看到了福斯特效应。人类的世界历史记载了持续不断的侵略与反侵略。一些民族或文化到达某地，损人利己，大肆扩张，然后离开。列国各代都将触手伸向邻国。蒙古人从中亚扩张，几乎征服西欧。

我记得在老地图集里，世界许多地方被标成了粉红色，反映了英国统治的深远影响。如果强大的温带文化，其范围可以超出他们原来的疆域，那么为什么没有一些强大的热带文化如法炮制，像那些较高纬度的国家一样，开拓出同样广阔的领土?

我不知道历史学家会怎么回答，但生物地理学家指出，在其他因素不变的情况下，疾病和寄生虫可以阻碍文化和动植物物种的扩张。这一想法也许可以替代上一章芬彻和桑西尔的想法（他们认为宗教阻碍了人们在地区间的活动）。因此，贾雷德·戴蒙德认为，在美洲和非洲，农作物和牲畜的流动，要难于其在亚欧大陆的流动，这是因为美、非两洲的长轴是南北向的，沿线有各样环境和疾病。与此相反，亚欧大陆的长轴是东西向的，包括寄生虫和病原体在内的沿线环境相似 。

与这种说法类似的，是25年前罗伯特·麦克阿瑟（Robert MacArthur）对于温带物种南下为什么少于热带物种北上的猜测。他认为，温带物种南下，会遭遇太多相互竞争的物种，更不用说大量的寄生虫和病原体了。而一个热带物种进入相对贫乏的温带地区时就不会发生这种情况。所以我们发现，将温带作物引入热带的众多尝试都失败了，但园丁可以在温带地区种植多种热带植物。

物种是怎么在热带地区迁移的?毕竟，我在试图解释为什么热带有这么多物种，以及热带人类诸文化的覆盖范围为何如此之小。在前一章中，我讲过疾病构成迁移障碍的话题。正如我所说的，致病生物表现出与其他物种同样的生物地理格局。比起热带以外的地区，热带地区的致病生物更加多样化。因此，我在去热带非洲国家之前，一定要接种各种疫苗。

因此，对于论证而言至关重要的是，单个疾病物种在热带地区覆盖的地理范围，要比在热带之外的小。这意味着，热带的文化无须迁移太远，就会遇到那些其成员尚未进化出抵抗力的疾病。这样一来，文化及其人民都将被限制在他们祖先居住的相对较小的地理范围内。

于是伊丽莎白·卡什丹发现，除了可能影响世界各地文化多样性的多种气候因素外，高寄生虫携带量也与高度多样性相关。她说的“携带量”是对寄生虫种类和数目的量度。奇怪的是，这种寄生虫携带量的相关性（以及其他一些环境相关性）并不是在她所谓的非复杂社会中发现的，而是见于酋邦和国家。她无法解释这一矛盾，我也无能为力。

病原体和寄生虫可以控制人们生活在哪里的想法是合乎逻辑的。但正如我在第 6 章提出的鸡生蛋蛋生鸡难题一样，到底是病原体和寄生虫在先，还是人在先？是致病微生物阻止了人类的迁移吗？还是说，因为人们出于其他原因（也许是排外心理）而留在原地，从而使致病生物无法流动，不同地区的致病生物没有混成一片，所以不同地区的致病生物才各有不同？

两种可能性都有证据。我将在后面的章节里详细介绍这一问题。但西非一度被称为白人的坟墓，是有充分理由的。白人因热带疾病而成群死亡，而非洲人却很健康，其数量足以继续供应奴隶贸易。因此，非洲疾病可能在西非阻碍了欧洲人的霸权。

南美洲和北美洲很好地体现了人类迁徙促使疾病迁徙的案例。欧洲人入侵导致花蚊子、疟疾、黄热病、麻疹、天花传播到美洲大陆，给美洲印第安人造成了巨大的伤害。

我前面介绍了美国西部沿海地区文化多样性很高的情况，并把原因归结为土地生产力高。但这是不是也可以用疾病多样性来解释？答案是不能。在其北约 40 度的地区并没有多种疾病。

加利福尼亚州有了西尼罗河病毒，报纸就会在头版惊呼。但到 2014 年 9 月中旬为止，疾病控制中心报告表明，加州只有 12 人死于这种疾病。我们日常要忍受的，只不过是一两只跳蚤、十来只蚊子、一两只蜱虫。我这里说的是动物的个体，而不是物种数。这和我们夫妻在加蓬和尼日利亚经历的成群苍蝇和蚊子相比，的确差距很大。虽然在大北方的苔原地带也有成群叮人的苍蝇（只是在夏天），但它们仅仅是令人感到不舒服而已。并不携带任何疾病。

表明疾病对人们所在地具有重大影响的一些证据是，同抵抗疾病有关的基因的多样化程度，要超过同适应气候或饮食有关的基因。事实上，遗传影响抵抗的比“疾病”这词表明的内容更具体。这种抵抗基本上针对的是钩虫之类的寄生蠕虫，而不是进化得快得多的细菌、单细胞生物和病毒。这最后三类生物导致的常见疾病有霍乱、贾第虫病、艾滋病。不过我得再提一次，不同地区居民身上的寄生虫不同，可能是因为，我们出于与寄生虫之存在无关的某些原因，而不在区域之间流动。

即使疾病阻碍了温带帝国主义的扩张，尤其是防止他们进入非洲，但我仍然看不出它可以防止美洲原住民文化扩张到北美内陆及西海岸。情况既然如此，我们就需要去理解这些文化为何能屈居在小范围内。高生产力允许一个自给自足规模的人群在小范围内生存，但我们不能理解他们中的好战人群为什么没有扩张领地。

也许我们需要历史学家，而不是生物地理学家，来回答这个问题。

§

无论我们怎么理解文化，文化在很大程度上都是我们头脑的产物。决定我们语言的是我们的头脑，而不是环境。是的，环境对我们的服饰有一定影响——鸟类在北极地区就没有颜色鲜艳的羽毛。但我讲英语，巴黎人讲法语，我可能戴鸭舌帽，法国人更可能戴贝雷帽，这些与环境或我们的生理关系很小，甚至毫无关系。

然而，正如我在本章描述的，人类文化的生物地理行为，在许多方面类似于许多非人类的动物物种，甚至类似于植物物种。人类文化在热带地区更加多样，正如许多动植物物种在热带地区有更高的分类学多样性。不仅分布规律相同，而且解释我们人类热带文化多样性的假说，也同样适用于解释非人动物物种在热带的生物多样性。当我们谈论人类文化的全球分布时，我们也可以谈论成千上万其他动物甚至植物种类的分布。从生物地理学上说，人在许多方面都不过是一种猴子，一种螳螂，甚至只是一种桃金娘。

第8章

岛屿是独特的

小环境中物种的体型大小和新陈代谢

从生物地理学上说，岛屿在某些方面只是小块的陆地。的确，有些岛屿真的只是大陆的一小部分。它们被板块构造推动，从大陆边缘分离出来并移动到大海中。也有的岛屿仍然与大陆紧密相连，但现在连接处被升高的海平面淹没了。在冰期之间，海平面像今天一样高。而在冰期时，水冻成冰，海平面下降。大约2万年前，在末次冰期的盛期，海平面比现在要低100多米。如果全球变暖不能阻止下一次冰期的到来，海平面到时候就会像在以前的冰期中那样再次下降，于是许多沿海岛屿就将重新成为大陆的一部分。不列颠和爱尔兰将不再是岛屿，而将如其在末次冰期时一样，成为欧洲的西部边缘。

如果岛屿就这样纳入大陆的话，会非常可惜，因为岛屿在很多方面是独特的。水体隔断岛屿上动植物与其他物种的接触，让它们可以用自己的方式进化。这样的结果就是，许多物种成了某一个特定岛屿所独有的，在其他地方无处可寻。马达加斯加岛的狐猴，是属于上述情况的灵长类动物的典型例子。夏威夷黑雁则是属于上述情况的鸟类的典型例子。

生物地理学上与此有关的术语是“地方特殊性”（endemism）或“某地特有的”（endemic）。这个术语的意思是局限于某一特定区域。狐猴是马达加斯加岛特有的。人们常常认为“特有”意为局限在一个小区域内。然而，区域大小与此无关。在夏威夷，一些鸟类是某一座小岛所特有的，但袋鼠是澳大利亚特有的，驯鹿则是亚欧大陆北部特有的。

生物地理学家用“岛屿法则”来描述和解释岛屿上动植物与大陆上动植物在许多方面的一般生物学差异。这些法则，有些是人类也遵循的，有些则对人类无效。我将从“弗洛人”（Flo）——弗洛勒斯岛的“霍比特人”讲起，介绍一条岛屿法则。严格说来，弗洛人可能与探讨人类生物地理的书并不相关，其原因我后面会说。但我可以借着弗洛人的故事，来介绍一条被太平洋岛民打破了的岛屿法则。理解一种现象违反某一法则的原因，与理解法则被提出的理由一样，都有助于我们了解法则背后的真相。

2004 年，《自然》杂志宣布在亚洲发现了人属的新物种——弗洛勒斯人，震惊了人类学界。这一物种的名称，来自在弗洛勒斯岛一个山洞中发现的 4 万年前至 1.3 万年前的遗骨，该岛位于印度尼西亚群岛的爪哇岛和巴厘岛以东。

被亲切称为“弗洛人”或“霍比特人”的矮小物种，是一个多世纪以来在亚洲发现的第一个新的人族物种。奇怪的是，再上一次的发现，是第一次发现直立人。这种直立人被称为“爪哇人”，是 1891 年由荷兰古人类学家欧仁 · 杜布瓦发现的，他那令人印象深刻的全名是马利 · 欧仁 · 弗朗索瓦 · 托马斯 · 杜布瓦（Marie Eugène François Thomas Dubois）。

霍比特人在许多方面都很奇特。看起来，在非人类的人族在世界其他地方灭绝之后，霍比特人还在弗洛勒斯岛生活了超过 1 万年。研究发现霍比特人的骨骼也很怪异，以至于马上就出现了与之相关的种种猜测。争论和反驳爆发，暂时平息，又再度爆发。遗憾的是，争论者表达意见分歧的时候并不总是那么有礼貌，讲道理。有一种交流方式，特点是把别人的研究打上引号，以贬低别人的学术水平，还有一个"意见集团"把其他的不同意见定性为"未经证实的断言"。此外还有人指摘别人的测量报告不完整，指责他人对原始资料处理不当，拒绝让别人获取原始数据，这一切都说明，早期的争论实在是太暴露人性了。

如果霍比特人只是略微不同于所有人类的祖先，那么关注此事的大概就只会有古生物学家，一两名记者，还有些偶然知情的群众了。但霍比特人非同寻常。它身上混杂了现代的、原始的，还有它自身的特征，比如说简直长得可笑的脚，于是人们便无法避免地产生了意见分歧。

霍比特人最惊人的特点，也许是其身材之小——霍比特人的绰号即由此而来。我想指出的是，目前只发现了一具近乎完整的骨架，所以我指的霍比特人是单数的。这个霍比特人站立时刚刚超过 1 米高，比人类中的俾格米人还要矮 30 厘米。对于我这一代的英国人而言，我是体型正常的男性，身高 1.78 米，这名霍比特人的身高只到我的肋骨底部。但霍比特人很是敦实，所以它 30 公斤的体重超过了许多现代成年俾格米人。在它那惊人小巧的身躯之上的，是一个小到令人惊讶的大脑。目前发现的唯一一个头骨显示它的大脑小到仅有 425 立方厘米，只是现代人类脑容量的 1/3，事实上这接近大猩猩的脑容量——以至于我们必须在人类进化史上退回到 300 万年前，在人属之前的南方古猿那里，才能找到另一个脑容量如此之小的人族。

霍比特人是南方古猿的一个孑遗种吗？如果不是，那它又是什么？我们应该如何解释它那极长的双脚？如果霍比特人属于人族的话，它的大脑为何却如此之小？霍比特人为什么长得这么矮小？我们该如何解释霍比特人身上现代和古代性状的结合？

由于缺少非洲以外南方古猿生存的证据，因此早期对霍比特人身体小巧特别是脑容量极小的解释之一，是认为它患有小头侏儒症。“小头”（“microcephalic”在希腊语中表示“头小的”）只是医生表示“小脑袋”的典型希腊语行话。我一定要说一下我妹夫的故事。他膝盖肿胀，去看医生。医生说：“啊哈，你有髌骨炎（patellitis）。”“髌骨炎”（patellitis）在拉丁文和希腊文里的意思就是膝盖肿胀！

用来解释霍比特人情况的其他疾病是拉伦综合征（Laron syndrome）或一种呆小病。这两种病症都会导致患者身材矮小。前者是由于基因遗传，而后者可能是由于缺乏矿物质，特别是缺碘。患有上述病症的个体，其特征是缺乏功能完善的甲状腺，而甲状腺负责分泌对全面发育至关重要的荷尔蒙。最近提出的一个解释霍比特人特点的说法，是它患有唐氏综合征，这可以解释霍比特人身上现代特征与看似古代特征的奇怪混搭。

如果这个霍比特人实际上是一个患有某种疾病的现代人，那么它就与这本讨论人类生物地理学的书无关了，因为上述能解释其大脑极小的疾病，都并不局限在世界的任一地方。然而，霍比特人住在印度尼西亚东部的弗洛勒斯岛上，小岛屿的生物地理学与霍比特人高度相关。反过来说，鉴于科学家已经进行了大量研究，霍比特人与小岛屿的生物地理学是相关的。

弗洛勒斯岛面积 1.35 万平方公里，大约相当于美国康涅狄格州或英国北爱尔兰的面积。小岛的一个特点是，那些大陆上的大型物种，经过在小岛上的进化后，体型会变小，有时会小得多。

在地中海的岛屿（例如塞浦路斯岛、马耳他岛、克里特岛和西西里岛）上，经过漫漫岁月后，大象和猛犸象的身高缩小到了它们在大陆时的一半，它们最终进化到肩高仅 1.5 米。

加利福尼亚州的海峡群岛上也有自己的侏儒猛犸，仅略高于地中海的大象。同样，从其牙齿大小来判断，西伯利亚北岸之外弗兰格尔岛（Wrangel Island）上的猛犸象，比一般的大陆猛犸象小约 30%。

弗洛勒斯岛也不例外地存在小型化现象。亚洲大陆上一种已经灭绝的大剑齿象（stegodon）是地球上出现过的体型最大的象类之一。弗洛勒斯岛上的这种象类和霍比特人同期生活，也比其大陆近亲的体型小 1/3。大约重达 850 公斤的成年大象对于霍比特人而言是庞然大物，不是捕猎的对象，但霍比特人会猎杀幼象。考古学家根据洞穴里遗骨上的切口痕迹做出了这一推断。

霍比特人猎杀的另一种动物，几乎可以肯定是科莫多龙（Komodo dragon）。科莫多龙现在仍然生活在弗洛勒斯和附近的科莫多岛上。科莫多龙其实只是一种蜥蜴。我介绍科莫多龙，并不是因为它们曾是霍比特人的猎物，而是因为科莫多龙说明了“岛屿效应”影响动物体型大小的另一面：与大型物种小型化相反，小型物种在岛屿上有时体型会变大。

营养充足的科莫多龙可以长到 3 米长，70 公斤重。即使仅 2.5 米长、50 公斤重的普通科莫多龙，也仍然是世界上最大的蜥蜴，够吓人的。像几乎所有同类一样，这种巨蜥是肉食动物。科莫多龙强壮到足以打倒一只鹿，要吃掉粗心大意或呼呼大睡的霍比特人也不难。弗洛勒斯岛上还有身长可达 45 厘米的巨鼠。

另一个众所周知的岛上巨型动物，是现在著名的已灭绝物种，印度洋毛里求斯岛上的渡渡鸟。它是鸽子家族的一员，不过却是一种重达 20 公斤的鸽子，10 倍于目前世界上最大的鸠鸽科鸟类——美丽的冠鸠。而欧美人经常在城市里看见的鸽子，重量只有差不多 1/3 公斤。

在岛屿上，大物种会变小，小物种会变大，这种所谓大小的交界点，大致在 0.1 公斤与 1 公斤之间。最开始体重超过 1 公斤的物种，在岛屿上会进化得更小。体重低于 0.1 公斤的物种，在岛屿上会进化得更大。

如果弗洛人是一个新物种，那它的祖种体型有多大？弗洛勒斯岛上发现霍比特人遗存的地点，其历史可以追溯到近 10 万年以前。假设遗存并没有从洞穴中更高、年代更新的岩层中下沉到低处，亦假设霍比特人并非某种疾病致畸的人类个体，那么考虑到霍比特人所处的时代，其最有可能的祖先是直立人。我们已经知道，霍比特人的祖先体重必然重于 1 公斤。直立人是一种较大的原始人。成年直立人的体重在 50 公斤左右。所以霍比特人遵循了岛屿上的小型化法则。

为什么在岛屿上，大型物种进化变小，而小型物种却进化变大？几十年来，生物学家提出了各种假说。我将总结一下我认为可能是最简单和最被广泛接受的解释。在我看来，我们主要应考虑食物和捕食者（即考虑捕食猎物和避免被捕食）这两个相反方面的影响。

上述食物方面论证的基础，是可获取的食物数量随时间而变。几十年、几百年的气候变化，令食物供给随之波动。这种情况随处可见。岛屿上动物的局限是，当情况变得糟糕时，它们基本上没办法离开岛屿，去往更好的地方。我们现在于岛上看到的动物都必须适时而变，以度过困难时期。

我们知道，大型动物的食物需求总量要大于小型动物，虽然小动物需要以更高的速率进食。在一座小岛上，大型动物（包括原始人类）往往比小动物更容易缺少食物。我举一个极端但历史意义重大的例子：几乎没有比行进在南极大陆中心的探险队雪橇更小的“岛”了。而斯科特探险队南极归程途中去世的第一个人是谁？是块头最大的埃德加·埃文斯（Edgar Evans）。

小岛上食物供给有限，迁移到食物更充足的地区也很难，因此不仅小型动物比大型动物更有可能生存下来，而且可以依靠岛上食物存活的小型动物也比大型动物更多 。因此，比起大型动物的惨状，小型动物种群不太可能萎缩到令其灭绝的数目。

不仅如此，在其他条件不变的情况下，小型动物的繁殖速度也快于大型动物。因此，它们能够比大型动物更快地从灾难（例如饥荒）中恢复，结果就是，它们可以在未来的环境灾难来临之前，繁殖到更安全的数目。

总而言之，小型个体比大型个体更容易在小岛上长期生存，这意味着，岛上的物种总的来说，会在进化过程中体型变小。

我们在弗洛勒斯岛上看到了这种情况的结果。原本大体型的象类和人族进化得小于它们在大陆上的近亲。50 公斤的直立人变成了 30 公斤的霍比特人。

一个普遍的规律是，小地方的动物较小。澳大利亚最大的草食哺乳动物是一种袋熊，可重达 2 吨。这是北美洲和亚欧大陆猛犸象和乳齿象以及南美洲剑乳齿象体重的一半。

在小岛上，小型动物的食物更加充足，它们更可能从种群数目锐减中恢复。然而上述解释，并不能说明为什么大陆上的小型物种会在岛屿上体型变大。大型动物需要更多的食物，它们从数目锐减中恢复也需要更长的时间。若真是如此，那么岛屿上动物的大小变化就应该都是单向的。但是，事实并非如此。

现在，我们需要一个不同的解释。答案是：来自肉食动物的威胁。肉食动物生活所需的领地范围，要大于同等体型大小草食动物的生活范围。这是因为肉食动物的食物（例如兔子）比兔子的食物（例如青草）更罕见。一般规律是，肉食动物需要的生存领地是草食动物所需领地的 10 倍。

因此，小岛屿可以养活草食哺乳动物，但往往不能养活吃它们的肉食哺乳动物。如果霍比特人仍然活着，那它也丝毫不必害怕弗洛勒斯岛上最大的哺乳动物捕食者，即引入的麝猫。麝猫的体重可能是 3 公斤。

所以，最小的动物变得大到不会被岛上的肉食动物吃掉是一个优势。反过来说，在大陆上要进化得很大才可以不被肉食动物吃掉的草食动物，在岛屿上就不必如此了，体型变小也没关系。实际上，正如我刚刚解释过的，个体体型越小，就越有可能不被饿死。

我们现在回到关于食物的解释上，小动物体型变大的另一个优势是，它可以在夺食竞争中打败对手。想必没有大陆老鼠会想和弗洛勒斯岛的巨鼠一争高低。

当然，最大的物种不会进化到像起初最小的物种那样小，最小的物种也不会进化到和起初最大的物种一样大。人族可以变得小如黑猩猩，却不可能变得小如老鼠。岛上的老鼠可能变得大如小狗，但不可能变得像黑猩猩一样大。较大的个体可能会在夺食中获胜，但也需要更多的食物，可能会发现食物不够吃。较小的个体需要的食物也较少，因此不太可能死于饥饿，但它可能小到会被岛上的小型食肉动物吃掉。简而言之，岛屿上物种的体型范围小于大陆物种——因为最大的和最小的物种，都是变为中等体型之后才生存得更好。

但科莫多龙却不是这样。科莫多龙是岛屿上的一个特例。它的近亲——大陆上的巨蜥就已经很大了，许多体重超过 5 公斤，有的甚至重达 10 公斤。如果岛屿上大型动物变小和小型动物变大的体重分界点是 1 公斤或更轻，那么为什么岛上的科莫多龙会重达六七十公斤，远远超过其大陆上的近亲？它不仅打破了岛屿法则，而且还是一种肉食动物。肉在各地都是罕见的。正如我刚才所说，大型肉食哺乳动物无法在小岛上生存。那么，作为大型的肉食动物，科莫多龙为什么能变得大如大陆上的豹子？

答案就在于，爬行动物的代谢率低。科莫多龙一顿大餐之后，要几乎一动不动地休息许多天。近来为了满足游客的需要，工作人员会投喂山羊以吸引科莫多龙。以前，这种巨蜥会吃掉岛上特有的巨鼠，吃掉地面筑巢的鸟类和它们的蛋，以及任何比自己小的同类。科莫多龙在相同时间段里需要的食物，大大少于哺乳类肉食动物，因此相比于任何等大的哺乳类肉食动物，科莫多龙可以生存在小得多的岛屿上。事实上，岛屿生物地理的一般规律是，那里的物种——鸟类、哺乳动物等，其代谢率往往低于它们的大陆近亲。

这样，科莫多龙就在弗洛勒斯岛生存下来，繁衍生息，可以威胁任何一个霍比特人和如今粗心或不幸的居民和游客。史密森尼博物馆网站（smithsonian.com）报道，在过去 10 年里，岛上有两人被科莫多龙所杀。我不禁要提到，这一网站也报道了莎朗·斯通（Sharon Stone）前夫菲尔·布朗斯坦（Phil Bronstein）在洛杉矶动物园遭一只科莫多龙袭击的事件。

在缺少大型哺乳动物，存在巨蜥，并会周期性发生资源短缺这些方面，弗洛勒斯岛并不是独一无二的。澳大利亚作为一块大陆来说，面积相对较小。我们知道，这是一块干旱的大陆，而且存在严重的周期性干旱。和弗洛勒斯岛一样，一直以来这里的大型哺乳动物都很少。同样，这里生活着一种几乎像科莫多龙一样大的巨蜥。事实上，这里曾经生活着一种体型更大的巨蜥，名为古巨蜥（megalania），在希腊语里意为“巨型漫游者”（great roamer）。最大的古巨蜥可能长达 7 米，重达 1 吨。我强调“可能”这个词，是因为人们尚未发现完整的古巨蜥骨架。但更实际些的估算是，古巨蜥平均重量为 130 公斤，体长 4 米，这仍然很惊人。它的体型远远大于科莫多龙，但与此同时，澳大利亚的面积也远远大于弗洛勒斯岛。和弗洛勒斯岛的情况一样，澳大利亚最大的食肉爬行动物，远大于那里最大的食肉哺乳动物。比如，大约 130 公斤重的袋狮，体重不亚于现代雌狮，但不足最大古巨蜥体重的 1/5。

总而言之，我们有可以相提并论的两处极佳环境，一个是弗洛勒斯岛，另一个是澳大利亚。在这两个地方，我们看到了相同的生物模式，就是在没有哺乳类食肉动物竞争的情况下，巨型爬行类食肉动物是如何进化的。我们应该感谢小行星为我们消灭了恐龙，否则现在霸王龙可能还会在四处游走。

至于霍比特人是侏儒或罹患某种疾病的小头现代人，还是早期人类祖先在小岛上进化出的缩小版，我迄今为止仍然保持科学上的中立，也将继续如此。最新假说认为那个霍比特人是患唐氏综合征的个体，这个假说新近才发表，认为霍比特人与直立人近缘（或者就是直立人）的人士还没来得及回应。从迄今为止的争论情况来看，恐怕任何一方都不准备认输服软。

然而，霍比特人小巧的身体和大脑，符合生物地理学中已被大家接受的岛屿矮化效应。岛屿上人类缩小化的情况并非独一无二。在小岛国帕劳（面积 465 平方公里）发现的人类化石表明，岛上曾经生存着一群人，他们的体型比现在的俾格米人更小，虽然没有小到像弗洛人一样。我借着讨论弗洛勒斯岛上的霍比特人，向大家介绍了“生物地理学上的岛屿矮化效应”这一规律。大型动物在小岛屿上会变小。不过，还记得我在第 5 章关于太平洋岛民写了些什么吗？我说：“萨摩亚人是世界上最重的人群之一。”这样一来，萨摩亚人和其他太平洋岛民就构成了岛屿小型化规律的一种特例。对此可能的解释与高效的新陈代谢有关：只有那些能够以脂肪的形式储存多余热量的个体，才能在赴岛远航中和岛上可能的饥荒中存活下来。

弗洛勒斯岛上的石器表明，人族可能至少在100万年前就已经生活在岛上了。然而大约1.3万年之前，岛上就没有了霍比特人的迹象。是什么毁灭了它们？有可能是火山喷发。印度尼西亚有许多活火山，包括坦博拉山和喀拉喀托山（Krakatoa）。火山灰的硬化层，即凝灰岩，覆盖着弗洛勒斯岛的部分地区，其历史约为1.5万年，接近弗洛勒斯岛上霍比特人和小型化剑齿象最后活动迹象的年代。

除火山爆发造成灾难的可能性之外，也有可能是现代人的到来灭绝了霍比特人。正如我将在第11章里说的，现代人类的到来对小岛屿的千百物种造成了致命一击。霍比特人是被人类灭绝的另一个物种吗？目前看来，似乎并非如此，因为人类似乎直到1.1万年前才出现在弗洛勒斯岛上，换句话说就是，在火山喷发和霍比特人绝迹几千年之后，人类才来到此地。

另一种广为接受的岛屿法则，涉及岛屿面积与物种数量的关系。弗洛勒斯岛是一座小岛，它提供的食物只够在岛上供养一种大型的植食哺乳动物（即大象般的剑齿象）和一种大型食肉哺乳动物（霍比特人）。相比之下，附近爪哇岛的大小是弗洛勒斯岛的10倍，在霍比特人生活的时代，爪哇岛上有4种大型食肉哺乳动物（虎、豹、鬣狗、熊）和7种大型食草哺乳动物（两种大象、两种犀牛和三种牛）。

我在上一章中探讨了物种和文化的数目与区域面积的关系。为什么我用了一大段话来重复之前说过的话，而且重复的内容还相当显而易见呢？更大面积的地区当然包含更多的物种和语言。怎么可能不是呢？为什么科学家常常花费那么大力气，去研究显而易见的事呢？答案是，魔鬼就在细节里，科学家们感兴趣是细节。在这个问题上，他们对两类细节感兴趣。

首先，科学那准确、精确的数据和统计方法，可以告诉我们某种确切关系，在这里是告诉我们面积和物种数量之间的确切关系。科学能准确地告诉我们每失去多大面积，就会损失多少物种，或者说每增加多大的面积，就会有多少物种增加。如果我想让野生动物保护区中的物种数量翻一番，我需要将保护区扩大多少？这是一个需要具体答案的现实问题。我记得自己第一次听到上述问题的答案时十分吃惊。我已在第 7 章提供了研究结果的细节，但我在此重复一下：若想让保护区的物种数量翻一番，在其他条件不变时，保护区的面积翻一番是不够的，而应增大至原面积的 10 倍左右。

人类的语言也体现出同样的关联。我们发现，区域越大，语言种类就越多。我们不管是在所罗门群岛这样较小的区域，还是在太平洋这样的巨大区域中，都能看出这种关系。比如，帕劳面积约 460 平方公里，有 4 种土著语言。法属波利尼西亚面积 10 倍于帕劳，有 9 种土著语言。可见，适用于物种的规律，也适用于波利尼西亚的语言：需要 10 倍的面积，才能多 1 倍的语言。

在上一章中，我讨论过环境的性质如何影响了物种和语言的数量。我上一章列举的很多证据表明，世界上生产力较高的区域

（主要是热带）语言种类更多。似乎与我唱反调的是，迈克尔·加文（Michael Gavin）和纳库萨巴·西班达（Nokuthaba Sibanda）找不到太平洋岛屿上语言数量和环境性质之间有任何明显的关系。但这个结果并不惊人。太平洋岛屿大多位于热带地区，因此气候温暖湿润，全年高产。正如加文和西班达所写，他们研究的岛屿中，90% 的岛屿生长季节长达 12 个月。

但是，有看来不足为奇的发现，也有足以让人惊讶的发现。而惊讶，就是人们努力研究细节的第二个原因，比如研究更大区域可以容纳更多物种或文化这类明显事实的准确细节。我曾经在 5 个非洲国家工作过，按国家面积从小到大排列，分别是：卢旺达、乌干达、尼日利亚、坦桑尼亚和刚果民主共和国。按土著语言数目多少排列出来的顺序，几乎与上面一样，卢旺达有 3 种土著语言，刚果民主共和国有 214 种。唯一不符合上述规律的国家是尼日利亚。尼日利亚有 510 种土著语言，考虑到尼日利亚在非洲热带国家中的面积，这一数目比我们预计的高出 5 倍。很久以前，人类学家和语言学家就注意到了这个国家的语言多样性。然而，我们只有在知道了地理面积与多样性的一般关系后，才能看出尼日利亚是多么不同寻常。

在科学上，理解例外情况的发生原因，与理解一般规律的原因一样重要。如果你想分辨一个人是否真的了解自己的课题，不妨要求他解释一下例外情况。

恐怕我必须承认，关于尼日利亚文化为何如此多元，我一直没能找到一个确定的解释。

但是，我还是要提出一种解释。它源于非人类的生物地理学。

当两个生物地理区交汇时（比如低地和山区交汇，森林和草原交汇，非洲西部和中部交汇，非洲中部和东部交汇），交界地区的物种多样性往往非常之高，因为那里汇聚了两个生物地理区的代表物种。几内亚区和刚果区这两个生物地理区，在尼日利亚东南部和喀麦隆西南部的丘陵山地森林交汇，刚果区和沙巴区这两个生物地理区，则在刚果东部交汇，众所周知，这两个交汇区的生物多样性极高。

鸟类学家蜂拥而至，去那里更新自己亲眼见过之鸟类物种的名录。尼日利亚文化如此多元，会不会是因为它正好位于非洲大陆上西非和中非的交汇区？只需具备尼日利亚各种方言起源地的信息，就可以很容易证实这一假说。

回到弗洛勒斯岛和爪哇岛的比较这个问题上，弗洛勒斯岛的面积是爪哇岛的 1/10，如果这两座岛屿严格符合我所描述的面积–物种数目关系，那么弗洛勒斯岛上大型哺乳动物的数量，就应该是爪哇岛的一半。然而，弗洛勒斯岛的物种数远远少于这个数目，只有爪哇岛物种数的 1/5。这差异与一项事实有关，即弗洛勒斯岛一直以来都是一座岛，而爪哇岛并不是。约 2 万年以前，在末次冰期盛期，因为海平面远低于现在，所以爪哇岛是东南亚大陆的一部分。当时爪哇岛开放接收任何能从亚洲大陆迁徙过来的哺乳动物。与此相反，弗洛勒斯岛的哺乳动物要抵达这里，就必须漂洋过海。

就弗洛勒斯岛和爪哇岛的面积比而言，弗洛勒斯岛上的陆地哺乳动物数量比我们预计的要少，但弗洛勒斯岛的语言数量却超出了预计值。该岛的语言数量不仅多于依其面积应具有的数量，甚至还多于爪哇岛的语言数量。弗洛勒斯岛上的语言数量不是爪哇岛的一半，而是接近于后者的两倍（弗洛勒斯岛上有 21 种语言，而爪哇岛上只有 11 种）。

弗洛勒斯岛靠近其他三座岛屿：松巴岛（Sumba）、松巴哇岛（Sumbawa）和帝汶岛（Timor）。不过，这并不能解释弗洛勒斯岛与爪哇岛语言数目的反差，因为这些邻近岛屿上都没有与弗洛勒斯岛上一样的土著语言。我补充一下，这些岛屿中也有两座岛屿的语言数目多于爪哇岛，虽然它们比爪哇岛小得多。

我不知道相比于爪哇岛，为什么这些岛屿上的语言如此多样化。然而，他们彼此相邻，却几乎没有共有的语言，这反映了岛屿文化多样性的另一方面。

通常，一座岛屿跟其物产发源地相距越远，岛上的物种就越少。人类的文化（这里表现为语言）似乎并非如此。在世界范围内，岛屿和可能大陆源头间的距离，都跟语言多样性缺乏关联。我在分析这种关系时，已经考虑了岛屿的面积和纬度（鉴于我们知道区域范围和纬度与语言多样性相关）。

分析结果是，远离大陆的岛屿和靠近大陆的岛屿，语言数量一样多（或一样少）。迈克尔·加文和纳库萨巴·西班达发现，在数百个太平洋岛屿中，更靠近大陆的那些岛屿拥有的语言数目，稍多于较远离大陆的岛屿的语言数目。不过这一差别微乎其微——以至于在预测语言数量时，考虑面积和距离两者的方程式做出的预测结果，并不优于只考虑面积的方程式的结果。换言之，与面积差异产生的影响相比，距离对多样性的影响可以忽略不计。

事实上，加文和西班达在分析语言多样性时，单独考虑距离这一因素时所发现的距离影响，并不一定跟我在全世界范围内的发现矛盾。也许太平洋岛民不同于世界其他地方的人。此外，我们的分析过程并不完全一样。例如，他们考虑了一些我忽略的可能产生影响的因素，例如气候和土壤的肥力。同时，他们忽略了纬度，而我的分析表明，纬度像面积一样，和语言数目有很强的相关性。最后一点，我们的统计方法不同。

但这只是书斋里的猜测。更进一步，伊丽莎白・卡什丹的发现提出了一个问题：弗洛勒斯岛岛民与周边人群之间可能有频繁接触，这为什么没有导致语言同质化？我在第 6 章中写过，卡什丹发现，水上交通越便捷，不同地区间的语言差异就越小。她放眼全球，用的数据是地球上的各国——其中许多国家以河流（而非大海）为主要的水上通道。但是，为什么河运关乎区域内语言的多少，而海运的情况却没有造成任何区别呢？或者，在弗洛勒斯岛的案例中，为什么海运与岛上语言多样性没有什么相关性？我对此也提不出什么高明的意见。

现在，让我们回过头来讨论苏门答腊岛对爪哇岛语言多样性的影响。我在前几段提到，2 万多年前，爪哇岛连接着东南亚大陆，因此开放接收来自亚洲的陆地动物。而人类也是一种陆生动物，所以，乍一看，爪哇岛的语言数量，应该绝对多于（一直都是岛屿的）弗洛勒斯岛。

但是，爪哇岛过去是一个狭长半岛的狭窄一端。正像只有极少数人类走出非洲的红海北部、穿过曼德海峡或穿越阿拉斯加狭窄的无冰海岸到达美洲，同理，也许只有少数人能从苏门答腊岛东部迁移到爪哇岛西部。整个爪哇岛非常狭窄，一旦某些文化定居在其西部，其他人群要穿过他们就相当困难了，还记得我在第 7 章曾提到人类的地盘意识多强吗?

不管隔离是否会影响语言的多样性，它都能够影响文化的另一个方面。塔斯马尼亚岛是一个典型的例子。塔斯马尼亚岛原住民大概在 3.5 万年前从澳大利亚来到这里。我在第 2 章和第 3 章描述了世界如何迅速进入了末次冰期，海平面下降，水结成冰。当人类刚到塔斯马尼亚岛时，这一地区还是澳大利亚东南部以南一个广阔半岛的尽头。该半岛的北半部是一片海拔约 70 米的平原，这使得前往半岛非常便利。但是，1 万年前，冰期走向结束时，冰盖和冰川融化，海平面上升最终超过 100 米。塔斯马尼亚岛被从澳大利亚隔离出来。分隔两者的水域叫巴斯海峡（Bass Strait），只有约 50 米深，但有 200 公里宽。澳大利亚原住民的海船比近海漂荡的独木舟好不了多少。因此 200 公里的水域就构成了非常有效的屏障，令塔斯马尼亚事实上成为孤岛。

后来，被困在塔斯马尼亚岛上的小部分人口，渐渐失去了制作各种有用工具的技能。网消失了，回力镖和刺钓矛也失传了。塔斯马尼亚人甚至丢弃了御寒衣物，尽管岛上的冬天可能下雪。

塔斯马尼亚人的有用器物的退化，与我们所知的狩猎采集社会发展史背道而驰。按照正常的发展史，随纬度增加、土地生产力下降，发生饥荒的风险增大，这些社会的工具复杂程度会上升。例如，温带和北极地区狩猎采集民族拥有的食物采集器数目（特别是武器和陷阱）是热带地区的 3 倍。换句话说，虽然在和塔斯马尼亚人所处环境相同的其他狩猎采集社会中，工具类型都在日益增加，但塔斯马尼亚人的工具仍然失传了。

因此，目前的理论是：塔斯马尼亚的人口太少，他们不与周围文化进行持续交流，技艺不再继续更新，当地工匠死后没有外来工匠补充，于是他们制造器物的本领便失传了。

塔斯马尼亚效应并不局限于塔斯马尼亚岛。米歇尔·克兰（Michelle Kline）和罗伯特·博伊德（Robert Boyd）最近发现，在他们研究的 10 座西太平洋岛屿中，用来讨海的土著工具的数量，是与这些岛屿的人口规模大小相匹配的。

人数极少的岛屿上，工具也缺乏多样性；人口众多的岛屿上则工具类别繁多。例如，人口规模是马努斯岛（Manus）1/10 的马勒库拉岛（Malekula）上只有 13 种工具，而马努斯岛则有 28 种工具。克兰和博伊德没有指出的是，两地人口规模与工具类型的比例，非常接近于岛屿物种数对岛屿面积为 1/2 对应 1/10 的比例关系。

在克兰–博伊德的研究中，两座岛屿构成了明显的例外。一座是汤加岛（Tonga），其人口只比马努斯岛多 1/3，但其各种工具的数目是马努斯岛的 2 倍。如果按照物种数量–面积比例，汤加岛的工具数目若要 2 倍于马努斯岛，人口就应是马努斯岛的人口的 10 倍，如果按照文化–面积比例，它的人口就应 4 倍于马努斯岛的人口。汤加岛上工具类型异常多样，原因在于，和马努斯岛相比，汤加岛与其他岛屿的接触更为频繁，尽管汤加岛在太平洋中的位置比马努斯岛更偏远。第二个特例是特罗布里恩岛（Trobriand）。相较于其人口规模，该岛上的工具类型异常少，尤其是考虑到它与其他岛屿的接触较多，就更凸显出这里工具类型之少。至于什么因素能够解释特罗布里恩岛上工具的相对贫乏，克兰和博伊德并没有告诉我们。

克兰和博伊德考虑了可能影响多样性的非人口因素。我们知道，进行调查研究的科学家的人数会影响所报告的物种的数目。我们知道，光是这种偏差，就能影响人们数出的鸟类和植物物种数量。我们在哪里能找到最多的鸟？或者，用英国人的话说：观鸟学家花费最多时间"瞪眼观察"的地方是哪里？还能是哪里？无非是沿着道路最容易走到的地方。为了检查是否存在这种偏倚，克兰和博伊德探究了工具多样性的变化是否与论及这些岛屿的出版物数量及作者的数量相关。结果，他们没有发现相关性。

但他们没有报告的一个可能的重要因素是岛屿的大小。如果较大的岛屿上有更多的栖息地，那么是否拥有更多类型的工具，才可以更加有效地进行开发？我探寻面积大小对岛屿开发的效应，但没有发现这种效应。而汤加岛和特罗布里恩岛这两个特例，其面积既不是异常大，也不是异常小。

塔斯马尼亚效应在起作用：人越多，想法就越多，工具的复杂度就越高。甚至连马克西姆·德雷（Maxime Derex）、玛丽-宝琳·伯金（Marie-Pauline Beugin）及其合作者在实验室的发现，也表明了相同的结果。在一个计算机模拟程序中，合作制作石器或渔网的人越多，就越有可能设计出一件有效的产品。

在人类进化的过程中，我们可以看到工具和艺术复杂性的喷涌。赭石画在10万年前出现在南非。优雅的石刃和装饰性贝壳也在7万年前出现在南非。大约3.5万年前，西欧洞穴里出现了辉煌的壁画。在气候干燥、环境艰苦的澳大利亚大陆，我们直到2万年前才看到复杂的文化标志，这可能是人类初到此地的2.5万年之后。

这会不会是因为，当时这些地区的人口增长到了足以使思想和创新发生协同发展的地步？保罗·梅勒斯（Paul Mellars）在 15 年之前就提出了这个假说。由理查德·克莱因提出的另一种假说是，在人类文化进化的这些关键时刻，人的大脑发生了重构。克莱因的想法尚未得到验证，而且可能难以验证。同时，这个假说可能只适用于 10 万年前甚至 5 万年前的人类，这是克莱因讨论的主要年代，那么会有人接受 2 万年前澳大利亚土著人大脑发生了一次重要重构的观点吗？相较之下，用人口规模的观点来解释文化大创新的说法，似乎更能让人接受。同时，一些数学模型设定世界不同地区的人口规模，来计算发生文化创新的年代，证明这个理念是行得通的。

我将以对人类居所中一个物种的研究，来结束这一章关于面积、数量、距离对多样性影响的全部讨论。阿图罗·巴兹（Arturo Baz）和维克托·蒙塞拉特（Victor Monserrat）表明，马德里市中，跟相当于大岛屿的大公寓相比，相当于小岛屿的小公寓里虱子的种类更少。虱子少的不只是小公寓，新公寓里的虱子也较少。虱子这一物种在公寓中繁衍生息需要一定的时间。

虽然有时与大陆相比，岛屿上文化和物种的数目较少，但岛屿往往拥有许多世界上其他地方都没有的文化和物种。我提到过的马达加斯加岛狐猴就是一例。如前所述，某个地区存在特有文化或物种的现象，被称为“地方特殊性”，这些物种是“当地特有的”。地球上的物种，几乎肯定都是地球所特有的。其他行星上即使有智能生命，也不会存在我们这样的人类。许多非洲物种是非洲大陆所特有的，其他地方都没有。肯尼亚有 9 种地方特有的鸟类，其中 1 种只生活在肯尼亚山。

文化地方特殊性的形成方式，跟物种地方特殊性形成的方式相同。与外界隔离的文化和物种会按它们自己的方向发生进化，不受更大范围内其他方言、语言、人口、亚种或物种的影响或稀释。

当然，岛屿上的物种和人类都是从其他地方来的，我们仍然可以看到它们与源头的关系：新西兰本地特有的几维鸟与澳大利亚的鸸鹋和食火鸡是近亲。只生活在新西兰及其附近岛屿［用毛利语来说是“奥特阿罗”（Aotearoa）］的毛利人及其文化，与他们的来源地波利尼西亚中部的库克群岛密切近缘。

因为岛屿孤立，所以岛屿往往富含独特的物种和文化。但它们的物种和文化数目，却通常少得可怜，这是因为它们既孤立偏远，又面积狭小。但是，尽管物种数量少，岛屿上物种的种群密度往往却更大。与附近大陆上类似的物种相比，岛屿上一定面积中的物种个体数量更多。马达加斯加岛就是一个绝佳的例子。这座岛上狐猴的种群密度，3 倍于非洲大陆猴子种群的密度。这是怎么回事呢？

常见的回答是，这跟捕食者和竞争者有关。正如我已经解释过的，小岛上的食肉动物很少，这意味着被捕食者的存量（此处就是狐猴）可以多于在大型岛屿或大陆上生活的同类的存量。小岛上的物种少，因此任何物种的竞争对手都少，于是物种繁衍，使小岛上的种群密度高于大型岛屿或大陆上的种群密度。

马达加斯加岛上食肉动物的数量确实少于非洲。例如，马达加斯加岛上只有食蚁狸科这一种长得像猫鼬的哺乳食肉动物族群，其种数不到 12 种。非洲则有 5 个科、超过 60 种的食肉动物。与非洲大陆等大区域的物种数量相比，马达加斯加岛的物种数量的确低于我们的预期，但是话说回来，位于印度洋的马达加斯加岛距离非洲几百公里，非洲大陆的动物是难以抵达的。

不过，如果狐猴这种猎物可以有这么高的种群密度，那么现有几个种类的食肉动物也可以。在这种情况下，食肉物种的小数量无法解释狐猴物种的高密度。当然，所有的陆上食肉动物都来自同一个科，也许狐猴的高密度可以用岛上缺乏多种食肉动物来解释。岛上不存在任何体型大于猫鼬的陆地食肉动物，这也许令岛上体型最大的狐猴繁衍得特别顺利，因为狐猴体型很大，所以小如猫鼬的食肉动物根本无法吃掉它们。事实上，岛上最大的狐猴的种群密度，与非洲大陆上同等大小猴子的种群密度相似。

话说回来，缺乏竞争者可能可以更好地解释为何马达加斯加狐猴密度极高。在非洲，松鼠是另一种主要的树栖植食性哺乳动物。马达加斯加岛上没有松鼠，而非洲有超过 15 种松鼠，松鼠与许多吃同样食物的猴子相互竞争。对马达加斯加岛上小型和中型狐猴种群密度高的一种解释是，这里的狐猴不必面对松鼠的竞争。有了更多的食物，狐猴种群密度就能超过非洲猴子的种群密度。总之，竞争对手少，可以使抵达岛屿的物种都过得不错。

但是这本书的书名是《人类的进化》，不是《狐猴类的进化》。在拙作《人类生物地理学》一书中，我提出，无论是狩猎采集人群，还是讲土著语言的人，在岛屿上的人口密度，都并不高于他们在大陆上的人口密度。这是为什么呢？我们在生物地理方面，为什么不像其他哺乳动物一样呢？

岛屿上现代人类的密度，不应与食肉动物的缺乏有关系。我们的体型要大于大多数能够到达并立足于岛屿上的食肉动物，而且要大得多。是的，科莫多龙的确比人类重，但只有沉睡的人才会让这种巨蜥有机可乘。那么竞争对手的情况如何？

与大陆上相同面积的区域相比，如果岛上的物种较少，那么岛上人类面临的竞争应该会更少，当然，情况的确如此。小于苏门答腊岛的印尼岛屿上没有大象，小于爪哇岛的岛屿上没有犀牛。西太平洋的瓦努阿图岛（Vanuatu）上没有蝗虫。中太平洋的夏威夷岛上虽然有蝗虫，但它们其实是直到20世纪60年代才被人类带上去的。

人类和其他动物的一个主要区别是，人类可以很容易地把竞争对手赶尽杀绝，至少可以轻易杀死非人类的对手。我提过，霍比特人会猎杀剑齿象。即使我们人类不去消灭非人类的竞争对手，人类恐怕也是彼此主要的竞争对手。也许人类比其他动物更善于杀死自己的主要竞争对手。而当竞争变激烈时，人类大概也更容易决定离开一座岛屿，另寻一片天地。

我们知道，另一个对密度有重要影响的因素是疾病。疾病爆发会导致人口崩溃。如果竞争对手难以抵达岛屿，疾病也就应该难以抵达岛屿。疟疾原本是旧世界的疾病，因此，如果疟疾蔓延到太平洋的岛屿，那么其源头就很有可能在亚洲。瓦努阿图岛距新几内亚岛东部1000公里，是疟疾到达的最远的地方。瓦努阿图岛界定了所谓的“巴克斯顿线”（Buxton line），该线以东的岛屿距离亚洲非常远，以至于迄今为止尚未受到疟疾的影响。蚊子携带疾病飞到了更远的地方，但似乎还没有带去疟疾。

然而，据我搜索到的文献，几乎还没有人研究过岛屿上疾病的生物地理学。在岛屿和大陆相当面积上的植物、昆虫、鸟类、人类等方面，我们有数不清的对比研究。但据我所知，我们对致病微生物的研究几乎还是一片空白——尽管疾病控制中心不断针对太平洋岛屿上的各种蚊媒传染病发出警告。例如，2014 年初斐济岛上爆发的登革热，就是由蚊子传播的病毒性疾病。

但是，我的确设法找到了一个关于岛屿和人类疾病的研究。这个研究是近 50 年前发表的。弗朗西斯·布莱克（Francis Black）称，在人数较多的岛屿上，麻疹的发生更为普遍。例如夏威夷，在他当时进行调研时，那里的人口超过 50 万，几乎全年都有人得麻疹。但在只有 1.6 万人的库克群岛，每年大约只有一个月流行麻疹。可见，疾病肆虐与人口规模的关系，就好比工具种类和人口规模的关系。说得更笼统一些，疾病的肆虐程度，符合生物多样性和面积之间的生物地理关系。某一疾病的可感人群数量，相当于供养一个物种的土地公顷数。

在布莱克的研究中，有两座岛屿不同寻常。关岛的麻疹发病率要高于基于其人口规模的预期，法属波利尼西亚（约等于塔希提岛）的发病率则低得出人意料。还记得曾与马努斯岛相比的汤加岛吗？汤加岛因为与其他岛屿接触异常频繁，所以有着相对于其人口规模而言，异常多的工具种类。研究发现，与外界接触的频率，能够解释关岛和法属波利尼西亚这两个特例。关岛作为美军基地，岛上人员有一种常规的周转。换句话说，相对于其居民规模，或相对于它在太平洋的偏僻位置而言，关岛实际上的人口不能算少，也不能算孤立。相比之下，在太平洋最偏远处的法属波利尼西亚，则是我们考察的 13 个太平洋岛屿中最远的一座岛屿，几乎与世隔绝。在统计学上，岛上的人口规模可以解释约 2/3 的麻疹肆虐月数变化。但正如例外情况所表明的，该岛虽然远在太平洋东边，远离最近的主要陆地，但还是能看到略超过 10% 的影响。

不专门搞科研的读者，可能不大容易理解刚才说的可解释变化的比例那句话，所以我来做个类比。如果你问美国人是喜欢民主党还是共和党，就会得到不同的答案。如今，美国人中支持这两党的似乎是一半对一半。然而，2/3 人的回答，与其居住地所在州的主导党派一致。沿海各州倾向于投票给民主党，内陆各州则更支持共和党。在科学论文里，这个结果将写为："2/3 的方差（严格的统计术语）可以用所居住的州这个因素来解释。"

但是，当然，也有一些沿海居民投票给共和党，也有一些内陆居民投票给民主党。那么，还有什么解释能投票的分布呢？1/10 可以用投票人的性别来解释，比起男性，更多女性会投票给民主党。因此，一些沿海的男性选民会反潮流地投共和党，而一些内陆州的女性会也会投给民主党。剩下 1/4 选票的去向由各种其他因素来解释。例如，我们知道年龄有一定的影响，投票给共和党的，老人比例大于青年人。而最后我想说，如果 2/3 的生物系统变化可以用某一种影响（在此案例中是人口的规模）来解释，那么这个比例已经相当大了。生物学家和生物地理学家如果可以解释所观测到变化的 20%，就已经很满足了。

太平洋岛屿上人口规模和疾病之间的关联，并不是独特的现象。同样的关联也存在于大西洋岛屿上。20 世纪中期，冰岛的 16 万人口大约每年 2/3 的时间里都在患麻疹。圣赫勒拿岛（St. Helena，英国人流放拿破仑之地）和福克兰群岛（Falklands）的人口数量，均不及冰岛的 5%（面积则均不及冰岛的 15%），这两座岛上的人们，平均每年得麻疹的时间则不到两个星期。

这些结果反映了 18 世纪初黑死病肆虐法国时的情况。记录表明，所有人口超过 1 万的城市（乡村之“海”中的“岛屿”）都瘟疫肆虐，而数以百计的人口不满 100 的村庄则免遭瘟疫之害。人口流动也有可能造成差异。几乎可以肯定，大城镇要比小村庄的人员流动更频繁。

§

总而言之，如果你想看到很多物种或文化，就别去岛上，特别是别去特别偏远的海岛。但是，如果你想见到不同寻常的物种或文化，就到岛上去吧，尤其是那些孤立的岛屿。如果你想健康，就可以去人迹罕至的偏远岛屿。如果你想做关于疾病生物地理学的新研究，那么据我所知，岛屿应该是个好地方，因为我们对岛屿上的疾病还知之甚少。不过，如果你是住在一片大陆上的人，请在出发前确保你的身体是健康的，因为我们知道，岛屿物种和人群可能非常容易感染来自大陆的疾病。这种易感性，让我们留到第 10 章再讨论吧。

第9章

食物塑造了我们

我们的饮食影响我们的基因，不同地区的人吃不同的食物

大约两个世纪前，让·安泰尔姆·布里亚-萨瓦兰（Jean Anthelme Brillat-Savarin）提出了一个著名论断：我们吃什么，就是什么。他还有一个说法也很出名：发现一道新菜肴带给人们的快乐，胜过发现一颗新星。萨瓦兰是法国人，他生活在18世纪后期的法国大革命年代，去世于1826年，享年71岁。他生前是一位法官，但现在他最出名的著作是《厨房里的哲学家》（*The Physiology of Taste*）。这本书对美食界产生了非常重要的影响，以至于需要费希尔（M. F. K. Fisher）这样的美食作家来亲自操刀将此书译成英语。

布里亚-萨瓦兰完全不了解地方饮食背后的生物学。但是，如果说我们的外部环境（我们在哪儿）影响了我们的身体构造、我们的生理和我们的文化多样性（即影响“我们是什么”）的话，那么以此类推，我们所吃的（来自外部环境的）食物，也会影响“我们是什么”。世界上不同地区的人饮食习惯不同。久而久之，不同的

饮食习惯就造成了世界上不同地区人的一些差异。

因此，本章将要讲述的，包括我们的饮食如何影响我们的生理，也包括千百年来，世界上不同地区人的生理是如何因其（或古或今）饮食上的不同而发展进化的。饮食在我们的一生中，已经通过诱导改变我们的生理而影响了我们。但是，我们的饮食习惯在两个时间尺度上（成千上万年的进化和个人一生中的改变）都会影响我们。“我们在哪里”影响了我们的饮食习惯，而饮食习惯影响了“我们是什么”，从而影响了“我们是谁”。

迄今为止，我只遇见过一个晚上喝酒喝到去医院的人，他是一名日本学生。这发生在我在一所英国大学读本科期间（在一些大学里，包括我所在的大学，低年级学生喝醉酒是司空见惯的事情）。我对他住院的事情感到非常吃惊，因为这个日本学生并没有我认识的一些英国大学生喝得多，而那些英国学生只是第二天有些宿醉而已。不过，在日本学生住院期间，我还不知道与世界上其他国家的人相比，约 30% 的东亚人对酒精更加敏感。

造成东亚人对酒精敏感的并不是酒精本身，而是酒精经过身体转化后产生的化学物质——乙醛，这是一种足以致命的毒素。除东亚之外，大部分其他地区的人似乎都能快速地将乙醛转化成无害的化学物质（即使有时候不是足够快），而对酒精敏感的东亚人缺乏促进这种转化的酶。

因此，许多亚洲人喝多了一点酒，就会比喝相同量酒的欧洲人或非洲人感到更不舒服。雪上加霜的是，亚洲人从酒精中得到的享受也要少一些，因为他们的生理系统似乎可以将酒精快速地分解成乙醛。

东亚人享受不到饮酒的乐趣，却会因乙醛而快速地产生强烈的醉感，其结果就是，东亚的人均饮酒量不足欧洲的一半。他们的酗酒率也相应较低。应当注意的是，本文中酗酒和酒精中毒是不一样的，前者是长期的上瘾，后者是喝酒之后发生的事情。通过对比西欧的人均消费量和世界卫生组织 2010 年列出的 18 个国家的酒精消费量，我们发现其中 16 个国家的人均饮酒量超过了日本。剩下另外两个相对节制的国家是冰岛和意大利。以英语为母语的读者可能会感兴趣的是，英国排在第 7 位。如果把以下国家也加进来的话，澳大利亚会是第 4 位，美国和加拿大将分别为第 16 位和第 17 位，全部超过日本。

对于为什么东亚人和西方人的酒精代谢生理机制不同，我们尚缺乏有足够证据支持的解释。这可能纯粹是巧合，即我在第 6 章前写的“奠基者效应”。另外，中国科学院（昆明）的彭忆及其同事提出，东亚人进化出对乙醛的敏感性，可能是为了减少酒精消费量。他们的论点基于这样一个事实：能使身体分解酒精的基因，其进化时间与水稻种植时间展现了相同的地理分布格局。南亚人种植水稻和喝米酒的时间，实际上长于西方人种植谷物和喝啤酒的时间。因此，亚洲人有更长的时间来进化出一种减少饮酒量的生理结构，从而避免酒精带来的其他危害，比如醉酒行为的不利后果。

这种通过增加痛苦来防止醉酒产生恶果的想法，似乎支持了一种清教徒式的生理进化理论。但我不认为这样的惩罚式威慑能够奏效。我认为，一方面，预防措施的成本起码不亚于醉酒的代价；另一方面，醉酒本身的代价就可以防止过度饮酒。进化出预防措施并不能产生任何优势，但这只是当前的看法。然而，我想强调的是，饮酒、酗酒和受罪不仅仅是生理层面的事。财富和文化同样扮演了重要角色。在酒精消耗量占国民生产总值最高的前 20 个国家中，12 个是东欧国家，6 个是非洲国家。穆斯林国家中，人均饮酒量最多的国家，在世界卫生组织 2010 年列出的国家排名中仅居第 39 位，人均年酒精消耗量最低的 10 个国家都是穆斯林国家。

厄瓜多尔的安第斯印第安人，其醇醛生理机能和日本人的相同。然而，厄瓜多尔安第斯印第安人男性的酗酒率较高。至少在一群厄瓜多尔安第斯印第安人那里，喝醉酒是一种文化常态，就像众多西欧大学生中的情况一样。但是，正如卡罗拉·朗茨（Carola Lentz）所描述的那样，至少在一些厄瓜多尔安第斯印第安社群中，醉酒并不导致反社会行为。在这些社群中，醉酒是一件雅事，大家最后几乎都会安静地醉倒，这是男性之间增进感情的一种方式。

一种常见的缓解宿醉的建议是：喝一两杯牛奶。牛奶的组成成分是大量水和少量脂肪，很有可能可以解酒，但它只能对世界上 1/3 左右的人有效，对于其他人，一杯牛奶可能会使宿醉者在第二天早上更难受。

成人进化出消化牛奶能力的故事很多人都讲过，现在还有人讲，因为新的细节仍在不断出现。这个故事涉及考古学、遗传学、医学和进化生物学等多个方面。帕斯卡尔·热尔博（Pascale Gerbault）、安科·李伯特（Anke Libert）和其他 6 人较为完整地综述了事实和观点。下面我将加以概述。

我们在婴儿期时当然都可以喝奶。但世界上大部分儿童在童年早期就丧失了消化牛奶（或更确切地说是消化牛奶中的糖，即乳糖）的能力。乳糖（lactose）和哺乳（lactation，即女性哺育婴儿的行为）来源于同一个拉丁语词根。多数孩子在大约 3 岁（这时绝大多数儿童都已断奶）时，身体便不再分泌可以分解乳糖的酶。

我们的身体在小肠中消化乳糖，因为分解乳糖的酶（即乳糖酶）是小肠分泌的。如果一个人不能分泌乳糖酶，但仍持续食用牛奶或奶制品，乳糖就将直接通过小肠而不被消化。在大肠中，乳糖不是被乳糖酶分解并被肠壁吸收，而是会被肠道细菌分解，同时产生气和水等副产物，换句话说即发生胀气和腹泻，也可能发生腹部痉挛和呕吐。这些在富裕家庭里并不是太严重的问题。但在贫困特别是缺乏清洁饮用水的家庭中，脱水、腹泻和呕吐可能引发危险的后果。与病原体引起的腹泻和呕吐（例如我们在患霍乱时的腹泻和呕吐）不同，乳糖引起的疾病一般不足以致死。

我最大的乐趣之一，就是在早餐咖啡中加上奶油，还有享用富含奶油的甜点。我在成年后仍可随意享受奶油带来的乐趣，只因为我是西欧人出身。许多西北欧血统的人在成年后仍会分泌乳糖酶，所以不会有乳糖不耐受的症状。

这同样适用于非洲西部的大多数人。沙特阿拉伯和巴基斯坦的成年人也可以消化牛奶。然而，在世界上其他大多数地区，那些错误地尝试西式奶油冰淇淋的人，对乳糖不耐受症的症状并不陌生。东亚大部分地区（包括华南）和非洲西南地区的人，消化乳糖的能力都很弱。

如果你想要看看被科学家们称为“乳糖酶持久性”的全球性分布的简单抽样，就可以去网上看看系列广告“喝牛奶了吗？”（Got Milk）广告中几乎所有的人，都是上嘴唇留有牛奶，手里还端着一杯的白种人，另外少数是非洲人，但几乎没有亚洲人。在画面开始重复播放以前，我数了数，广告中有26位白种人,6位非裔，只有2位看起来像亚裔。

天马出版社副社长杰西卡·凯斯的家族成员，很好地解释了祖籍是如何通过乳糖耐受与否来影响饮食习惯的。她的父亲是欧洲人，母亲是中国人，因此，她父亲可以轻松地享用牛奶和奶酪，而她母亲则不能。杰西卡家共有4个孩子，3个女儿和1个儿子，她的弟弟乳糖不耐受，但她和其他姐妹则没有。这种性别上的比例差异同样适用于她的10个具中国和欧洲血统的表兄弟姐妹。所有的男性都乳糖不耐受，女性则全部没有这类症状。还没有科学研究表明乳糖不耐受与性别有关，所以杰西卡家的性别和综合征之间的联系是偶然的结果。出于某种原因，男性遗传了关闭乳糖酶生成的调控基因，女性则没有。

西北欧和非洲某些地区的环境有哪些特殊的地方，而让当地成年人有了其他地区人大都不具备的消化牛奶的能力？答案是，至少在8000年前的欧洲，或许在5000年前的非洲，人们从事畜牧业，牲畜可以产奶。牧民们怎么可能不利用这个可能很重要的营养和水分来源呢？

他们利用这一来源后，越来越多的人进化出了成年后也可以消化牛奶的能力，因为他们在获得额外的水分和营养后，存活状况要好于那些不能消化乳糖的人。从遗传学的角度来看，他们再次打开了允许分泌乳糖酶的开关。其他非牧区的人并没有身处充满牛奶的世界，他们婴儿期结束之后，这种开关就一直关闭着。身体分泌一种没用的酶，不仅没有任何益处，反而可能是一种成本负担。

一项出色的研究表明，在西欧，我们不仅发现那里集中了成年后仍能喝牛奶的人群和让他们能吸收牛奶的基因，而且还发现了与家牛制造牛奶蛋白有关的基因的高度多样性，以及高密度的新石器时代饲养奶牛的遗址。基因的多样性意味着漫长的挤奶史。我说这是“出色的”研究，不仅是因为这三种现象相互之间有交叉，而且还因为这些现象涉及医学、遗传学、考古学和进化生物学等领域。

对成人喝牛奶这一能力的起源感兴趣的科学家们，在这种能力的基因和乳品业出现孰先孰后的问题上有争议。如果是这种基因先出现的，那么该基因就应该具有其他功能，换句话说是另一种化学上的优势，相比于没有这种基因的人群，携带这种基因的人群会更容易支持制乳品业。我们该如何区分各种可能性呢?

答案藏在乳品业兴起前的人群之中。换句话说，应该去检测几千年前乳品业起源前后的人的骸骨。做这个检测的团队并没有发现任何证据可以证明，在乳品业出现之前，新石器时代时期的骨骼里含有可以使成年人消化乳糖的基因，如此看来，乳品业产生的时间，要早于人们进化出成年人消化牛奶能力的时间。

用科学圈子里描述这个现象的行话说，这种人类基因对环境改变（乳品业）的适应（乳糖酶的持久性）是一种“基因–文化互动”，或“生态位构建”（niche construction）。这两个主题词目前名下都有大量文献。“Nicher”这个法语词的意思是“筑巢”，事实上，有部分“生态位构建”的文献涉及鸟类在筑巢时如何改变周围的环境，以及这些环境改变对鸟类的反作用。

因为在非洲和欧洲的牧民中，可以使他们在成年后依旧分泌乳糖酶的基因，具有相同的功能，因此一些人认为，这两个人群中的这些基因是一模一样的。然而，它们并不相同。虽然它们都位于同一个染色体上，并且位置也相近，但这些基因仍是不同的。严格来讲，我应该说“等位基因”是不同的，因为我们谈论的是非洲人和欧洲人的同一个基因，但其形式却不同，凯瑟琳·英格拉姆（Catherine Ingram）和萨拉·蒂什科夫领导的小组证实了这个理论。请允许我重申一次，对于那些特别关注非洲人群基因的研究者，萨拉·蒂什科夫是位值得关注的科学家。

举一个具体的例子，在阿莱西亚·兰恰罗（Alessia Ranciaro）为第一作者的一篇文章中，萨拉·蒂什科夫的团队提供了与乳糖持久性有关的等位基因分布的最新研究结果。这一团队鉴别了 4 个等位基因，它们特别常见的地点分别在非洲东部、阿拉伯半岛、西欧和厄立特里亚。在所有这些地区，放牧都是主要的生活方式之一，但狩猎采集也是一种主要的生活方式。

狩猎采集者从定义上来说就不是牧民。他们究竟做了什么，导致了基因变异，进而使其在成年后也可以消化乳糖呢？乳糖酶完整的化学名称是乳糖酶根皮苷水解酶，所谓的乳糖酶不仅分解乳糖，还分解根皮苷。咀嚼樱桃树皮和苹果树皮时，我们尝到的苦涩滋味就来源于根皮苷。与狩猎采集者有关的是，至少有一族狩猎采集者，即坦桑尼亚的哈扎族（Hadza），他们把含有根皮苷的植物作为药物使用。

这种情况，可能就是人们为得到一项益处（这里是医学方面的）而进化出一种能力，而这种能力还有另一个潜在的益处——如果哈扎族的生活方式发生改变，变成牧民的话，这种能力就会有用。

在近几千年内，欧洲西北部和非洲的人先后开始饲养牲畜和喝牛奶。欧洲西北部与非洲相隔甚远，几乎没有联系，这两个人群进化出了从牛奶中受益的不同遗传机制。此外，看来喝骆驼奶的沙特人体内，还存在着第三套类似的基因。

为了强调自然选择进化过程中的一个方面，我提到了具有相同功能的基因（等位基因）的差异。建造大桥的方式不止一种，但很大程度上，结果比过程更重要。鸟儿和蝙蝠都是了不起的飞行家，但是它们采用的方式却不同。当然，它们都有双翼，鸟的肢翅上覆盖着羽毛，但蝙蝠的肢、指上却伸展着皮翼。

成年人饮用牛奶能力的基因，在非洲和欧洲两地并不相同，这一事实引出这样一个想法：在这两个地区，人们从牛奶中得到的益处也是不同的。在经常缺水的非洲，牛奶的作用可能是一种清洁的水源。在欧洲，牛奶最大的作用，可能是给常年日照不足地区的人提供维生素 D。我在第 5 章中描写肤色，以及世界各地的人肤色为什么存在差异时，我们已经见识过阳光和维生素 D 之间的关系了。

婴儿期后仍能消化牛奶的能力，其益处可能存在地域差异，这目前是一项假设。在科学领域中，我们从认为正确的假设出发进行预测，以验证假设（或“假说”，科学家们更喜欢用“假说”来称呼他们的想法）的正确与否。

关于成年后继续饮用牛奶的预测目前尚未取得结果。例如，克莱尔·霍尔登（Clare Holden）和鲁思·梅斯发现，缺乏清洁的水和当地的成年人能够消化乳糖之间没有联系。但是，根据前文提到的根皮苷的故事，分泌乳糖酶最初的益处也许并不在于乳糖酶，而是在于酶的全称“乳糖酶根皮苷水解酶”中的“根皮苷”部分。

无论是何种益处，这个益处都是非常大的，而且被证实是最显著的益处之一。关于这个基因在人群中扩散率的遗传学计算表明，自从这个基因产生之后，携带这个基因的人，比没有这个基因的人多产生了 10% 的后代。这个差别可以与对疟疾或镰状细胞性贫血的适应而获得的益处相提并论，后者我会在下一章讲到。

现在，一些读者可能会说：“等一下，除欧洲西北部和非洲西部人以外，我们还知道其他地区有挤奶的民族。”去东非旅游的人必定会看见庞大的牛群，以及管理这些牛群的马赛人。然而，只有大约 2/3 的马赛人拥有成年后仍可利用牛奶里乳糖的基因。也许有些马赛人与东非的索马里牧民有着相同的适应性，即在成年后以非遗传方式消化乳糖的能力。成年的索马里牧民在婴儿期之后便不再分泌乳糖酶，但他们喝牛奶后并没有不良反应。凯瑟琳·英格拉姆、夏洛特·马卡尔（Charlotte Mulcare）及共同作者提出，或许他们可以消化牛奶，并不是因为基因进化让他们在成年期仍分泌乳糖酶，而是因为他们的肠道细菌可以分泌乳糖酶。据我所知，至今还没有人研究出这种细菌是什么样的，以及为什么可以这样做，还有为什么不是所有人都拥有可以消化乳糖的肠道细菌。然而，我们确定，不同人群在他们的身体内外有不同的细菌组成。我会在描写其他物种如何影响人类栖息地的时候再回来讨论这一现象。

西北欧和非洲拥有乳品业，成年人能消化乳糖，而蒙古牧民也是挤奶民族。但是，蒙古牧民不喝牛奶，他们把牛奶做成酸奶酪来食用。至关重要的是，制作酸奶酪的发酵过程能将乳糖转化成其他的糖，例如转化成容易被成人消化的葡萄糖。

如果制作牛奶的人让牛奶静置，或者给它稍微加热并持续搅拌，那么液体部分（乳清）将很快与本质为奶酪的剩余部分分离。奶酪中不含乳糖，因为乳糖被溶解在了乳清中。我和我妻子有一次遭遇倾盆大雨，被不丹牧民慷慨地邀入他们的帐篷，就目睹了这种制作奶酪的方式。

牧民把奶酪风干至我们常吃那种奶酪的质地，将它们切块后穿成一串，然后继续风干到硬度好像弹力粉笔一样，这样可以长久存放。他们会像西方人吃硬糖一样食用这些奶酪，只是奶酪在嘴里持续的时间，要长于我知道的任何其他硬糖果。

为了将奶酪从乳清中分离出来，不丹女子用勺子把奶酪从炉子上约一米宽的大碗中舀出。梅勒妮·罗菲-萨尔克（Mélanie Roffet-Salque）及其同事发现，7000 年前波兰人就实现了用另一种方式分离奶酪和乳清。波兰人（干这种活儿的是妇女吗？）用陶筛滤掉乳清，留下奶酪。在那之前的 1000 年，中东、土耳其和东南欧的人们都用陶器来储存牛奶。我们完全不知道他们是怎么食用牛奶的——是直接饮用还是做成奶酪？然而，我们知道，欧洲的乳品业很可能来自中东。我们之所以有此猜测，是因为相较于欧洲当地的野牛，与欧洲的奶牛更相似的是中东地区的奶牛。这一发现来自赛立德温·爱德华兹（Ceiridwen Edwards）、鲁思·波林吉诺（Ruth Bollingino）和一支 30 多人团队研究数千年前考古遗址中骨头里的线粒体 DNA 的结果。

乳品业甚至可以追溯到 1.5 万年前，那时中东地区的人开始驯养动物。让-丹尼斯·维涅（Jean-Denis Vigne）根据绵羊、山羊和牛的残骸提出了这个想法。他推测，如果人们饲养牲畜的主要目的是食肉，那么所发现的残骸应该是接近成年或已经成年的动物的。如果他们也用这些动物来生产奶，那么就可能有一大部分的残骸是幼崽的，因为杀了这些幼崽，牲畜的奶就可以归人类（而非幼崽）所有了。事实上，的确有相当大一部分残骸是牲畜幼崽的。

乳糖是一种所谓的单糖，用希腊语来说是“saccharide”。农业提供给我们的大多数主食（例如水稻、小麦、薯类等）的成分都是一种碳水化合物——淀粉，这是一种多糖（许多糖类分子的结合）。像酒精和牛奶一样，消化淀粉的生物学方式也有地区差异。

对淀粉的消化始于唾液。唾液不仅可以让我们的口腔保持湿润，还包含一种酶，即淀粉酶，这是分解淀粉的开端。在小肠中，淀粉被来自胰腺的淀粉酶继续分解。Amy1（这是 Amy“一号”，而不是 Amy“L”）是控制我们分泌淀粉酶的主要基因。当前的估计是，我们的基因中大约有超过 10% 的是多副本的，Amy1 就是其中之一。关于世界各地人类差异的重要一点就是：世界不同地区的人身上，这种基因的副本数不同。

吃大量淀粉的人平均每人有 6 个 Amy1 基因副本，比如像我这样常吃小麦和土豆的西欧裔人，坦桑尼亚哈扎人这些吃野生块茎的人，还有主食为大米的日本人。吃淀粉不那么多的族群（两种俾格米人、一个非洲游牧民族，和亚欧大陆的一类渔民）平均每人只有 4 个半 Amy1 基因。这个基因的副本数，好像是与消化淀粉的能力相匹配的。

我们的灵长类近亲又怎样呢？事实上，黑猩猩很少吃淀粉。如果它们遵循和人类相同的生理路径，它们就应该有更少的 Amy1

基因副本数。事实上，它们确实如此——平均只有 2 个 Amy1 基因的副本。我暂时还没有发现其他物种 Amy1 基因副本数的数据。然而，30 多年前一项有关猴子和类人猿（包括黑猩猩）的研究表明，它们血清中的淀粉酶水平和人类的相似。有一物种血清中的淀粉酶水平是人类的 6 倍。淀粉的故事，或许比单纯的 Amy1 基因副本数所显示的更为复杂。或许，类似于对索马里人消化牛奶能力的解释，这些猴子和类人猿肠道内有一种细菌可以产生淀粉酶。

因为块茎很难得，所以要从块茎中获得淀粉的人有一种优势。从土里刨块茎是很费事的。这听起来有点矛盾。然而，不易得到的食物自有一种益处，就是很少会有其他动物来抢。为数不多能食用块茎的动物包括裸鼹鼠。那是一种非凡的动物，拥有与白蚁相似的社会制度和生活方式。在一群雄鼠中，一只雌鼠负责繁殖，剩余的大部分地下群体则是负责看护幼崽、挖地道和寻找块茎的“工鼠”。克里斯滕·霍克斯（Kristen Hawkes）及其合作者的研究表明，挖掘东非的坚硬土地，对人类来说已经足够困难——对于负责刨块茎的主要是祖母辈的哈扎族人来说，尤其困难。但是，人类至少可以边走边找，而鼹鼠只能通过挖掘来搜寻块茎。顺便说一句，裸鼹鼠的确是裸体的，因为它没有可见的毛。

要消化淀粉，就得先烹饪。吃生土豆会肚子疼。如果我们能够烹饪块茎，尤其是在干燥土壤里生长的块茎的话，将大有好处。哈扎人认为土豆寡淡无味，但是土豆是全年不断的食物，当哈扎人喜爱的食物短缺时，他们就可以食用土豆。因为土豆可以生长在不适合小麦生长的湿润土壤中，所以爱尔兰人大量种植土豆。烹饪块茎的主要优点在于，这个过程能使碳水化合物更容易被人消化。比起食用生块茎，食用熟块茎可以给食客提供更多的能量。理查德·兰厄姆（Richard Wrangham）和蕾切尔·卡莫迪（Rachel Carmody）提出，烹饪的出现，可以解释为什么耗能的器官（大脑）在约 200 万年前开始变大。

然而，人不能只靠吃块茎活下去，我们的饮食中还需要叶酸和维生素 B9。在第 5 章中，我们描述了叶酸对身体功能的重要性，以及过强的阳光会如何使其变性。以块茎为主食会产生麻烦的一个原因是块茎不富含叶酸。但安吉拉·汉考克（Angela Hancock）及其共同作者指出，一些遗传学证据表明，以块茎为主食的人，有一种形式的基因可以促进叶酸的产生。

块茎是碳水化合物的稳定来源，但它们也是多种有毒糖苷的稳定来源。扁桃仁和木薯因含有化学上结合了氰化物的糖苷（生氰糖苷）而闻名。木薯在三大洲的热带地区是人们的主食。人们为了降低氰化物含量，通常会将木薯捣碎，浸泡在水中或晾晒数小时，从而使其释放出氰化氢。然而，请注意，这些制备方法不一定能够去除所有的氰化物。

并非所有形式的糖苷都有毒，事实上，很多糖苷具有有益的性质，实际上可用作药品。还有一些糖苷是甜的，作为甜味剂，比蔗糖的甜度高出几十倍甚至几百倍。

像牛奶之于世界上大多数成年人一样，海藻也不是一种大众食物。海藻主要由木质素组成，大多数人都无法消化。海藻仅仅是一种保持寿司卷完好的方便包装，或在我们的健康饮食意识中，海藻只是营养学家所推荐的一种膳食纤维。我们可以从日本人食用海藻的量，推测出日本人和我们不一样，他们可以比其他人消化更多的海藻，但他们的这种能力并不是进化适应的结果，至少不是通常意义上的进化适应，他们乃是通过一种不寻常的方式，获得了消化海藻的能力。

日本人可以消化海藻，这与肠道细菌有关，正像索马里成年牧民可以消化牛奶的情况一样。在日本人和寿司的故事中，有三个主角：一种名字相当吸引人的细菌“海洋细菌”（zobellia，它生长在制作寿司所使用的海藻上，以海藻为食），可以使这个细菌消化海藻的基因，以及日本人肠道中的另一种细菌。接下来是具体的故事内容。

让日本人体内的细菌能够消化海藻的基因，并不起源于肠道细菌。该基因直接来自海洋细菌，由扬-亨德里克·赫曼（Jan-Hendrik Hehemann）领导的实验室发现了这个事实。海洋细菌不能在人体消化道中存活，因为我们胃里的酸度会杀死它。能在我们胃里存活的有益细菌只有蓝斑拟杆菌（*Bacteroides plebeius*）。然而，在胃酸杀死海洋细菌之前，能使海洋细菌消化海藻的基因通过某种方式转移到了日本人的胃细菌中。

寿司海藻的学名是 *Porphyra*（紫菜）。[这和我在第 6 章里写到的“卟啉症”（*porphyria*）不是一个东西。]“Zobellia”（海洋细菌）和“Porphyra”这两个名字都很好听，适合当女孩的名字。

科学家不知道海洋细菌基因是如何转移的。我们能说的是，基因的这种横向转移，在细菌中并不罕见。这种转移的结果是，有了海洋细菌基因之后，日本人就可以消化紫菜并吸收它的营养成分了。现在除了日本人以外，也有很多人开始吃寿司，但是他们并不能消化和吸收紫菜中的营养。

因此就牛奶（可能还有酒精，当然还有海藻）而言，不同的环境（大平原、海岸）使我们产生不同的行为（喝牛奶，吃海藻），造成不同的体内环境（乳糖，可以消化海藻的细菌），进而导致我们生理的变化（成年后乳糖酶的分泌，肠道细菌的新基因），这可以改变我们的外部环境（增加对牲畜和海洋的利用），从而进一步改变我们的体内环境。

在讲这些通过生理变化来适应消化牛奶、酒精或海藻的案例时，我曾经提到，消化能力的产生，是通过物竞天择发生的进化的结果。有这种能力的人，可以比没有的人养活更多的孩子，久而久之，存活下的人口就会由具有这些能力的个体构成。人的一生都在进行生理的适应性改变，正如我们在第 5 章中看到的在高海拔地区发展起来的一些能力。北极地区的人具有吃高脂食物的能力，这种饮食习惯照西方标准看是不健康的。这牵扯到不同地区有不同饮食习惯的第三种解释，是跟北极居民饮食中的脂肪及其他成分的确切属性相关的。

让我先通过一些对比，来说明北极居民吃了多少脂肪。20 世纪 80 年代发表的一篇研究报告说，北极地区饮食的脂肪含量比英国多 50%。北极居民还摄入大量的蛋白质，是英国人的 3 倍。鉴于北极的环境，这主要以动物为主的饮食并不会令人惊讶，我们在北极看不到多少水果或食用蔬菜。事实上总体而言，纬度越高，人们饮食中肉类占的比例就越大。在距离赤道 10 度左右的地方，动物在饮食中所占的比例约为 40%，其中大多是哺乳动物；在纬度 60 度左右靠近北极圈的地区，饮食中接近 90% 是动物。这些数字来自刘易斯·宾福德（Lewis Binford）对世界狩猎文化信息的精彩辑录《构建参考框架》（*Constructing Frames of Reference*）中的第 7 章内容。

北极地区的主食是动物的原因，不仅仅是缺乏可食用的植物。相比于植物，人类在获取哺乳动物（特别是大型哺乳动物）所花费的单位时间里得到的热量回报通常高得多。因此，即使在可食用植物很容易获得的热带地区，狩猎采集者也会把大量的精力投入打猎。在猎物庞大、危险，狩猎者为男性的地区，炫耀也是促使他们狩猎的部分原因，但仅仅是部分原因。大型哺乳动物往往比小的哺乳动物有更高的脂肪含量，而脂肪是很受欢迎的。

北极居民高脂肪、高蛋白的饮食，会让大多数西方医生和营养师大皱眉头。如果西方人持续摄入这样不健康的饮食，就会接到关于心脏病的严重警告。然而，20 世纪 80 年代的一项研究表明，尽管北极居民有高脂肪、高蛋白饮食习惯，但他们心血管疾病的发生率和胆固醇水平都比英国人低。事实上，这项对比不仅适用于英国人。一般来说，拥有高脂肪和高蛋白饮食的北极居民，他们的健康状况都好于采取同样高脂肪、高蛋白饮食的西方人，特别是摄入高脂肪的人。

尼安德特人也主要以动物为食，他们会食用很多动物脂肪和蛋白质。作为一个物种，他们做得很好。他们和持续至今的人类延续了几乎相同的时间，即 20 万年。他们在那段时间里应该活得很健康，否则也不会延续那么长时间了。

我要补充一点，法国人常常吃鹅肝和奶酪，但他们还挺健康。对于这两种食物，法国是世界上人均消费量数一数二的国家。然而，在 2013 年世界卫生组织公布的国民预期寿命名单中，法国以

82.3 岁名列第 13 位，而大多数人不爱吃鹅肝的美国则以 79.8 岁名列第 35 位。但我有点跑题了。

低碳水化合物的阿特金斯饮食法（Atkins diet）似乎很符合北极的饮食。然而，由于种种原因，阿特金斯饮食是存在争议的。各种研究都表明，低碳水化合物的饮食只有短期作用。体重的下降似乎是由于水分丢失，而不是脂肪减少。更糟糕的是，阿特金斯饮食法可能对心脏状况起不到什么明显的作用。如果北极居民使用相当于阿特金斯饮食法的饮食结构，可以保持健康，那么其他人采用类似的饮食法，为什么却没有显著益处呢？部分答案是，北极居民的动物脂肪来自野生动物，而非家畜。

野生动物的肉比家畜的肉含有更多的多元不饱和脂肪——两者中这种脂肪的含量分别位于 30% 和 10% 这两个水平。许多鱼类（例如马鲛鱼和鲑鱼）特别富含多元不饱和脂肪，而北极地区的人们会比热带地区的人们食用更多的鱼。哪怕是刚刚开始关注饮食和健康的人都知道，食用多元不饱和脂肪，要比食用饱和脂肪健康得多。多元不饱和脂肪对我们甚至有一定的好处。事实上，ω-3 多元不饱和脂肪可以降低血液中的胆固醇含量。

北极居民的阿特金斯饮食法更加健康，另一个原因在于，这里燃料短缺，因此人们吃的肉往往没怎么经过烹饪，这些肉里仍然含有在很大程度上会被烹饪破坏的多种维生素，比如维生素 C。

当然，任何一个可行的饮食计划都会建议，在按照计划摄入饮食之外，还要进行适量的运动。我在第 7 章写过，相比赤道的狩猎采集者，北极狩猎采集者打猎和采集食物的地方距离营地更远。赤道的狩猎采集者平均去 5—10 公里之外的地方打猎，而北极的狩猎采集者则去40公里之外的地方打猎。大部分猎人每周转移营地少于一次，甚至每月才转移一次营地。西方人所谓的“运动”，更准确地说，是他们找寻食物时移动的平均距离。弗兰克·马洛（Frank Marlowe）好心地提供给我一些未发表的关于营地迁移的数据。数据表明北极的努纳缪提居民（Nunamiut），在狩猎或寻食时移动的距离是热带人的两倍——12公里对7公里。

综上所述，北极居民的高脂肪饮食本身并不一定有害健康。他们的饮食符合好饮食计划的标准：低饱和脂肪，低碳水化合物，几乎无糖，从食物中获得的维生素，而且有来自许多油性鱼类的丰富的维生素D（见第5章）。同时，北极人运动也很多。

在这个故事中，关键因素是北极人饮食的生物化学，而不是他们身体的生物化学或生理机能。然而，这个故事仍然是关于生物地理的。不同地区的人有不同的饮食习惯，这对他们的健康有不同的影响。北极居民从饮食中摄取大量多元不饱和脂肪，可以保持健康；他们的邻居北欧人却不能依靠富含饱和脂肪的饮食来保持健康，无论他们有多么希望如此。

不幸的是，肥胖现在已经开始困扰一些北极居民了，因为他们的饮食已经开始像西方一样，富含家畜的脂肪。并且，他们的运动量也已变得和西方人相当，比如，他们出行时会用雪摩托代步。

一些人对付肥胖的办法是吃药，比如吃药对付血液中的高胆固醇水平。我在第1章中提到，对药物的反应存在区域差异。2014年7月23日，我们当地报纸《戴维斯企业报》（*The Davis Enterprise*）在头版刊登了一篇原载于《旧金山纪事报》（*San Francisco Chronicle*）的报道，标题为《受试者的种族多样性对药物试验、治疗至关重要》，内容讲的是来自世界上不同地区的人对同一种药物的反应存在差异。

维多利亚·克利福（Victoria Colliver）的这篇文章呼吁大家关注一个事实：有色人种在药物试验中代表性不足。例如，尽管非裔占美国人口的20%，但药物试验受试者中只有5%是美国非裔。

克利福报告了鲜有美国非裔参与药物试验的原因，令人寒心：持续40年的塔斯基吉实验（Tuskegee experimental program）令他们不再信任美国的医疗机构。从20世纪30年代早期开始，塔斯基吉实验项目在阿拉巴马州的农村招募了600名美国非裔，实验目的是了解梅毒是如何在身体内发展的。至此，并没有问题。然而，受试者被告知他们正在接受改善全身乏力的药物治疗，但事实上他们没有受到该项治疗。他们（作为对照组）被持续地"不予治疗"，即使医生知道他们中超过一半的人患有梅毒，并且早在20世纪40年代中期就知道青霉素可以治愈梅毒。

用药时如果枉顾病人来自哪个地区，其结果，轻的话，某种药物可能对欧洲血统的母语为英语的人有效，对其他人无效；严重的话，为单一地区的人研发的药物，可能反而会对其他地区的人有害。如果医生忽略病人的祖居地，就很容易用药过量，因为就像人们对酒精的耐受程度不同一样，不同地区的人对药物的耐受程度也不同。《旧金山纪事报》给出了一个例子，一名亚洲男性接受治疗时，使用了欧洲人剂量的抗癌药物。结果他受到严重的副作用的折磨，直到他的亚洲裔肿瘤医生意识到这个剂量对于亚洲人来说太高了，这才调低了剂量。

像我在这里用"亚洲男性"这种表达，把人按照"洲"来分类，可能太过笼统。我在第 4 章描述过遗传多样性，尤其是非洲人的多样性，这意味着即使同在非洲，不同地区人群对药物的反应也可能是不同的。

§

日本人似乎从公元 8 世纪起就已经开始食用海藻了。据我所知，科学家们尚不知道在接下来的 1200 年间，来自海洋细菌的基因是什么时候转移到日本人的肠道细菌中的。然而，我们知道，可以使我们成年后仍消化牛奶的基因是什么时候进化出来的。正如我之前所写的，答案是：至早 5000 年前，甚至可能更晚。5000 年前已经“有典有册”，也就是已经在我们发明文字之后了，换句话说，人类在生物学上仍在进化。我们的生理正在发生变化，因为在某些环境中，具有某些特定性状的个体能更好地生存和繁衍。与很多人的想法相反，人类通过自然选择而进化不仅仅是远古时发生的事，我们现在仍然在通过自然选择进化。

第10章

没能杀死我们的，要么让我们止步，要么叫我们改道

其他物种对我们居住地的影响

本章主要内容是病原体和寄生虫对我们在地理方面的影响。跟这些几乎看不见的生物对我们的大规模屠杀相比，其他生物的影响几乎可以忽略不计（当然其他人类除外）。

寄生虫、病原体与疾病、瘟疫，无疑从一开始就塑造了我们。《圣经》的作者们显然是知道瘟疫的。《圣经·旧约》中的上帝不断降下疾病给人类。扩散到家家户户的瘟疫是压倒埃及的最后一根稻草，令摩西及其追随者得以离开埃及（《出埃及记》12：30—31）。《申命记》28 章 61、62 节说："耶和华必将……各样疾病、灾殃降在你身上，直到你灭亡。"之后还有各样疾病的名录。事实上，根据一种解读，《启示录》中那四个骑马者中，有一个就是瘟疫，另外三个分别是战争、饥荒和死亡。

本书读者也许大多来自温带国度，很可能来自城市。高纬度地区的疾病不同于热带地区的疾病，城市的疾病也不同于农村的疾病。就像人们适应酷暑、严寒和相应的饮食一样，人们也会适应他们面临的各种疾病。因为疾病在不同地区（尤其是在热带和温带地区）是不同的，所以不同地区人们的生理机能也是不同的，疾病会影响“我们是什么”与“我们在哪里”。

我以前的科研工作是研究大猩猩。最早正式向科学界描述大猩猩的两个人，分别是传教士托马斯·萨维奇（Thomas Savage）与哈佛大学解剖学教授杰弗里斯·怀曼（Jeffries Wyman）。因为疾病，托马斯·萨维奇在西非失去了两任妻子。非洲曾被称为“白人的坟墓”。那么，当地人是如何在疾病肆虐之地生存下来的呢？答案当然是：他们在数万年中，已经进化出了适应非洲疾病的生理特征。

疟疾是一种较为流行的非洲疾病，著名的适应致病微生物的例子中，就包括进化出抗疟疾的能力。疟疾是由单细胞寄生虫——疟原虫进入血红细胞引起的。它不仅以给我们身体组织供氧的血红蛋白为食，还会损害血红细胞，进而降低血红细胞运输氧气的能力。

对抗疟疾（换句话说，对抗寄生虫的作用）所演化出来的遗传性适应，就是改变血红细胞膜的性质，使得疟疾寄生虫不能再进入。只有父母或本人曾在疟疾流行地区生活、居住过的人，才携带这些基因，从而携带进化的抗性。移民来此的欧洲人以前没有接触过非洲疟原虫，就没有进化出这种基因，因而就没有抵抗非洲疟疾的自身抗性。

如果疟疾地区的非洲人从父母的一方继承了有抵抗力的血红

细胞，他们就可以在疟疾高发地区生活得很好，但是他们在非疟疾地区会生活得很痛苦。比如，他们会嗜睡。在疟疾高发地区，相比于免受疾病这种益处，付出嗜睡的成本是很划算的。但在无疟疾地区，人因为携带抗疟疾基因及发生相伴的嗜睡，在生活方面就会弱于不带这种基因的人。因此，在离开疟疾区的人群中，这种基因就逐渐消失了。所以，移民美国的非洲人随着世代传承，已经丧失了这种抗性基因，并且如果美国持续处于没有疟疾的状态，丧失抗性基因这种现象就仍会继续。

但是，如果一个孩子继承了父母双方的抗性基因，那会怎样呢？那么就会有双倍剂量的效果，就像服用药物一样，过量吃药反而有害。具有两个抗性基因的孩子会罹患镰状细胞性贫血。疾病名称中的“镰状细胞”部分描述的是，盘状红细胞会严重畸形，看起来像弦月或镰刀；名称中的“贫血”部分则表明了缺少血红细胞导致的症状，如发烧、疲劳、腹痛，严重的甚至会致死。

这就是一个“做也会死，不做也会死”的经典案例。非洲疟疾流行地区的人通常会陷入这样两难的境地。如果他们携带抗性基因，他们和他们一半的孩子都可以在疟疾肆虐的时候更好地存活，然而他们所有人都会觉得疲惫，并且他们 1/4 的孩子有可能会死于镰状细胞性贫血。但是，如果他们没有携带抗性基因，他们和他们的孩子就会罹患疟疾，孩子很可能因此夭折。事实上，即使他们携带抗性基因，也有大概 1/4 的后代不能继承这种基因，因此仍可能患上疟疾。

大多数人都认为疟疾是热带疾病，目前，基本上确实如此，但起码在过去的 1000 年里，即使是住在寒冷的西北欧地区的人也逃不脱疟疾的折磨。人们从前说的“打摆子”或“沼泽热”，实际上都是疟疾。我接下来的简要描述，部分来自奥托·诺特诺斯（Otto Knottnerus）对古今北海周边国家疟疾的详细记录，其他大部分则来自凯特琳·库恩（Katrin Kuhn）及其同事们对19世纪后期英格兰和威尔士疟疾发病情况的分析。

在千百年的时间里，人们都不知道疟疾产生的原因。“Malaria”（疟疾）在拉丁文中的意思是“坏空气”，过去人们常说空气导致疟疾，大概是因为，疟疾肆虐的地方多是沼泽或死水地带。此外，许多疟疾和沼泽热的症状，例如病情的反复发作，使得人们更加确信这种论断。

因为一些我们不知道的原因，从16世纪到20世纪初，疟疾在英国肆虐。奥托·诺特诺斯提到了一些对疟疾的抗性，但没有确切地说是什么导致了这种抗性。在20世纪早期，英格兰和威尔士的很多人都死于疟疾，肯特有名的罗姆尼沼泽和东盎格利亚的沼泽是疾病的温床，19世纪后期，每1 000人中每年就有1人死于疟疾。相比之下，在英格兰中西部和威尔士南部，这种病就比较少见。难道是因为大西洋的大风吹走了蚊子？

随着全球变暖和国际旅行的盛行，疟疾会重返英国吗？凯特琳·库恩和同事们回答：不会。他们指出，5.3万例输入性疟疾并没有导致确诊的本土疟疾，而且，英国在持续地排干沼泽。到了20世纪中期，盎格利亚的沼泽面积已经大大减少，现在不到其当时面积的1/10。即使这会减少它在风暴潮中的防护作用，但至少很大程度上使携带疟疾的蚊子失去了其繁殖地。

然而，苏珊娜·汤罗（Susannah Townroe）和阿曼达·卡拉汉

（Amanda Callaghan）认为，在英国，水桶或曰“大酒桶”的使用增加，确实导致了更多的蚊虫出没。从这些水桶中受益的有两种蚊子，一种可以携带疟疾，另一种可以携带疟疾和西尼罗河病毒。80% 的英格兰人，事实上 80% 的英国人，都是城市居民。城市水桶带来的蚊子密度要大于农村水桶带来的蚊子密度，这与城市热岛效应（水泥地比植物更易吸热，城市比乡村更暖和）有直接联系，因为蚊子更喜欢温暖的环境。

如果疟疾重返英国，那么人们可能会想，东盎格利亚人和肯特人也许更能免于罹患这一疾病。然而，从 19 世纪中期开始，疟疾就开始在这些地区衰退，再加上沼泽或排干或引流，到 20 世纪中期，疟疾已经完全消失了。既然已经没有了疟疾，再携带具有昏睡作用的抗性基因就不划算了。结果，在大概八代人以内，东盎格利亚人就失去了本应有的抗病性。因此，现在这里的人将像其他人一样，容易罹患这种疾病——除了那些从世界上其他疟疾区刚刚移民到英国的人。

20 世纪中期，自然选择的过程使英国人的疟疾抗性逐渐消失，因为没有这种抗性基因的人可以更好地生存。我出生于 20 世纪中期。在我父母一辈，自然选择的进化就改变了英国人口的遗传结构。正如我前文说的，随着环境的改变，人类仍在进化着。

不同的地区对疟疾有不同的抵抗形式。这意味着，抵抗所导致的不利影响也不同。因此，就像镰状细胞性贫血是非洲疟疾地区特有的一样，地中海贫血更常见于地中海周边。

“Thalassemia”（地中海贫血）中的“emia”来自希腊语“血液”一词，“anemia”（贫血）这个词里也有。贫血的意思是“没有血液”，患者苍白虚弱，可以免受蚊子叮咬，但这会影响血红蛋白的结构，进而影响其运送氧气的能力，即红血细胞的生命力。只有一个这种基因副本的人，拥有的血红细胞比较小，但在其他方面没问题。如果有两个基因副本，这人就会产生疲劳和骨骼畸形，婴儿会患特别严重的贫血。

"Thalassemia"（地中海贫血）一词的意思是"海边的贫血"，具体指生活在炎热低洼地区的人，更可能受特定抗疟疾基因的副作用影响，罹患地中海贫血，这是因为在温暖的沼泽地区，携带疟疾的蚊子更多。

另一个地区特有疾病造成人群地区差异的例子是嗜睡症。这种病在热带地区很流行。所以，据我们发现，或者说据马丁·波拉克（Martin Pollack）小组发现，这种被称为"ApoL1"的抵抗嗜睡症的变异基因，在非洲人中要比在欧洲人、中国人或日本人中常见得多。

舌蝇传播嗜睡症。与引起疟疾的蚊子和单细胞疟原虫一样，舌蝇叮咬时会注射可以导致嗜睡症的单细胞"锥虫"。去非洲舌蝇区度假或工作过的人都知道，舌蝇叮咬和虻虫叮咬一样痛，并且这些害人虫也一样难以消灭。它们似乎有盔甲护体。舌蝇喜欢非洲稀树草原环境，在那里紧闭汽车窗户虽然会遭受炎热之苦，但我宁愿紧闭车窗，也不希望被舌蝇叮咬。

锥虫看起来像小蠕虫，有两三个红细胞那么长。与血红蛋白变异令细胞膜更难让疟原虫进入从而抵抗疟疾的方法不同，具有嗜睡症抵抗性的非洲人的血浆似乎变成了一种杀虫剂，可以杀死锥虫。另一个众所周知的由某种锥虫引起的疾病，是在美洲中部

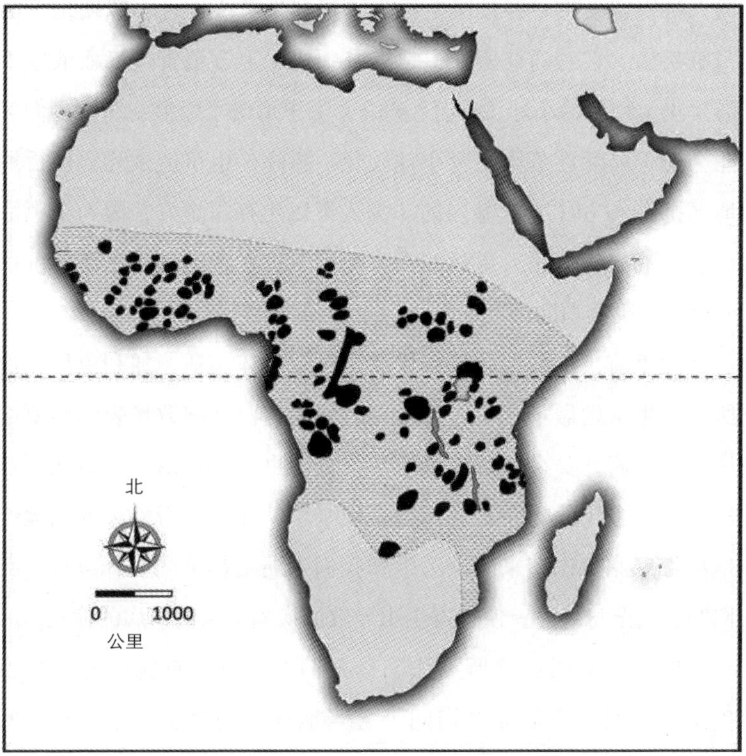

舌蝇（图中灰色区域）和非洲嗜睡症（图中黑色区域）的分布。资料来源：《牛津医学》，约翰·达文特重绘

和南部盛行的锥虫病，不过这种锥虫不会导致嗜睡症。

嗜睡症和 ApoL1 是另一个“做也会死，不做也会死”的例子。ApoL1 可以抵抗嗜睡症，这很好。但来自嗜睡症地区携带两个 ApoL1 基因副本的非洲人，却更容易患各种肾病。这很糟！非洲裔美国人出现肾脏问题的概率，是欧洲裔美国人的 4 倍，非裔美国人特别容易患一种被医生称为“局灶性节段性肾小球硬化”的肾脏疾病。它的病灶所在，是肾脏中成千上万负责过滤血液中不需要化学物质的小球（即肾小球），那里形成了瘢痕组织。人们可能会死于局灶性节段性肾小球硬化，嗜睡症也可能致死。但舌蝇地区携带 ApoL1 变异基因的非洲人可以生存得更好，因为嗜睡症会比肾脏疾病让病人更早死亡。美国不存在嗜睡症，于是肾脏疾病就成为更紧迫的问题。

几年前，我们夫妻的一位朋友感觉身体不适。加利福尼亚诊所的医生给她做了血检，医生说，超高的白细胞数量表明她要么患了白血病，要么有寄生虫。摆脱寄生虫通常比治疗白血病更容易，所以当我们的朋友告诉医生她刚刚从非洲的野外，准确地说是从肯尼亚工作归来时，医生和我们的朋友都感到如释重负。我们朋友的全身乏力，使得寄生虫导致的疾病更像白血病的症状。

但加利福尼亚诊所无法确诊我们的朋友究竟携带有哪种寄生虫。她回到肯尼亚并询问了解当地疾病的医生后才知道，她实际患上的是当地常见的血吸虫病（bilharzia），医学术语是“schistosomiasis”。“Bilharzia”听起来像当地人对这种疾病的称呼，但实际上源自第一个确定这种寄生虫的德国医生泰奥多·比尔哈茨（Theodor Bilharz）的名字。

造成血吸虫病的，是在其生命史的部分阶段寄生在淡水螺中的一种扁虫。扁虫离开淡水螺之后，如果正好有人涉水或在其中沐浴，这种扁虫就可能进入人的身体。寄生虫一旦通过血管进入宿主的肝脏，就在那里生存直至成熟，然后离开肝脏，进入可怜宿主的膀胱或肠道，在那里它们与其他成熟的血吸虫相遇并交配，产的卵随尿液和粪便回到水中。

和许多的寄生虫一样，血吸虫在非洲很常见。首先，为血吸虫提供生存空间的淡水螺喜欢居住在陆地上的静水或缓水中。另外，非洲农村地区普遍缺乏卫生设施，这意味着这些卵可以回到有淡水螺的水中。最后，因为这种疾病只是使人虚弱，不会致命，人和当地水体中的淡水螺可以循环交替地成为寄生虫的宿主。值得庆幸的是，血吸虫病不难治愈，有时只需要一剂对症的药。

如果说疾病通过影响对抗它们的生理适应性进化，影响了“我们是什么”，那么它们也可以影响“我们在哪里”。“耶和华的使者出去，在亚述营中杀了十八万五千人。清早有人起来一看，都是死尸了。”（《以赛亚书》37：36）18.5 万个亚述人，一个晚上全死了，这显得很夸张。无论如何，由于疾病，亚述人对耶路撒冷的围攻还未开始即告结束。疾病严重影响入侵和战争的故事，在历史上不断重演。

非洲比美洲更接近欧洲。欧洲人到 18 世纪末时，已经在南美洲占领了大片的殖民地，然而，他们直到 19 世纪之后很久才占领了非洲。那么，这两块大陆有什么区别呢？伊恩·莫德林（Ian Maudlin）提出，答案是疾病，尤其是嗜睡症。欧洲人依靠马匹驰骋世界。虽然许多家畜都会患嗜睡症，但马特别严重。离开了骑兵，离开了马匹这类驮兽的帮助，欧洲侵略者发现，占领非洲要难于占领南美洲。嗜睡症至少在一段时间内保护了非洲免受欧洲侵略。

南美洲不仅没有嗜睡症，而且没有许多其他的致命疾病。18 世纪，法国测量员在现在的厄瓜多尔考察并测量地球周长时，遭受了可怕的事情。据记载，一些人早晨醒来，脸庞因昆虫叮咬而肿胀得几乎看不见东西。但是，他们并没有患上疟疾、黄热病或其他非洲常见的“杀害白人”的疾病。（黄热病之所以被称为“黄热病”，是因为肝脏受损会令患者的皮肤变黄。）

南美洲当然也有其独有的疾病，其中很有名的一个就是南美锥虫病，事实上，这种病的早期症状很像疟疾。南美锥虫病和嗜睡症相似，是由锥虫引起的，并且，它与疟疾和嗜睡症相同的地方是都会致死。然而，南美锥虫致病致死的人数没有疟疾那么多。每年因南美锥虫病辞世者大约有 1 万人，大约等于非洲死于嗜睡症的患者人数。死于黄热病的人是上述数字的 3 倍，几乎都在非洲。每年大概有 100 万人死于疟疾，大部分也是在非洲。

通过奴隶贸易，疟疾和黄热病到达了南美洲和加勒比海地区。贩奴船不仅运输了奴隶，还在不经意间携带了传播疟疾和黄热病的蚊子。蚊子和它们携带的疾病迅速蔓延全球。威廉·麦克尼尔（William McNeill）在其引人入胜的《瘟疫与人》（*Plagues and Peoples*）一书中，描述了疾病影响人类帝国主义和扩张的许多例子。最近，他的儿子约翰·麦克尼尔（John McNeill）在《蚊子帝国》（*Mosquito Empire*）中做了同样的论述。关于第二个千年中期的疾病对我们的影响，我通常会引用威廉·麦克尼尔书中的内容，除非我特别指出是来自另外一位作者的资料。此外，我还会引用约翰·麦克尼尔的书，特别是在描述 17 世纪后的美洲之时。

欧洲人不仅把蚊子带到美洲，还为它们在美洲创造了完美的环境。欧洲人引进了牲畜和成千上万的奴隶，从而为蚊子提供了食物。欧洲人清除森林之后制造的沼泽、给家禽家畜供水的水塘和灌溉沟渠，以及在人类居住地大量使用的容器，给蚊子滋生创造了完美的环境：几百甚至几千公顷的没有鱼的死水。而正如我前面提到的，有一种类似的环境，就是越来越多居住在城镇中的英国人开始使用大水桶，蚊子也因此在英国城镇生存得很好。作为一个推论，我已经提过疟疾在东盎格利亚消失的原因与沼泽被排干有关。

我在前几页中提到了血吸虫及其水中的宿主淡水螺。古埃及人是农耕大师，能够根据尼罗河的水流来确定灌溉的周期。尼罗河涨溢想必给带有血吸虫的淡水螺提供了很好的生存环境。因此埃及古物学者在 3200 年历史的木乃伊中发现了血吸虫卵也不足为奇。可以想象，为了发现这么小的物体（长约 0.1 毫米），需要多么小心谨慎地解剖这具木乃伊。这些卵位于肾脏而不是血吸虫通常寄居的器官，这体现了严重的病情。当时埃及实施灌溉农业大概已经有 2000 年之久，因此血吸虫有足够的时间在埃及人中传播。在一具距今 2000 多年中国古尸中，人们也发现了慢性血吸虫病存在的明显证据——这大概是可以预见的，毕竟中国有着悠久的稻作文化。

我的论述将从疾病、征服和美洲奴隶制，转向在美洲的欧洲人之间发生的冲突。最早殖民南美洲和加勒比地区的欧洲人是西班牙人。等到其他欧洲国家赶来此地攫取财富的时候，西班牙人已经有了部分抵抗黄热病和疟疾的能力。换句话说，加勒比地区西班牙人的生理机能，在短短一两百年内就进化得与其欧洲祖先不同了。

由于西班牙人对热带疾病具有部分抵抗力，因此他们在抵抗英国侵夺时坚持了更长的时间，事实上，在西班牙和英国争夺加勒比地区的战争中，死于疾病的英军10倍于被西班牙人直接杀死的英军。因此，西班牙保住了他们跨过大西洋扩张的领地，而英国的扩张在一开始时失败了。

在北美洲，疾病同样也影响着战争的成败，并且影响了我们人类在那里的生物地理分布。在英国人的前进道路上，疾病和美洲人的抵抗可能是同样重要的障碍。英国在约克镇的败北，是把美国从一个骚乱领地变成了一个独立国家的最终决定性事件。但是，在华盛顿将军和罗尚博伯爵（Comte de Rochambeau）所渴望并归功于他们的这次胜利中，疟疾发挥了巨大的作用。有人估计，尽管美国人可能消灭了10%的英国军队，但50%的英军是死于疾病的。蚊子和它们携带的寄生虫消灭的英军数量，5倍于美国人消灭的英军数量！美国军队并没有受到影响，因为他们和在加勒比海的西班牙人一样，在这一地区居住的时间更长，已经进化出抵抗这些“微小杀手”的机能了。

英国约克镇战败发生一个世纪之后，疟疾和黄热病挫败了法国开凿巴拿马运河的企图，但美国的尝试却取得了成功，因为在这期间，科学家们最终发现，传播疟疾和黄热病的不是瘴气，而是蚊子。约翰·麦克尼尔在《蚊子帝国》一书中很好地讲述了疾病对国家地理范围的影响，或者换句话说，疾病影响了“我们为什么这样”“我们在哪里”和“我们是什么”。

疾病阻碍了欧洲人在美洲建立霸权，但它们同样也帮助了欧洲人。传说，最早的欧洲入侵者到达美洲时，通过把携带天花病毒的毯子作为礼物送出，故意把这种疾病传染给了南、北美洲的原住民。史书中记录了欧洲人对当地原住民的其他暴行，因此这个故事很有可能是真实的。但即便不真实，原住民仍然很有可能死于同欧洲人的接触。

欧洲殖民者从 15 世纪起闯荡全球，他们携带着一系列城市病，如麻疹、流感和天花。这些疾病从公元 1 世纪起，似乎就已经出现在西欧了——当时它们对欧洲人造成的毁灭性影响，不亚于后来对初次接触它们的美洲人的伤害。

在欧洲，许多人在初次到达该地时就死于这些疾病，但也有许多人痊愈并具有了免疫力。南、北美洲的原住居民和加勒比与太平洋的岛民就不同了，他们以前从来没有遭遇过这些在大城市和密集人口中盛行的亚欧大陆疾病。因此，美洲原住民和岛民很少具有或根本没有抵抗力。欧洲扩张时，麻疹对于大多数西方人来说只是一个小问题。但对没见识过这种外来疾病的当地人来说，麻疹甚至可能致命。数以万计的当地人与欧洲人接触之后死于麻疹。威廉·麦克尼尔说，有位美国著史者如此记载："伟大建立在死亡的恶臭之上。"

威廉·麦克尼尔认为，更早的时候，人们在某些气候区内迁徙时，印度和中国也发生了同样的情况。而在气候区之间迁徙的时候，特别是当温带人群试图进入热带地区时，他们就会被疾病击垮。

很难准确地估计欧洲疾病致死的美洲原住民人数，因为从他们第一次接触以来，完善的记载就少之又少。欧洲人初次考察太平洋岛屿要晚于美洲人，并且经常在考察时随船带着科学家。库克船长 18 世纪中叶的航海经历就是一个很好的例子。英国皇家学会资助了库克（及随行科学家们）的两次航行，后来，其中的几位科学家因为航行期间的研究而名满天下。通过他们和他们的同行，我们有了更完善的史料，可以证实欧洲疾病对太平洋地区的毁灭性破坏。

一些人猜测，大概有高达 90% 的南、北美洲原住民死于欧洲城市疾病。而我们知道，在一些太平洋岛屿上，有一半的人死于外来的麻疹、流感和天花。这一比例表明，美洲原住民在初次接触欧洲城市疾病时所谓 90% 的死亡率是被高估了，最近的一项遗传学研究也证实了这个说法。遗传学家可以通过比较现在和过去种群内的遗传多样性，来估计人口规模。布伦丹·奥法隆（Brendan O'Fallon）和拉尔斯·费伦-施密茨（Lars Fehren-Schmitz）计算出，哥伦布到达后不久，美洲原住民人口规模下降了 50%。

不管死亡的原住民人数究竟是多少，欧洲疾病都确实减少了他们的数量。除了通过杀死原住民让他们减丁，疾病还可以通过迫使幸存者逃离他们认为的“神的惩罚”，来减少当地人口。的确，据记载，美国东海岸大片地区过去曾有大量美洲原住民，但他们被疾病扫荡一空，只剩遗迹。欧洲疾病帮助欧洲人实现了地理扩张。

在更小的地理范围内，欧洲人把肺结核带给易感人群，应该帮助了欧洲人在某些地区取得统治地位。例如，几乎可以肯定，欧洲皮毛商把疾病传播到了法属加拿大，这是凯特琳·佩珀雷尔（Caitlin Pepperell）及其合著者的观点。这对分散的小规模美洲原住民没有直接影响。只有当皮毛贸易终结，当地人集中在工业化的城镇和城市时，才全面爆发了流行性肺结核。

非洲也没能逃脱外来疾病的影响。正如布伦娜·亨及其合著者的报告所称，非洲的狩猎采集民族——卡拉哈里沙漠多波（Dobe）地区的昆桑人（!Kung）和坦桑尼亚的哈扎人为多种疾病所苦，特别是流行性肺结核和麻疹。哈扎人的数字表明，这些外来的疾病可能造成了近一半族人死亡。这样的死亡率，很可能会帮助欧洲人占领非洲。卡丽娜·施勒布施（Carina Schlebusch）团队对南非科伊桑人的研究，也同样得出了这个惊人的结论。

回到亚欧大陆，公元前 5 世纪，真的有疾病杀死了 1/4 的雅典军队，从而避免了斯巴达的战败吗？第一千年头几个世纪罗马霸权崩溃的原因是传染病吗？答案是：很有可能，因为公元 4 世纪初，中国经历了一次严重崩溃，当时恰有一场瘟疫（可能是天花或麻疹），又发生了改朝换代，人口死亡率接近 50%，大约有 250 万人丧命。

事实上，疾病可能将中国的统一推迟了 500 年。威廉·麦克尼尔指出，人们在黄河流域北部温带地区周边的定居和开发，远早于在长江流域南部。即便是现在，中国南方人仍然在遭受疟疾的痛苦。

如果说流行病和瘟疫影响着人们（它们当然会影响），那么其实人们也影响着瘟疫。我前面描写的，主要是欧洲人将疾病引入了他们入侵的国度。但是，欧洲也遭受过侵略，也同样遭受过被人入侵的命运。蒙古帝国扩张达到最盛的时候，恰逢欧洲爆发鼠疫，或者说黑死病。丝绸之路沿线的交通，也可能构成了引入这一著名瘟疫的通途。

有时，人们故意移动瘟疫携带者（以传播疾病）。美国西部牧场主就是一个例子。威廉·麦克尼尔说，为了赶走草原土拨鼠，给人类的牲畜腾地方，牧场主们不惜穿越数百英里，抛下携带着鼠疫的动物。那么，是不是同样有人故意将天花病毒传染给了美洲原住民？鼠疫仍在世界上许多地方肆虐，不仅限于美国西部——那里包括草原土拨鼠在内的许多啮齿动物和它们身上的跳蚤，成了鼠疫的储库。

现在，话题从我们看不到或几乎看不到的物种和它们对我们的影响，转移到我们捕猎的物种和猎捕我们的物种。我中学毕业后、上大学之前，曾在乌干达的伊丽莎白女王国家公园当研究助理。有一天，我在这片公园里游客罕至的一处地方协助一位高级研究员，我们的车抛锚后，我这个小助理被派去徒步寻求帮助。这里像非洲的丛林一样，非常迷人，也非常吓人。狮子和豹子就生活在周围，更不用说野牛、大象跟河马了。灌木丛的沙沙声和树枝的抖动都令我毛骨悚然，战栗不能前行。

童话故事、民间传说、神话和歌谣中，充满了狮、虎、狼、熊。洞穴绘画充分展示了这些猛兽的形象，《圣经》也提到了它们。《旧约》中的上帝不满人们互相残杀，"叫狮子进入他们中间，咬死了那些人"，因为他们"不敬畏耶和华"（《列王纪下》17：25—26）。

数百万年来，食肉动物都在猎杀人族。200万年前，一只鹰杀死了著名的汤恩小孩——一只3岁的非洲南方古猿。现在，食肉动物仍然会杀死我们人类。我小时候很喜欢读约翰·帕特森（John Patterson）1907年发表的《察沃的吃人兽》（*The Man-Eaters of Tsavo*），书中描述他为民除害，最终成功地杀死了为害一方的两只狮子（它们曾吃掉了几十个建造肯尼亚—乌干达"疯狂快车"铁路线的印度和非洲工人）。据说在亚洲，尤其是在孟加拉国的孙德尔本斯地区（Sundarbans），老虎每年会杀死超过100人。

美国的食肉动物还有美洲狮，以及美国和欧洲都有的熊和狼。尽管我们都很怕它们，但与人类相比，它们都是小型的食肉动物。然而，如果你造访我们夫妻最喜欢的一个当地国家公园——雷耶斯角国家海滨公园（Pt. Reyes National Seashore），你就会看到美洲狮的警告标志遍布公园各处。然而，从 1970 年至今，美洲狮在整个美国仅造成了 8 人死亡。在美国，平均每年有两到三人被熊杀死，而死于狼口的人数则基本未知。相比之下，欧洲和亚洲——特别是亚洲——的"小红帽"有充分理由害怕大坏狼。唐娜·哈特（Donna Hart）和罗伯特·萨斯曼（Robert Sussman）引用了一份资料（列于路德会的记录中），资料说 19 世纪上半叶，有超过 100 人在爱沙尼亚被狼所杀，被害人几乎都是小孩。大到足以吃掉人类的不只有哺乳动物。我已经在第 8 章提过，科莫多龙是食肉动物，鳄鱼和短吻鳄也很可怕。

但问题不是食肉动物能否杀死人类，而是食肉动物是否会影响人类在世界上的哪个地方生活。已故的艾伦·特纳（Alan Turner）认为，直到大约 50 万年前，人族恐怕都很难大规模进入欧洲。那不是因为之前有大型更新世食肉动物阻止他们进入，而是因为直到那时，大型的食腐动物才在欧洲基本消失，把这些尸体留给了我们。也就是说，如果人族能够避免丧命于制造这些尸体的食肉动物，就有机会享受这些肉食。

这当然是一个值得注意的想法。但我们如何验证它呢？要科学地验证人类进化，困难在于，进化是一次性的事件。科学很难验证一次性事件。我们轻蔑但不无理由地把建立在它们之上的假说称为"假设性故事"（"just so" stories），因为没有其他办法来验证我们的说法，所以我们就可以编造任何故事来解释这些事件。这就是为什么当我们试图了解人类时，很有必要比较其他动物的类似情况。

关于被捕食如何影响了物种种群的数量，科学文献可谓汗牛充栋。不过，这些文献很少会问，被吃掉的危险是否会影响物种在哪里生活。捕食可以降低物种密度。所以要保育松鸡，就要捕杀吃松鸡的猛禽和狐狸。但我还没有看到能证明食肉动物已经影响了物种地理分布范围的证据。

如果食肉动物这些捕食者没有影响来自非洲的移民，那么猎物有没有影响他们呢？亚洲和欧洲大量的大型有蹄类动物，一定曾经帮助我们扩散到非洲和世界各地，尤其是当这些动物面对它们不熟悉的手持“现代武器”、相互合作的猎人之时。西伯利亚的小屋多数是用颚骨和其他骨头，还有猛犸象象牙作架构的，这表明了大型食草动物对我们生存的重要性。如果没有那些猛犸象为我们人类提供食物和住所（这有点怪），我们能够进入西伯利亚吗？说完大型猎物，再说小型猎物：人类走出非洲，散布到世界各地，不是因为大量牡蛎唾手可得吗？

§

前面讲了我朋友患血吸虫病的故事、镰状细胞性贫血和地中海贫血的故事，以及住在英国大水桶里、可能让人患上疟疾与黄热病的蚊子的故事，这些故事的中心思想就是：医生需要熟悉疾病的地理生物学。轻症镰状细胞性贫血、地中海贫血和疟疾的症状类似于流感。如果医生知道病人的祖居地，就更容易给出正确的诊断。正确地分辨症状至关重要，因为治疗需要对症下药。疟疾可以用药物治疗，但严重镰状细胞性贫血就需要周期性输血，而严重的地中海贫血则需要终生输血或骨髓移植。

不同地区的人，不仅对疾病的易感性不同，而且对药物的反应也不同。用可待因治愈高加索人种头疼病的可能性，低于治愈来自亚洲的病人的可能性，因为更多（大概是亚洲人的 3 到 5 倍）高加索人体内的酶，无法将可待因转化为活性形式（即吗啡）。

敏感性不同，治疗方案就不同，这是为什么现在像“公共医学健康”（PubMed Health）或疾病控制中心这样的网站都表示，患者的出生国是某些疾病的一个危险因素。不过，“出生国”往往指的是整个大陆。鉴于在大陆人群之内还存在许多其他的基因差异，我们可能需要关于疾病地理分布和人类抵抗力进化的更准确知识。

第11章

疯狂、邪恶、危险

我们固然挽救了一些物种，但我们伤害的物种更多

就如我在上一章里描述的，如果说其他物种，尤其致病生物，影响了人类的地理分布，那么反过来，人类肯定也影响了成千上万其他物种的分布。因此，我在第 4 章中说，在晚更新世，人类从非洲出发分散到世界各地的分布图，几乎就等同于许多够大够吃的物种灭绝的时空分布图。这里面可能包括尼安德特人。

4.5 万年前，人类踏上了澳大利亚大陆。在这之后的仅仅几千年里，体重不小于 44 公斤的澳大利亚动物物种中，就有八成走向了灭绝。红大袋鼠是澳大利亚幸存的本土物种中体型最大的动物，雄性大约重 80 公斤，其大小是雌性的两倍。而重量几乎是红大袋鼠 3 倍多的澳大利亚巨型袋鼠，却在人类抵达澳大利亚后不久便灭绝了。

约 1.3 万年前，克洛维斯人抵达北美大陆。在之后的几百年内，体重不小于 44 公斤的北美陆生哺乳动物就灭绝了 2/3。不少动物

还有着美妙的名字——嵌齿象、雕齿兽、剑乳齿象，以及我最喜欢的、名字相当精妙的林地麝牛（*Bootherium bombifrons*）。嵌齿象和剑乳齿象都是类似大象的物种。雕齿兽是一种大型犰狳。而林地麝牛是麝牛的远亲，但体重是后者的 1.5 倍。

人类在 2000 年前抵达了马达加斯加岛。在这之后的几百年间，体重超过 10 公斤的狐猴尽数灭绝。灭绝种数大于 20 种，其中一种狐猴的体型大于大猩猩。紧接着，约 12 种马达加斯加巨型隆鸟也消失了，一只隆鸟可能重逾 350 公斤，是雄性大猩猩体重的 2 倍。在 14 世纪人类到达之前，新西兰还存在着恐鸟。恐鸟很像大洋洲的鸸鹋，大而不会飞，一只恐鸟的体重超过 200 公斤，这令今天体重 40 公斤的鸸鹋相形见绌。全部 11 种恐鸟在人类踏入新西兰之后几乎立即都灭绝了。

还记得渡渡鸟吗？它是一种重 20 公斤、不会飞的鸽类，生活在毛里求斯岛。毛里求斯岛位于马达加斯加岛东侧 1000 公里的印度洋上。17 世纪中期，最早登上这座岛的人们发现了很多渡渡鸟。但在一个世纪，或许仅仅半个世纪过后，渡渡鸟便绝种了。水手们以捕杀渡渡鸟为乐或为食。这种鸟体态丰满，又不会飞翔，很容易被捉住成为盘中餐。而那些遗留下来的关于渡渡鸟的文字或画作，就是这次屠杀的历史明证。渡渡鸟消亡得如此迅速，以至于在它们彻底绝种之前都没人能保存下来哪怕是一只。任何博物馆都没有渡渡鸟真实模样的标本。如果你在某个博物馆见到一件“渡渡鸟标本”，请不要相信：那只不过是以 17 世纪的渡渡鸟画像为参考，用鸡毛制成的模型罢了。

因为只要人类一来，大型物种就迅速灭绝，所以有人用“闪电战”（blitzkrieg）一词来形容人类的影响，尤其是形容人类对北美大陆的影响。这个词起源于第二次世界大战之初，是个德语词，意思是闪电般的战斗。

我们人类到了一个新地方。那里很多存活了好几千年的物种，在我们到达后几百年或更短的时间里就走向了灭绝。导致这些物种灭绝的是我们人类——难道还能得出别的结论吗？

然而，大量的古物古迹及定年都证明了前两句话所说的是事实，但第三句话的主张与推论却有一个重大的逻辑错误。这两句话，是不是让人联想到了“奶酪是黄色的，月亮也是黄色的，因此，月亮是奶酪做的”？

月亮真是黄色的吗？换句话说，人们真的搞清事实了吗？或许并没有。有人说，那些据说是因人类捕杀而灭绝的物种，实际上可能在人类到达它们的栖息地之前，就已经灭绝了。或者，我们还根本不清楚它们是什么时候灭绝的。

至于月亮是由奶酪构成的这个推论，我们知道很多其他物质也是黄色的，月亮也可能是由它们构成的。在更新世末期物种灭绝的情况下，当人类第一次到达世界上的某些地方时，气候就已经在急剧变化着了。我们从非洲大陆迁徙到亚欧大陆时，又正好赶上了冰期的盛期。而当人类踏入美洲时，气候则在迅速回暖。事实上，可能也正是因为气候变暖，我们才得以进入美洲。

那么，科学能区分开人类和气候对物种灭绝的影响吗？就如任何论证一样，我们都要从事实出发。虽说政治家总是为了一已之争而罔顾事实，但如果一方或双方摆出的事实都是错的，那我们这些科学家也就不必争论了。让我们先看一些事实吧。比如，是不是像有人宣称的那样，我们本以为是被人类赶尽杀绝的物种中，某些甚至很多早在人类到来之前就灭绝了？

结果我们发现，那些据称在人类到达之前（至少是到达北美大陆之前）就灭绝的物种，绝大多数都是最稀有的物种。如果某个物种是稀有的，就很难被发现，如果我们没有发现它，就不仅会推测它灭绝了，而且甚至在该物种还没有真正灭绝的时候，我们就会推测该物种灭绝了。

我来说一个现代实例。在前几段中，我提到过新西兰恐鸟的灭绝。我的叔叔生活在新西兰。在我和妻子上两次看望他时，我们去了靠近北岛东海岸的小岛——缇里缇里马塔基岛（Tiritiri Matangi）。我们在那里看到了一种长得像大型宝蓝色水鸡的鸟——南秧鸟。但鸟类研究者在50年的时间里一直认为它们已经灭绝了。人类最后一次看到它是在1898年，自此以后这种鸟便几乎销声匿迹了，直到1948年，人们才在新西兰南岛的山岭中发现了少量南秧鸟。由于南秧鸟在大陆上会受到逃出笼子的外来捕食者的威胁，因此新西兰的环保部门将南秧鸟转移到了几座没有天敌的孤立岛屿上。缇里缇里马塔基岛便是南秧鸟繁衍生息的一座岛屿。

泰勒·费斯（Tyler Faith）和托德·苏洛威尔测试过稀有性给物种灭绝时间推测带来的潜在偏差。他们探索了我们可称为“南秧鸟效应”的情况。他们问：灭绝的物种是不是所有物种中最稀有的？

他们用古生物学家和考古学家在北美挖掘出的现已灭绝哺乳动物的遗骸数量，来测算稀有物种被遗漏的可能性。这些数据清晰地表明，遗骸越少，则记录到的物种最后出现的年代（以前人们推测的灭绝年代）越久远，而遗骸越多，记录到的物种最后出现的年代越接近 1.1 万年前。

他们列出了反映每种灭绝物种的遗迹数量与最后一次被记录年代关系的表格，根据这个图表，他们可以用数学模型推测出那些只留下几根骨头供现代人挖掘的物种，其灭绝年代为何。他们的结论是，在那些被认为在人类到达之前就已经灭绝的物种中，绝大多数的真实灭绝年代相当接近于人类到达的年代。如果医生必须以“无损于病人”为首，那么科学家就必须以“查明事实”为先。

然而，有时候查明事实是很难的。众所周知，澳大利亚气候干燥，地势平坦。这些条件并不适合掩埋死亡的动物，让人们可以在几千年后发现和鉴定它们，因此，现有的化石数量很少。根据朱迪斯·菲尔德（Judith Field）和她同事的研究，化石的缺乏意味着，在澳大利亚的动物群中，有 2/3 物种的灭绝时间是我们不知道的。菲尔德研究的仅仅是澳大利亚的物种灭绝，而来自剑桥大学的格拉哈姆·普莱斯考特（Graham Prescott）及其团队分析并列出了全世界主要洲在过去 70 万年里物种灭绝的预估年代，根据这份清单，我计算了已知在 1 万年内灭绝的物种占此间总灭绝物种的比例。根据数据分析，大洋洲是比例最小的一个洲。灭绝时间已知的澳大利亚物种只有 43%，还不到一半。亚欧大陆的这个数据是 50%，而两个美洲大陆的这个数据均为 2/3。

然而，即使我们知道就在人类到达时，某大陆的所有动物全部灭绝了，但如果在人类到来的同时也发生了气候剧变，那我们仍不能下定论说是人类捕杀了所有动物。正如我前面提到的，实际上当人类抵达亚欧大陆、美洲大陆，可能还有澳大利亚大陆时，气候都正在变化。所以，杀死猛犸象、剑齿虎、地懒、巨型袋熊等的元凶，究竟是气候变化还是人类呢？

一种论点认为，导致动物灭绝的元凶是人类，不是气候。这种论点的根据是，受打击最大的是体型巨大的物种。我们都知道，那些灭绝的动物放到现在都会是（男性）猎人捕猎的对象，而在某些渔猎文化中，女人能比男人带回更多的肉食，她们的收获也更可靠。但是，体型巨大的物种除了有更多肉之外，它们身上的脂肪分量也往往高于小型物种。因此狩猎者不仅以自己有勇气捕杀大型动物为荣，而且也会以带回了含大量人们所需脂肪的肉为荣。

有时我们能找到人类打猎的直接证据。例如瓜达卢佩·桑切斯（Guadalupe Sanchez）与同事在墨西哥克洛维斯的遗址做过研究，那是一个超过1.3万年的遗址。在那里，考古学家在同一深度既挖掘出了嵌齿象的骨头，又挖掘出了石剑和枪头，这充分说明人类曾经捕猎了这些动物。嵌齿象的模样类似大象，在人类到美洲大陆之前的很长时间里，一些嵌齿象科的物种在历史舞台上来了又走，人类到达之后，它们最后的成员才不见了踪影。

不过这种发现相当少有，而考古学家通常也只能让骨头说话。从猎物来看，遗迹里众多的大骨头似乎意味着人类偏爱捕猎大型动物。但在现代狩猎采集者中，小型动物通常在聚集地之外就被吃掉了，大型猎物才会被运回营地吃。假设以前的狩猎文化同现在的一样，那么考古学家就会更容易发现大型骨头。同时，大型骨头保存的时间也要长于小型骨头。

然而，托德·苏洛威尔和尼科尔·瓦格斯帕克（Nicole Waguespack）认为人类的确偏爱大型猎物。他们的论证简而言之就是，兔子在北美十分常见，而且容易捕捉。即使被捉到的部分兔子在营地外被吃掉了，营地内兔子的遗迹也应该是鹿的几百倍。可事实却恰恰相反，在北美大陆上，所有物种中拥有遗迹最多的是大型哺乳动物——猛犸象。没错，大骨头保存得更好；没错，猎人们带回营地的捕获，更可能是一只猛犸象的腿，而不是兔子的腿。但总的来讲，人类显然更偏爱大型猎物。

坚持“唯气候变化说”的反方阵营，对于这种“表面上看人类偏爱捕杀大型物种”观点的反驳是：同小型物种相比，体型越大的物种，所需要的栖息地与食物就越多，正因为如此，大型物种灭绝的可能性更大。用我的个人体验做一类比：我有一座半公顷的花园，里面一只野鹿也没有，但至少住着 10 只野兔。当环境发生改变时，大型动物不大可能像小型动物一样，能在所剩不多的适宜环境中，找到一块足够大的栖息地，来支持一个自我维系的种群。

作为回应，支持“人类导致物种灭绝”的人则指出，那些随人类到来而灭绝的物种，在过去几次更为剧烈的气候变化中，曾经耐受反反复复的从暖变冷，再由冷转暖的过程，但都大难不死。或者，如果它们没有扛过这些先前的气候变化（有些的确没有扛过），我们就不应该看到，当环境中仅有气候因素发生变化时，大型物种要比小型物种更容易灭亡。要不是因为人类，那些经历了过去几十万年几次重大气候变化而幸存下来的物种，为何独独没能挺过这最后的两次呢？

再者，如果气候变化是大多数更新世末期物种灭绝的原因，那为什么澳大利亚物种的大规模灭绝事件发生在世界开始变冷的 5

万年前，而在美洲大陆，那些在冰期都能活得很好的动物，却死在了世界已经转暖的约 1.1 万年前？

对于“唯气候变化说”的破绽，另一个佐证的事实是：马达加斯加和新西兰的大多数大型物种销声匿迹之时，两地气候同 1.1 万年前美洲发生的状况相比，是稳定的。而在毛利人烹饪锅里发现的恐鸟残余，说明了那里到底发生了什么。

就澳大利亚的情况来说，不仅我们不知道多数大型物种的灭绝时间，就连对人类到达澳大利亚前后（可能是 5 万年前）那里气候的变化情况，也说法不一。苏珊·鲁尔（Susan Rule）和包括克里斯·约翰逊（Chris Johnson，在接下来几段我会再次提到他）在内的一个团队认为，当时澳大利亚的气候是稳定的，只是比之前的几千年要更加干旱一些。其他人则提出，那时澳大利亚正经历一个史无前例的严重干旱期。无论事实是否如此，人类的猎杀都一定加快了那里的物种灭绝，因为澳大利亚的大型哺乳动物曾挺过一个长达 1.2 万年之久的干旱期。但是，正如朱迪斯·菲尔德和她同事指出的，在澳大利亚，我们能挖掘到的当时遗址非常少。

亚欧大陆的情况比其他地方更复杂，因为我们不仅不知道当时气候的变化情况，而且也并不了解那里物种灭绝的模式。当人类到达亚欧大陆的时候，气候正在急剧变化。当人类第一次进入亚欧大陆南部和东北地区时，气候正在变冷。例如，回想一下西伯利亚的雅拿遗址，3.2 万年前虽然临近冰期盛期，但那里仍被人类所占领。当人类进入西北地区时，气候正在变暖，否则人类也不可能进入西北部，因为将有大量冰川阻塞他们的道路。

关于气候变化、人类到达时间与物种灭绝之关系的一个定量模型，表明了亚欧大陆的不同寻常。模型建立者是我之前提过的格拉哈姆·普莱斯考特团队。他们设计这个模型是为了探究，更可能造成已知的物种灭绝的因素，到底是人类活动还是气候变化。他们输入该模型的数据有澳大利亚、亚欧大陆、新西兰和南北美洲气候剧烈变化的相关数据，还有物种灭绝和人类到达的确切年代。实际上，他们是想知道，物种灭绝是否随时间任意变化，而跟气候变化或人类活动无关。模型运算结果表明，对于除亚欧大陆之外的所有地区，物种灭绝的爆发都既关乎气候变化，又关乎人类活动（这一点不足为奇，因为两者的确是同时发生的），但与人类活动的关系更大一些。而对于亚欧大陆，模型算出的物种灭绝数却是实际发生的 2 倍。换言之，气候变化与人类活动在亚欧大陆对物种灭绝的影响，跟在世界其他大陆上的不同。

当模型的输出结果看起来像是错了的时候，有两种可能性：一是模型本身是错的，二是世界本身（这里是亚欧大陆）发生了不同寻常的变化。我们不知道对亚欧大陆而言，哪种猜想是正确的。不过，丹麦奥尔胡斯大学（Aarhus University）的克里斯托弗·桑德姆（Christopher Sandom）及同事曾做过一项详细研究，研究结果表明，从非洲到东亚及印尼一带，物种灭绝的数量确实少得出奇。因为考察得出的一份地图表明，美洲、澳大利亚和西欧一带发生了猛烈的灭绝。但旧世界（欧亚非）的热带地区却呈冷蓝色。同时，这一研究在一定程度上肯定了普莱斯考特的研究结果。但奥尔胡斯研究中将旧世界和西欧分开处理，也说明分析物种灭绝的原因时，区域划分的精确性十分重要。

亚欧大陆遗址中的一个特殊例子是，人们最近研究的印度中东部一处洞穴中有确定年代的沉积物，沉积物表明此处的灭绝物种数极少。在近 200 年到 10 万年间，21 个属中只有 1 个属消失了。这个不幸的类群是狮尾狒，现今只存在于埃塞俄比亚。存活的有一系列物种，包括各种体型的食肉动物，还有牛、羚羊、马、犀牛、兔子等等。我们之所以对它们都相当熟悉，是因为它们没有灭绝。

对于亚欧大陆并没因人类到来而爆发物种灭绝的一种解释是，在进化完全的人类到来之前的几十万年里，旧世界就居住着人族。理查德·克莱因在其不朽之作《人类的生涯》(*The Human Career*)中描述了种种人族打猎的最早明显迹象。这些迹象就是在德国 40 万年前的两支木投枪。我之所以说是“投枪”，是因为这些武器没有任何地方可以看出装了石刀。它们只是被削出或磨出了一个尖头。克莱因认为这些武器是用来刺杀的，并不是用来投掷的。制造了这些的是海德堡人或尼安德特人。如果他们当时在亚欧大陆打猎，那就很难设想当时同样古老的其他人族没有在非洲狩猎——而不论我们处在人类进化的哪个阶段，非洲似乎都没有任何大规模的物种灭绝。

在探究物种灭绝的可能原因时，我们可以把已知数据输入数学模型，通过分析原因与结果（输入的人类活动和气候变化的数据，与输出的物种灭绝的数据）之间的关系，来让模型告诉我们结论。或者，如果有一项肇因在运作，我们也可以预测，我们将观察到什么样的数据。

克里斯·约翰逊就选择了第二种思维方式，他检验了一个基于“人类狩猎导致物种灭绝”假设而做出的预测。我们人类是一种陆生生物，只有在开阔地带才跑得快，走得远。我们倾向于猎捕体型巨大的生物，而且主要在白天狩猎。于是他推断，人类对栖身野外的大型陆生物种威胁最大，相对而言，栖身林地的小型夜间物种则较为安全。在一份关于 4 个大洲以及马达加斯加岛灭绝物种的调查中，约翰逊发现，除了体积和繁殖率的因素（不论肇因为何，都是体型巨大繁殖周期长的物种更可能灭绝）之外，栖身于开阔野外的物种，要比林地物种更容易灭绝。很难看出气候变化如何能造成这一结果。

无论人类猎杀的是哪些物种，我们都确实会大大影响那些数量已经不多的物种。没人敢说，在之前几次主要的气候冷暖变化中幸存下来的那些物种，在后来气候变化的时代里仍然昌盛，虽然其中有些确实如此，比如猛犸象就在最后几次气候变化中安然无恙。

在以前的气候变化与更新世末的最后一次气候变化之间，有一个重要的区别。在以前的变化中，并没有人类去消灭苟延残喘的种群。因此，当气候变暖时，这些幸存的种群能够随环境好转而数量增加。但是在最后一次冰期的末期，它们却要第一次面对这些直立行走的奇怪食肉哺乳动物——人类，可能更重要的是，它们第一次体会了人类独一无二的远距离猎杀能力。

证明这种猎杀威力的一个例子，可能是加利福尼亚海峡群岛的猛犸象。它们灭绝于大约 1.1 万年前，几乎是克洛维斯猎人一到加利福尼亚，它们就开始消失了。而那时全球正在变暖，这意味着随冰冠融化，海平面上升。生活在岛上的动物将经常面临栖息地缩减的威胁。在冰期的盛期，人类到达之前，海峡群岛就可能已经丧失了一半的陆地，这是由当地的地势决定的。岛屿面积越小，意味着栖身岛上的生物量越少。岛屿所能容纳生物量的减少，意味着物种更有可能因为运气不佳碰上恶劣环境而发生灭绝。这也意味着它们更容易受到人类狩猎的影响。

关于人类和气候变化对物种灭绝的影响，普莱斯考特和桑德姆研究得出的结论，本质上是相同的，那就是：气候变化与人类活动都导致了物种灭绝，但人类活动对物种灭绝的影响更大。

关于是人类还是气候导致了物种灭绝的争论，已经慢慢由“人类干的——不，是气候干的”，转变成了试图进一步优化这些信息和认识的努力，也就是搞清楚哪些物种灭绝更多受气候影响，哪些又主要是由人类造成的，以及为什么会有这一区别。

例如，由埃利纳·洛伦森（Eline Lorenzen）及另 50 多位学者做的一个相当复杂的分析表明，披毛犀与亚欧大陆的麝牛的灭绝，似乎都跟人类无关。证据何在？因为他们发现，人类与这两种生物在时间或空间上的交集太少了，在人类考古遗址中很少挖到这两种生物的骨头。而实际上，与亚欧大陆猛犸象的情况一样，在与人类相遇后，披毛犀数量反倒增加了。

我们知道，现今的麝牛对气候变暖极其敏感。“温暖”在这里是一个相对概念。麝牛能承受的温度上限似乎是 10 摄氏度左右。我不知道同麝牛一样多毛的耗牛所能承受的温度上限是多少。但从我攀登不丹的喜马拉雅山的经历来看，耗牛生活的海拔下限大约是 3500 米，按放牧人的说法，再往下，它们就会感觉太热了，数量也逐渐减少。在攀登喜马拉雅山的过程中，我们的交通工具先是马和骡，然后到达 3500 米时就换成了耗牛，因为耗牛披着厚厚的“毛衣”，比骡、马更耐寒。但在下山途中，我们的交通工具则要反过来。因为骡、马更耐热。

气候变化导致物种灭绝的最著名例子，可能是爱尔兰麋鹿。爱尔兰麋鹿实际上应该称为巨型鹿，因为它们的分布并不限于爱尔兰岛。拉斯科洞穴壁画上有它的形象。我们也知道，它曾遍布亚欧大陆，一直到西伯利亚都有它的足迹。尽管如此，这种鹿却灭绝了。但无论它在其他地方灭绝的原因是什么，它在我们所知人类足迹出现的 1 000 多年前，就从爱尔兰岛消失了。1.05 万年前，在那就已经找不到它的踪迹了，但人类直到 9500 年前才抵达爱尔兰岛。爱尔兰麋鹿灭绝时，正赶上一个酷寒时期，即“新仙女木期”，这个术语取自北极一种迷人的花。通过研究土壤里的花粉可知，这种花曾出现在当时的亚欧大陆上。雌性爱尔兰麋鹿可能找不到足够的草，没能熬过那个冬天，而显然，一旦雌鹿们饿死了，整个种群也就灭绝了。

流行故事说爱尔兰麋鹿的大鹿角太过巨大，雄性难以支撑，因此导致了种族的灭绝，这是一则误传。从雌雄鹿的差异中，我们可以知道，这是一个雄性会和多只雌性交配的物种。在这样一个种群中，影响种群数量的是雌性而不是雄性，因为大多数雄性可能一年都不与雌性交配。

如果说，造成各大陆物种灭绝的原因是气候变化还是人类这个问题，仍悬而未决，那岛屿上的情况就不同了。人类到达许多岛屿的年代离现在都很近，人类到达后对当地的影响也记录在案，相当清楚。相对于气候变化的影响，人类到达后物种灭绝的速度快得让人无法否认造成岛上物种灭绝的是人类。

岛屿物种尤其易受人类的捕杀，因为，就像我描述弗洛勒斯岛上情况时所做的解释一样，岛上的肉食动物一般体型较小（大型肉食动物不可能觅得足够的食物），一些小岛上甚至没有肉食动物。因此，岛上的其他动物不惧怕移动的大型物体，比如食肉的人类。

在本章开头，我已描述了一些物种的灭绝。像马达加斯加岛的隆鸟、大型狐猴，新西兰的恐鸟，毛里求斯岛的渡渡鸟，都是随人类的到来而灭绝的。马达加斯加没有体型大于狐狸的肉食动物，而新西兰和毛里求斯实际上根本没有肉食动物。

如果你像我们夫妻一样，有幸拜访加拉帕戈斯（Galapagos）群岛，你也会看到过去肉食动物的缺乏给岛上物种带来的影响。为了穿过一群正在筑巢的鲣鸟，我们不得不迈步跨过它们。我们不难想象水手们能够多么轻松地捕杀这数以百计的蓝脚鲣鸟（一种海鸟），就像17世纪的水手捕杀渡渡鸟一样。

岛上的物种不仅容易猎杀，而且几乎人类造成的任何改变都会伤害到它们。岛屿显然大都是小地方。因此岛上物种的种群很小。小种群和小面积使人类很容易摧毁它们，而我们也确实开展了破坏。在整个太平洋范围内，仅见于一座或一些岛上的生物，就有多达1000个物种因人类而灭绝，尤其是那些体型巨大又不会飞的物种。

到此，我要么尚未具体解释人类的存在是怎样造成物种灭绝的，要么只是单单指责这是由于过度捕杀。而事实上，除了过度捕杀，人类还可能在多个方面造成物种灭绝。在这里，我说的也不仅是更新世的灭绝。从那时开始，我们就一直在将其他物种赶尽杀绝，而且很可能还在加速进行。

我们人类分散到世界各地后，都会清除和焚烧灌木、森林，然后可能还会开始种地。我们知道，现今我们正通过破坏其他生物的生存环境，日益将它们赶向灭绝。

许多物种随着我们到处开垦处女地而灭绝，其中原因可能是我们对它们栖息地的破坏，而不是对它们猎杀。破坏栖息地像猎杀一样，都将消灭大型物种。因为在那片适合它们生存的土地上，大型物种的种群规模，一定小于小型物种的种群规模。

人类改变环境的一种显著方式就是放火焚烧。某研究表明，至少对于一种澳大利亚物种（体型庞大类似鸸鹋的牛顿巨鸟）来说，导致其灭绝的因素是火，而不是捕猎。牛顿巨鸟高 2 米，可能重 200 公斤。对牛顿巨鸟蛋壳的碳同位素分析表明，人类到达之后，牛顿巨鸟的饮食发生了一次巨大改变。这暗示着其生活环境由之前物种丰富、杂草丰美的地带变成了缺乏营养的耐火灌木丛。

但是，人类可能通过烧毁牛顿巨鸟的环境而导致其灭绝的例子，并不意味着我们都是用同样的方法让所有那些物种灭绝的。苏珊·鲁尔和她的同事发现，在澳大利亚，人类到达后，发生火灾的频率确实增大了，但大多数物种在那之前就灭绝了。而且，不是因为人类放火导致物种灭绝，而是因为人类猎杀灭绝了大型动物。没有大型动物取食灌木，灌木就会疯长，最终导致火灾增多。

无论是过去还是现在，人类导致物种灭绝的通常方式都是减小特定环境（如森林）的范围，只余以前的零星碎片。我们用火、推土机、斧头、电锯和排水渠（几乎所有人类能想到的别出心裁的方式）来达到这一目的。植被覆盖的土地面积越小，当地物种能找到的可供它们生存的栖息地就越少。同样重要的是，植被覆盖的土地面积越小，周围环境使土地向中心缩减的速度就越快，无论周遭影响因素是干燥的狂风，还是一种入侵物种。

适用于第 6 章各种真正的岛屿的法则，也适用于这些缩减的栖息地。也就是说，“小森林岛”能容纳的物种数量，少于“大森林岛”能容纳的物种数量，就像在一片海洋中，面积越小的岛屿所拥有的物种数量越少一样。

有一些物种幸免于我们对其栖息地的破坏，也幸免于我们“引入”的新疾病，它们会死于我们对自然资源的争夺吗？戴维·伯尼（David Burney）曾指出，在人类到达马达加斯加之后，一些体型很大的狐猴仍然在这里生存了成百上千年。而那些登岛的人类可不是武器简单的原始人。伯尼推测，如果扫灭狐猴的因素是人类的狩猎，那狐猴们应该早就灭绝了。或许那时，与人类牲畜之间的水源竞争才是狐猴灭绝的原因，尤其是在马达加斯加西部的干旱地区。

4000 年前，人类曾带了一些外地物种到澳大利亚去，而有一种澳大利亚肉食动物可能就是在与某种外来物种的竞争中被淘汰的。我所说的这种外来物种是澳洲野狗。它们很可能是作为人类的一种家畜被带到澳大利亚大陆的。而一来到这里，它们就迅速野化了。那时澳大利亚最大的哺乳类肉食动物是袋狼。它像老虎一样长有条纹，所以通常被称为塔斯马尼亚虎，也有人叫它塔斯马尼亚狼，因为它长得像狗。大约 1000 年前，它就可能已经消失于澳大利亚，但仍然幸存在塔斯马尼亚岛的野生地带，直到 1930 年，最后一只野生袋狼被射杀。随后，1936 年，最后一只生活在动物园里的袋狼也死了。

最近，梅勒妮·菲力奥斯（Melanie Fillios）和另两位学者提出，澳洲野狗因为脑容量更大，而在澳大利亚大陆的食物竞争中战胜了袋狼。澳洲野狗没有进入塔斯马尼亚岛，这可能也是袋狼在塔斯马尼亚岛上存活得比较久的原因，尽管当时人们认为袋狼杀死了他们的羊而要悬赏它们的头。

我在前几页中描述过，从世界范围看，人类每到一个地方，当地那些喜欢白天在旷野活动的陆生哺乳动物，都是最有可能灭绝的物种。而同时，人类的家畜几乎也都生活在陆地，在白天活动，或多或少栖身旷野。这一事实暗示，当人类遍布全球时，可能以另一种方式导致了当地物种灭绝。

如果家畜与本地物种共用一个环境，那它们或许在与本地物种接触的过程中传播了某些新型疾病。我们知道，家畜身上的疾病对于野生生物来说是可以致命的。在 19 世纪末，无数的非洲大型有蹄类动物（例如非洲水牛、牛羚）都死于随家牛被带到非洲的牛瘟病毒。

纽约美国自然历史博物馆的罗斯·麦克菲（Ross MacPhee）极力主张，我们需要考虑外来物种引入的疾病对当地物种灭绝的影响。当人类踏入亚欧大陆、澳大利亚和美洲大陆时，他们还没有养殖家畜，所以家畜带去的疾病不可能是那里那些大型动物突然灭绝的原因。然而，人类肯定带了家畜到马达加斯加岛和新西兰，而且我们知道，人类把多发性黏液瘤病带到了澳大利亚，从而使澳大利亚兔子的数量大大减少。或许那时，是一种鸡感染的疾病灭绝了马达加斯加的隆鸟或新西兰的恐鸟。可以肯定，夏威夷许多小型鸟类是因禽类疟疾和禽痘而灭绝的。可能是 19 世纪早期外来鸟类和蚊虫这些生物媒介意外带来了这些疾病。

那么，我们携带的家养肉食动物又起了什么作用呢？我之前已经讨论过澳洲野狗。但我们还没有把任何一种物种的灭绝归咎于猫。不过，最近大量曝光，估计美国有几十亿的野生鸟类和哺乳动物死于那些自由放养的家猫之口，但也有人说几十亿这个数字过于夸张了。

在我们引进的肉食动物中，有一种更著名的极具破坏性的物种：棕树蛇。它们分布在澳大利亚、新几内亚和太平洋西北部关岛附近的岛群上。在20世纪中期，人类可能无意间将棕树蛇带到了那些地方。由于本地鸟类对任何蛇类都毫无抵抗力，因此棕树蛇很快将那些在地上筑巢的鸟类物种赶尽杀绝。同样，在新西兰的许多森林里，被人类引进的老鼠和猫，使得由本地鸟类演奏的美妙交响乐戛然而止。

就像人类可能通过引进澳洲野狗而间接杀死袋狼一样，现今，人类活动导致了全球气候变暖，其实肯定也正在间接地把很多物种推向灭绝的深渊。正如卡米尔·帕玛森（Camille Parmesan）这些年来一直在对我们讲的，我们正把那些生活在高纬度地区的物种赶往更北的地方生活，把世界各地那些生活在山上的物种逼向海拔更高的地区。因为只有在海拔越来越高的地方，它们所需要的低温才有保证。

此外，大多数推测表明，我们所造成的气候变暖才刚刚开始。当一些北半球物种从它们到过的南部地区撤回到北方时，很可能是因为当地的资源枯竭了，它们可能会被赶到它们赖以生存的保护区边缘，也可能在迁徙途中遇上城镇和农田。因此，生态环境保护主义者正在探讨，应怎样针对很多物种地理大迁徙这一现象进一步建立自然保护区。我们可能不得不考虑留出土地，作为那些目前看在未来几十年都到不了那里的物种的保护地。其他人则在讨论建造野生动物走廊，如条状森林，沿着这片狭长林地，动植物能穿过正被人类占用的土地。

一个主要问题是：即使我们建造了生物走廊，那些物种迁徙的速度可能也赶不上周围环境变化的速度。卡丽·施洛斯（Carrie Schloss）及其同事曾计算过，在美洲的一些地区，超过 1/3 的哺乳动物迁徙速度落后于全球变暖的速度。更致命的是，很多动物可能根本动不了，因为我们人类已经断了它们的后路，破坏了它们所在地南面或北面的栖息地。

在关于生物向两极迁徙的探讨中，另一方面的问题也随之而来了。在广阔的地理范围中，我们并不能确切地知道是哪个地方出现了异常。通常，大多数关于生物行动的调查都是在北温带开展的，因为大多数生物学家都住在那里。所以就像卡米尔·帕玛森指出的，对于非洲、亚洲热带地区和南美洲这些地方，我们的信息不足。并且除了著名的澳大利亚珊瑚礁褐化外，我们对海底发生着什么也知之甚少。

同纬度向的运动相比，即使没有人类的阻挡，那些为了维持相对适宜的温度范围及生活环境而向更高海拔地区转移的物种，也会面临严重的后果。原因显而易见：移上高山的物种最终会无山可登。埃塞俄比亚的狮尾狒就是一个典型例子。今天，它们的生存环境已经缩小到一个很小的范围，就是埃塞俄比亚瑟门山（Simien mountains）海拔 1700 米—4200 米之间的区域。然而即使在那里，这种大型陆生的猴科动物也要找寻其赖以生存的草地。全球变暖不仅将极大地减少狒狒的生存区域，还将抬升农作物生长的海拔高度。大麦是目前为止海拔最高的作物，其生长极限是 3500 米，而随着全球变暖，大麦和其他作物生长的海拔极限将会继续提高。但即使在海拔 3500 米处，狮尾狒也还是面临着来自埃塞俄比亚不断增长的人口及他们所蓄养的牛、绵羊和山羊的竞争。

在美国，濒临灭绝的山地物种鼠兔是另一个例子。鼠兔这种生活在高海拔地带的动物类似于兔子，穿梭于碎石斜坡之间。普查结果表明，在美国西部大盆地的崇山峻岭中，有 1/4 的鼠兔灭绝了。在那里没有人类的住房，没有滑雪旅馆，没有庄稼，没有放养的家畜，也没有人类。导致鼠兔灭绝的唯一原因，很简单，就是气候变得太热了。

人类造成的物种灭绝，大多并非人类故意所为。我们并没试图将生物赶尽杀绝。但无论怎么说，它们都是因为我们的行为而消亡的。但天花是个例外。人类千方百计根除的物种有两个，都跟病毒疾病有关，天花就是其中之一。最终我们把它们的地理分布范围从整个世界缩小到几乎使其无立锥之地。

天花在旧世界存在已久，16 世纪，探险家和侵略者把它带到了美洲。我曾在第 10 章描述过它的毁灭性影响。20 世纪 70 年代末，我们在“野外”消灭了天花。但仍有一些天花病毒被封在试剂瓶中，储藏在密闭的实验室里，这也引发了关于“是否应该彻底销毁这些病毒”的激烈争论。如果世界各地的伊斯兰极端主义者都允许他们的民众接种脊髓灰质炎疫苗，那就能在世界范围内消灭小儿麻痹症了。在这种情况下，文化（在此是宗教）的地理分布影响了疾病的地理分布，从而影响了世界各地的我们。尽管世界其他地方已经消灭了这种疾病，但在尼日利亚、阿富汗和巴基斯坦的那些极端主义者，正实施着禁止人们接种脊髓灰质炎疫苗的政策，因此这种疾病仍然在那些地方存在着。我想再次强调一下“极端主义者”这个词，因为理性穆斯林是反对“禁止接种脊髓灰质炎疫苗”这种法令的。

据我了解，没有人会抗议在野外消灭另一种致命的旧世界病毒——牛瘟病毒。它感染偶蹄目动物，例如畜养的牛、羊及水牛等等。成千上万野生的和家养的偶蹄目动物死于牛瘟。进入 20 世纪之后很久，牛瘟仍然在各大洲肆虐。而且这种病传播极其迅速，以致牧场、平原和大草原到处横尸遍野。幸而，2011 年，一项投入巨资、工程浩大的疫苗接种项目终于大功告成，人们宣告牛瘟不复存在。但和天花病毒一样，牛瘟病毒仍然储存在世界各地的实验室里，而其中一些实验室的安全级别似乎并不高。

物种在被我们赶尽杀绝之前，首先会被我们削减至所剩不多的数量。过去，生物学家总有些草率地假定，那些最后的幸存者会在其聚居地中心，也就是对它们而言可能最适合繁衍生息的地方，生活下去。然而，罗伯·查奈尔（Rob Channell）和马克·洛莫利诺在十几年前就提出，2/3 的植物和动物仅生存在其原栖息地的边缘地带。这种被排斥到外围地带的现象，在澳大利亚和北美洲尤其明显，在那里，目前就有超过 3/4 的物种，仅生活在其原栖息地的边缘地带。

就像这样，曾经分布在中国南方大部分地区的大熊猫，现在已经退到了当初栖息地的西北边缘，紧靠青藏高原东麓、人烟稀少的地方。加利福尼亚秃鹰曾经遍布美国的西部、南部和东部，而现在，就像它的名字所提示的那样，只存活在加利福尼亚州的野外，只存活在它曾经广阔的栖息地的西南边缘。而我之前提过的袋狼，过去曾遍布整个澳大利亚，可在欧洲人到来之前，它们便退到了塔斯马尼亚，这是它们当初栖息地的最东南端。

就像袋狼这个例子一样，一些即将灭绝的物种会在岛上找到其最后的避难所，这其实并不特别。相对于袋狼，更少人知道的一个例子是巨型袋鼠，它们最后避难所也在塔斯马尼亚岛。这个事实就跟物种灭绝的主要原因究竟是气候变化还是人类的争论，联系到了一起。如果气候变化是主要原因，那么在一个逐渐变冷的世界里，这种主要分布在南方的袋鼠，不应该是最先消亡的吗？而之后发生的事情，则和后来到达塔斯马尼亚而不是仅仅到达澳大利亚南部的人类有关。如果你一直是在跳着翻看本书的话，那我建议你可以翻到第 2 章和第 3 章看一看，那里有关于人类散布到全世界的详细内容。

每个人都知道猛犸象是什么，但极少有人知道欧亚猛犸象最后的避难所是弗兰格尔岛——靠近西伯利亚东北海岸的一个北冰洋岛屿。就在 4000 年前，它们在这座岛上彻底灭绝，正好是它们在大陆上消失的 4000 年之后。

可能有两个因素共同催生了这种以岛屿作为最后避难所的现象。可能一种是，岛屿往往是一个物种生存范围的边界，而其他部分则在大陆。另一种是，人类部落先在大陆上扩张发展，最后才到达岛屿。

无论是通过打猎还是通过破坏其生存环境，我们最先逼到灭绝的，往往是一些体型巨大的物种。而这一事实则意味着，我们的存在及我们的行为改变了动物群落的性质。这一改变接着也可能影响我们。

哥斯达黎加以其热带雨林闻名世界。成千上万的博物学家来到这个国家，只求一睹其丰富的动植物区系。然而，在哥斯达黎加，那曾经覆盖全国、绵延千里的热带雨林，如今只剩下了一点残山剩水。正如我在第 8 章解释过的，一旦生态环境遭到破坏，最早消亡的总是肉食动物，因为它们需要广大的领地。而当肉食动物灭绝后，那些曾被它们捕食的动物，数量就开始增加。这样的增加会导致很多问题。我所在大学的一位博士生艾琳娜·伯格（Elena Berg）就碰到了其中的一个问题，并为此付出了一定的代价。

卷尾猴，有时也称作风琴演奏者的猴子（the organ-grinder monkey），是一些食肉鸟类的食物。随着哥斯达黎加热带雨林的大量毁坏，这些食肉鸟中大一点的鸟类（如角雕）渐渐消失了。卷尾猴因此数量大增。现在，卷尾猴不仅吃野果与树叶，还会吃几乎一切体型合适的动物，比如甲壳虫、蜥蜴、小一点的老鼠，以及它们最爱的鸟蛋和雏鸟。这便是艾琳娜·伯格面临的问题。她做博士论文需要找到哥斯达黎加的白喉鹊鸦的雏鸟，并给它们戴上脚环，以便她之后能识别它们。但是这种鸟只要一产卵，卷尾猴很快就会随之而来，吃掉鸟蛋和雏鸟。于是艾琳娜·伯格花了很长的时间（远远超过她最初设想的时间）才给足够数量的鸟戴上脚环，得到了大到能进行数据分析的样本。卷尾猴数量大增给白喉鹊鸦种群带来的这个新威胁，其严重程度还有待考察。

如果没有卷尾猴的话，那么只要有一些树在，白喉鹊鸦就能在哥斯达黎加很好地生存下去。但是，我们几乎无法猜测我们对生态环境的破坏会带来怎样的连锁反应。热带雨林减少，食肉鸟减少；食肉鸟减少，卷尾猴数量增加。可谁会想到，卷尾猴数量增加，意味着白喉鹊鸦减少。而白喉鹊鸦减少，则意味着一名博士生会更难收集到数据。

就"人类改变自然所带来的连锁反应"这一命题，可以再写出一本书来。这里我只举几个例子。堤坝创造了湖泊。湖泊创造了岛屿。因为湖泊会淹没堤坝集水区里一些小山丘的斜坡段，而留下相对高的部分露出水面，形成岛屿。需要依赖大片土地生存的物种消失了。食肉动物就是其中之一。平均每只肉食性动物所需要的土地面积都是植食性动物的 10 倍。约翰·特伯格（John Terborgh）和一组研究人员就曾完成过一篇经典论文，其中描述，在委内瑞拉一个因堤坝而形成的岛屿上，肉食动物的减少，导致啮齿类动物、吼猴、鬣鳞蜥和切叶蚁的数量增加了 10 到 100 倍。这些都是植食性动物。它们数量暴增的结果是，与周边大陆上的森林相比，这个堰塞湖中最小的岛上，小树苗的数量减少了一半。而在周边大陆上，那些在大片的森林中幸存的食肉动物，使食草动物数量保持在可控范围内，所以有助于小树苗长成大树。一旦老树死去，在这座岛上就几乎没有可以替代这些老树的大树了。到时会有更多的土地受到侵蚀，湖也会淤塞得更快。

事实上，在委内瑞拉的这个湖中小岛上，没有了大型肉食动物的森林，其生产力远不如有它们的从前。物种损失造成的土地生产力下降可能更加直接。植物物种的减少，意味着对土壤中营养和水的利用更不充分。对土壤中营养和水的完全利用率越低，地面被绿色植被覆盖的面积就越小。实际上，一些研究表明，物种的减少对土壤生产力的伤害，可能不亚于干旱。

物种减少会导致生产力下降，而不仅导致个别树种灭绝，一个主要原因是，在一个环境中，不同物种使用不同的自然资源。例如，树根会深入到土壤的不同层面去汲取营养。缺少了一个浅生根物种，这个环境就不再能从那个土壤层面汲取营养。在干旱地区，那些扎根深的物种尤其重要，因为除非极为干旱，否则它们都可以继续发芽、生叶、开花并繁殖下一代，人类和其他动物也可以因此度过干旱的季节。所以说，物种灭绝的影响，部分取决于究竟哪些物种绝迹了。

而物种灭绝影响的另一部分则取决于出局物种的数量。出局的物种数越多，累积效应越大，越有可能造成某一关键物种消失，比如说能传播某种果树种子的一个物种。土地生产力降低，意味着饥饿人口增多。富裕国家能用化肥来弥补这种向单一种植的转变，而贫穷国家则无力承担，只能依赖自然环境生产力。

但是，这并不意味着富裕国家就能免受物种灭绝连锁效应的影响。根据疾病控制和预防中心的统计，自 1999 年西尼罗河病毒传到美国东海岸，在 15 年的时间里，美国有超过 1600 人死于该病毒。我们不清楚病毒是如何传来的。但它很快传到了西海岸，并蔓延至欧洲。1600 人的死亡数字，远小于美国每年数以万计因粗心驾驶而死亡的人数，相对于热带国家因疾病死亡的人数而言，更是不值一提。尽管如此，生在西方国家的人如今并不习惯这种由传染病造成的死亡，西尼罗河病毒导致的死亡事件因此得到了广泛关注，尤其是，它们可能是国际人口流动增加和全球变暖所带来的系列后果的前兆，这可能导致一些疾病以我们无法预见的方式向新的地区蔓延。

西尼罗河病毒不仅会感染人类，还会感染鸟类。被感染的鸟在被病毒害死之前，就是病毒携带者。加利福尼亚卫生部要求我们报告死禽的状况，以便他们能追踪该病的发展。费利西亚·基辛（Felicia Keesing）、丽莎·百通（Lisa Belden）及其同事的一份报告表明，西尼罗河热发病率增加并造成人类死亡的原因之一，可能是鸟类物种多样性的下降。他们提出了这样一种假设：那些幸存的鸟类中，有一些可能是更为高效的携带者。这怎么可能呢？首先，幸存物种可能大都携带着病毒。随后，问题恶化了，这些幸存物种的种群数量可能会增加，因为其他物种已再不能与之竞争。这样，携带病毒的物种比例增大了，种群规模更加庞大，于是，这种病毒感染人类的途径就更多了。

"疾病的地理分布及其连锁效应"这个话题，让我们联想到美国日益增多的过敏案例。我们镇上超市的入口处摆放着一些机器，分发消毒湿巾，供我们擦拭购物车的把手进行消毒。其实，我们作为西方的富人，也许不应该如此歇斯底里地追求洁净。我之所以这样说，是因为在芬兰东部有一个研究，研究将生物地理多样性分为三个层次。一种是青少年皮肤上的细菌的多样性。一种是青少年家里公共区域的生物多样性。第三种是青少年自家花园里的生物多样性。

针对芬兰这个地区的研究表明，青少年越干净——通过他们皮肤细菌多样性（皮肤是这些细菌的主要"聚集地"）的减少来判断，他们就越有可能对一些东西过敏（通过检测血液里的抗原物质判断）。这种过敏机制，似乎是通过身体产生的一种抗感染化学物质起作用的。皮肤上细菌种类越少，那种保护性的化学物质就越少。

这项研究的作者并没询问洗手习惯。他们仅通过皮肤细菌的多样性来判断清洁度。但他们发现，农村地区的青少年因为皮肤上的细菌生态系统而对过敏有更强的抵抗力。虽然没人知道农村青少年的洗手次数是否少于城市青少年，但是，农村人相对城里人而言，确实生活在一个更多样化的环境里。而这种更多样的环境，关联着更多样的细菌种类和更少的过敏反应。

于是，城里人让他们孩子免受过敏反应的第一个措施是：不使用消毒湿纸巾。随后，从白喉鹊鸦、委内瑞拉大坝岛、深根植物的消失、西尼罗河病毒在美国的传播与鸟类物种减少之间的联系等等的教训中，城市家庭需要学着把家安在外面植物种类很多的地方，以防房子周边发生迄今为止仍无法预测的各种细菌大增殖，从而减少过敏反应。

在前面的章节中，我探讨了本土疾病如何防止入侵者进入它们的地盘，以及入侵者携带的新型致病微生物如何给当地居民带来了毁灭性灾难。如果原住民患了由入侵者带来的病，那入侵者就是帮助了那些致病生物在全球传播。从我们扩大它们地理分布范围的层面上来说，所有由我们传播的微生物，都得益于我们的行为。至于这种扩展是否有益于我们，则是另一个问题。想到一些由我们传播的微生物，我们后悔莫及，我们真希望从未传播过它们。而也有一些微生物，我们乐见其传播。

在上一章里，我介绍了多种致病微生物的世界分布情况。举几个例子，天花、麻疹、疟疾、黄热病、结核病等疾病经过我们的传播，地理分布范围得到了很大的扩展，甚至我们人类都没能如此扩展。这些疾病杀人无数，还在某种程度上导致了一些美洲本土文化的消亡。到目前为止，在本章讨论我们影响其他物种时，我已经提过夏威夷鸟类的灭绝是因为我们把禽疟疾和禽痘带到了它们栖息的岛上。那么让我在这个列表中，再添上两个例子。一个是我们把西非的人类免疫缺陷（HIV）逆转录病毒带到了全球，一个是每年流感病毒在全球的传播。在西方，流感是一种温和的疾病，特别是如果我们足够理智地接种了流感疫苗。但在其他地方，可能会有几千人因流感而死。历史提供了一些关于流感致命性的例子。1919年的全球大流感杀死了数百万人。现在，我们正“成功”地把埃博拉病毒传遍西非。以前只在非洲森林深处存在的微生物，如今托我们的福已经将领地扩展到了非洲城市。到目前为止，每一种这类病毒都只需要几天时间，就能传入欧美城市严密设防的内部。

让我们把话题从致病生物转到一些更大的生物上，大型生物的地理分布范围也因人类而得到了很大的扩展。例子包括加勒比的蔗蟾、澳大利亚的澳洲野狗、澳大利亚和美洲的马，还有20种左右现居新西兰的野生欧洲鸣禽和几种现居北美的野生欧洲鸣禽，以及其他很多生物。在北美最常见的两种引进鸟类是八哥和麻雀。19世纪时，人类把麻雀和八哥带到了美国，而现在它们的分布范围覆盖了这片大陆的大部分地区。

说到澳大利亚的兔子，就不得不说我在本章的前面部分曾提过的，我们把多发性黏液瘤病带到了澳大利亚。多发性黏液瘤病是一种病毒性疾病，对兔子影响极大，会使其生肿瘤，双眼失明浮肿，倦怠乏力，发热，最终死亡（或许是两周之后）。正如我所说的，我们有意把这种病引入澳大利亚，以减少兔子数量。而兔子本身也是我们在 18 世纪引入的，当时可能是作为一种易得的食物来源。19 世纪中期，这些动物成了澳大利亚大陆上的野生物种。我们都知道兔子的繁殖特性，几十年放任不管，它们就泛滥成灾。随着多发性黏液瘤病的引入，兔子数量骤减，但这些动物中的很多也存在天然抗体，其数量开始回升，虽然还没有恢复到以前的水平。所以现在，兔子和多发性黏液瘤病从其原生地到澳大利亚，地理分布范围横跨了半个世界，而这多亏了人类。

其他分布范围得到扩展的具破坏性物种，包括我已经说过的关岛的棕树蛇，以及遍布世界各地的猫和老鼠。在新西兰的许多森林里，引进的猫和老鼠已经使本地鸟类的动听歌声戛然而止，这个我之前已经说过。一些从外部引入的植物物种，如果条件适宜的话，就会成为本地的灾难。野葛就是一个著名的例子，野葛原生于东亚和东南亚，现在却抑制着美国和澳大利亚大片本土植物的生长。水葫芦是另一个著名的例子，它原本是一种生长于亚马孙的植物，现在却堵塞了世界上大部分热带地区的水道。然而，在岛上，引入的植物多半只是增加了岛屿植物的物种数目，本地植物仍蓬勃生长。为什么岛屿上会发生这样一个不同寻常的好结果？这或许是个谜，植物学家和生态学家至今仍不明白。

如果说我们扩大了像野葛、水葫芦这类有害物种的地理范围，那我们也已经大大扩展了许多对我们有利的植物物种的地理范围。我说的是农作物。我们扩大了太多农作物的地理范围，还将某一些扩大到世界范围。列出完整的清单是不可能的，我就只提我最喜欢的两种食物。土豆源自南美，但现在已在各大洲种植。中国是领先的生产国，其每年土豆的种植量 3 倍于美国。水稻原产于中国，今天中国仍是世界上最大的大米生产国。同土豆一样，水稻现在也生长在各个大洲，包括我住的加州北部的中央谷。

我们在世界范围内传播物种，甚至可能已经使得其中一些物种免于灭绝。就在我现在住的加州戴维斯，银杏树呈现了最美丽的秋色。秋天，它们的叶子是明亮的金色。数千万年前，北半球大部分地区都生长着各种各样的银杏树。但到了大约 250 万年前，这个属的树种基本上绝迹了。虽然人们认为罪魁祸首是气候变化，但没有人知道真正的原因，因为在过去几千万年里早就发生过了巨大的气候变化。然而，其中一个树种在中国中南部和中东部的小片地方幸存了下来。科学家们过去认为，是僧人把南部的银杏种子移栽到了东部，从而使银杏在东部生长壮大。但是，东部的银杏种群遗传多样性十分丰富，不可能仅仅来自几颗种子。一定是这个物种接近灭绝时留下了孑遗种群。18 世纪初期，银杏树被引种到欧洲，18 世纪后期被引种到美国，之后它便开始蓬勃发展，现在已再次成为一种广泛分布的物种。这里要给任何想设计庭院的人一个忠告：要种雄银杏，因为雌银杏会结出很多有臭味的果子，非常麻烦。

从更大的生物地理范围看，就像我前几页描述的那样，全球变暖已经开始让物种北移了。在那几页，我指出了这种领地变迁带来的问题。但并非所有物种都会遭遇那些问题，有些物种甚至可以从中受益。北移并不一定导致物种灭绝。看一看现在北极的苔原，那里的物种丰富多样。可晚至 2 万年前，我们只能在那里看到方圆数千平方公里死气沉沉的冰盖。看一看美国的优胜美地国家公园，那里最热门的景点是山谷。在没有被酒店、野营地点、商店、停车场占据的地方，那里一片葱郁，到处是林地、草地，以及生活在其中的生物。而1.5万年前，它却被冰川覆盖着。更定量地看，荷兰在新千年开始前的30年里，因为很多品种从南方迁移了过来，所以地衣物种数量几乎翻了一番。

由于全球变暖，成百上千的物种最终会扩大它们活动范围，同时同样多的物种会失去它们的栖息地。按生物地理学的观点，分布领地的扩展，对于参与其中的物种而言是一件好事。这曾经给我们带来了好处，并且现在仍然在给我们带来好处，包括生物地理方面的利好。如果没有全球变暖，第一批美洲人就不可能进入美洲。而有了全球变暖，人类活动的地理范围也将很快扩展到整个北冰洋。北极熊可能会遭殃，但我们人类，与许多其他物种一起，将迎来一个巨大的海洋。说“全球变暖可以是一项利好”在政治上可能不正确，但很多警句格言都把改变和机遇联系在一起。

最后说我们人类。我们每个人都是成千上万种细菌的家园，而且是一个会呼吸能移动的家。也许我们每个人身上都寄居着不同种类、互补的细菌。我们每个人都是一个地理区域。事实上，甚至我们身体的每个部分，对于微生物而言都是不同的地理大区。我们头皮上的细菌不同于我们脸颊上的那些，而脸颊上的细菌又不同于我们口腔中的细菌，口腔中的细菌也不同于我们耳朵里的那些细菌，然后这些与我们胸部、手臂、腹股沟、腿、脚上的细菌，也都有所不同。

我们早已知道，邋遢的人身上大约有3种虱子。3个物种分别

“青睐”身体的不同部位。但是，我们所谓的“微生物组”研究其实属于一个新兴的研究领域。世界上首屈一指的科学期刊《科学》在2012年6月8日那一期开辟了一个专题，介绍微生物组。像伊丽莎白·科斯特洛（Elizabeth Costello）这类的生态学家已经进入到这一领域。她把人体微生物组视作一个生态系统，并用一般的生态学理论做新的阐释。生物地理学家们还没有进入这一领域。人体不同部位微生物组如何不同，以及为什么不同——对此感兴趣的微生物学家，如果能够沉浸在生物地理学领域中进行钻研，就将大受裨益，因为那些问题正是生物地理学的基本问题。斯蒂芬妮·施诺尔（Stephanie Schnorr）及其同事在2014年的一份报告中指出，相较于意大利人，非洲东部的哈扎人有更多样化的肠道微生物组，这可以作为研究这个问题的一个开篇。

在本章中，我以人类对其他物种的影响作为开篇，还着重讲述了人类对大型哺乳动物的影响（我们一到达它们的栖息地，它们就灭绝了）。在那些被我们赶尽杀绝的物种中，我没算我们的近亲，即其他的原始人类——它们当然也都是大型哺乳动物。直立人重约60公斤。但我们所看到的是，大约3万年前，直立人就已在东南亚的爪哇岛上灭绝，而这个时间可能就是我们人类第一次登上那座岛的时间。尼安德特人（记住，我并未把尼安德特人归为人类）在5万到4万年前在欧洲灭绝，而大约在同一时间，人类到了那儿。难道这只是巧合——直立人和尼安德特人都是大型哺乳动物，而在人类抵达它们最后的避难所的时候，它们刚好灭绝了？

也不排除是巧合。正如从本章开始，一件必须要说明的事就是，当人类进入亚欧大陆时，气温正陡降至末次冰期的最低阶段。

所有迹象都说明，尼安德特人在寒冷袭来之前就开始向南转移，并且最终定居于西班牙南部的一个避难所（用生物地理学术语来讲是冰期生物种遗区），那里现在仍是很多英国人冬天避寒的地方。一些基因数据表明，即使在西伯利亚，也就是它们撤退到西班牙南部之前，尼安德特人种群的基因多样性就很低。基因多样性的水平低下，暗示了其人口规模可能在几十万年时间里都非常小，小到让人推测，尼安德特人种群可能本身就即将消亡，即使没有人类入侵者的最后一击，也很可能消亡。不仅如此，尼安德特人的剩余种群是如此之小，以至于他们似乎都在近亲交配。现在，我们从挖掘出的骨头中提取到的古 DNA 信息中，已经能够得知这样非常精确的细节了。

另一项发现印证了"尼安德特人在面对日益加剧的寒冷时出现内部衰亡"的假设。这项发现就是，在高加索（介于黑海和里海之间的区域），尼安德特人可能最晚在 3.7 万年前就消失了，这是在有显著证据说明人类到达了那里的几千年之前。蕾切尔·伍德（Rachel Wood）及其同事们的结论是，尼安德特人大约在 5 万年前从西班牙南部山脉消失，当时人类还未到达那里，这更加明显地证明了尼安德特人曾因日益寒冷而退却。同样的情况可能也发生在东南亚的直立人身上。在东南亚，冰期形成了一条干旱带，使直立人只能生活在爪哇岛上，后来，他们因种群数量太小而没能幸存。

为了进一步支撑"灭绝尼安德特人的是气候变冷，而不是人类"这个观点，这里有另一个事实，即：正像我写过的，没有一个被挖掘的考古遗址能展示明确的证据，来证明人类和尼安德特人曾同时存在过。但是，正如我之前所说，现在发现的出现时间最早的某个物种，实际上很可能并不是最早的。缺少证据表明人类和尼安德特人之间的联系，并不能证明两者没有联系。在目前情况下，我们可以从西欧人的存在时间被推得越来越早中看到这一点。的确，我们也不太可能找到和最后的尼安德特人有关的迹象。在这种情况下，我们很可能找不到他们第一次接触的证据。

一些考古学家支持晚期尼安德特人和早期人类之间有过接触的观点，他们还认为，最晚期尼安德特人所体现出来的石器文化性质表明，与早期人类接触对他们的文化造成了一定影响。我将在本章后面展示这种联系在遗传方面的证据。此外，就像我刚才讨论的那样，与现在大部分已灭绝的其他大型哺乳动物类似，尼安德特人经历了之前的两次冰期而幸存了下来。如果不是因为人类，那尼安德特人为什么就没有熬过这最后一次呢？

威廉·班克斯（William Banks）及其同事非常细致地分析了尼安德特人与人类直到大约4万年前一直所处环境的性质，按照他们的分析，这个问题非常切中肯綮。他们的研究表明，尼安德特人和人类偏爱同一类型的栖息地，即林地和草地混合的土地。4万年前，这种环境广布于西欧的大部分地区。如果人类既不争夺或破坏尼安德特人的栖息地，也不杀死尼安德特人，那么尼安德特人就应该一直生活在那里。但是，直到4万年以前，这两种生物大多都是“有我无他”地出现在这些两种生物都喜欢的环境中，而且在冰期的末期，只有一个物种幸存了下来。就像班克斯论文标题所说的那样：除了人类到来并抢夺资源，把尼安德特人逐出了他们所喜爱的栖息地，从而造成他们灭绝之外，我们还能得出其他结论吗?

约翰 · 斯图尔特（John Stewart）详细分析尼安德特人的灭绝时，所提出的“其他”结论是：巧合。一种大型哺乳动物在人类到来的同时销声匿迹，这种情况可能是一个巧合。但当数十种其他的大型哺乳动物都在人类到来的同时消失殆尽，这数十个案例似乎就指明了原因。随着冰期盛期到来，气候越来越冷，栖息地逐渐消失，在这沉重打击之外，人类又捅下了“怎么是你？布鲁图斯”这样的最后一刀。在我看来，这种情况也不无可能，包括尼安德特人在内的那些物种可能就是这样灭绝的。

现在，让我为这个故事添上最后一个转折。我们知道，人类历史上发生过人吃人的事。尽管弗兰德斯与斯万组合（Flanders and Swan）的经典歌曲《不情愿的食人者》（*The Reluctant Cannibal*）中，副歌唱道“吃人是不对的”，但人类文化中曾广泛存在食人现象，尽管相对而言比较少发生。尼安德特人骨头上的切割痕迹表明，他们也曾同类相食。

如果人类是对尼安德特人的最后一击，那这最后一击，我们是怎样挥出的呢？长期以来对动物的研究表明，生物之间存在两种形式的竞争——直接竞争和间接竞争。在直接竞争中，个体或群体为了争夺资源而彼此交战。而在间接竞争中，胜者只是比对方更善于高效利用资源而已。一方捷足先登，或者开发资源的速度更快。

考虑到人们古往今来对其他人群的所作所为，人类有可能蓄意将尼安德特人与直立人斩尽杀绝了。然而，尼安德特人和人类同时同地现身的证据非常之少，我们目前只能假定两者间的关系为间接竞争。

考古学家和其他研究者曾认为，跟尼安德特人相比，现代人食用的植物种类更广泛，如此一来，环境能向人类提供的食物资源就比提供给尼安德特人的更多。拥有更多食物总是一个优势，在日益寒冷的时代恐怕更是如此。然而，2014年，阿曼达·亨利（Amanda Henry）和同事们利用显微镜研究了牙齿和工具上残留植物的种类，研究报告表明，尼安德特人食谱中的植物和现代人食谱中的一样丰富多样。不仅如此，他们已经会蒸煮这些植物了。无论如何，拥有更先进工具的人类，在这方面大概不会比尼安德特人差。我们可能做得更好的证据是，伊比利亚半岛（西班牙和葡萄牙）和法国南部的早期人类遗址中发现的兔子遗骸数量，两倍于尼安德特人遗址中兔子遗骸的数量。把兔子当作猎物的好处是它们数量丰富。同时，因为它们生活在兔穴，所以猎人用合适的装备一次就可以轻易捕捉到很多兔子。如果能把兔子从兔穴里惊吓出来，猎人就可以用网来捕捉它们。

人类不仅是工具比尼安德特人的好，而且按照丹·利伯曼（Dan Lieberman）的说法，我们人类还更擅长行走与奔跑。帕特·希普曼（Pat Shipman）最近的研究总结表明，人类那时甚至可能已有猎狗伴随左右，猎狗不仅显著提高了人类搜索、猎杀动物的能力，还提高了将猎物带回营地的能力。拥有了更好的工具（包括狗这样的工具）以及更好的运动能力，人类将在尼安德特人面前占尽先机，可以更有效率地获得猎物和其他食物。

如果人类多了一种丰富的食物来源——兔子，而尼安德特人不食用兔子，那人类将比尼安德特人繁衍得更快。这甚至意味着我们人类能开拓更多的土地，但实际上也意味着我们将剥夺尼安德特人的土地。甚至人类可能无意中惊吓了相当多的猎物，使其警惕性大增，令武器更原始的尼安德特人无法靠近这些猎物进行捕杀。无论我们相信哪一种情境假设，人类都将兵不血刃地取代尼安德特人，即使双方从未碰面。

可是，我们人类似乎真的见过他们，而且我们的祖先似乎还和他们发生了交配。就像德国莱比锡马克斯·普朗克（Max Planck）人类进化研究所的斯万特·帕博（Svante Pääbo）实验室的团队所展示的那样，今天的欧洲人和西亚人仍有尼安德特人的基因。不仅如此，东亚人、美洲原住民、新几内亚人、美拉尼西亚人都有丹尼索瓦人的基因。

我在第 2 章里第一次介绍了丹尼索瓦人。丹尼索瓦人的基因与其他欧亚人族差异很大，众所周知其留下的遗骨也很少。发现者们甚至还没决定好是否应该称其为一个新物种，所以还没有给它命一个学名。

尼安德特人和丹尼索瓦人对现代人群的遗传贡献相当之小。现代欧洲人和西亚人的基因中，可能只有 2% 来自尼安德特人。丹尼索瓦人的基因可能占了太平洋民族基因的 5%，但在亚洲人和美洲原住民基因中不到 1%。

不仅人类可能和丹尼索瓦人、尼安德特人杂交过，遗传学家还怀疑，有另一种至今未命名的人族与丹尼索瓦人杂交过。而在人类的摇篮——非洲，现代人似乎曾在 3.5 万年前与另一种神秘的人族杂交过。这种神秘的人族在几十万年前从产生人类的那一支中分离出来了，大约与丹尼索瓦人的分离处于同一时代。关于丹尼索瓦人，我们所能知道的仅限于它的基因，以及基因在生理学和解剖学方面可能告诉我们的信息。

尼安德特人与丹尼索瓦人的基因遗产带给我们的最大好处是，使我们对疾病有了普遍的免疫，想必这也是这些基因在我们体内保存至今的原因。人类迁徙到那些已被其他人族占领的地区，住在这些适应了当地疾病的人族种群中间，然后通过与他们交配，我们就获得了对这些疾病的抵抗力。

这些发现都来自我前面提到的了不起的斯万特·帕博实验室。这个研究组正在测序和鉴定越来越古老化石的 DNA。提供尼安德特人与丹尼索瓦人 DNA（也就是我刚才一直在说的那些）的骨骼至少有 5 万年的历史。帕博实验室获得的这些早期人族全基因组数据越来越完整。事实上，他们可能已经得到了一个完整的尼安德特人基因组。正如我之前提过的，基于完整的基因组，他们就能识别出对特定疾病有抗性的基因，还有例如蓝眼珠的基因。

尽管我已强调指出，人类曾与尼安德特人和丹尼索瓦人交配过，帕博实验室的结果似乎也无可争议。但我希望，到现在为止，读者已经能够意识到，在科学领域里，我们很少能百分之百地肯定一种解释的正确性。每一方可能都言之凿凿，但这个世界是复杂的，往往会有人通过一项新发现，看出某一观点的错误或缺陷。

在我们的细胞中携带有丹尼索瓦人与尼安德特人的基因这个例子中，除了与他们杂交之外，还有一种方式可以使我们具有这些基因，那就是：继承自同一个祖先。要知道，我们甚至和海胆都有共同的基因。对于我们与其他人族物种共有同样的基因，仅仅是由于我们与它们系出同源这种观点，有一种驳斥是，在非洲人群中，至今没有发现那种共有的基因。

就在我撰写本书的时候，比我更精通遗传学的那些专家，仍然在争论这些共有基因从何而来。作为结语，我想说，跟那些拒绝承认气候变化的人不同（他们因为气候学家们还在争论有关的细节，就拒绝接受气候变化这一现象的存在），研究尼安德特人的遗传学家和人类学家们，已经接受了现代人身上存在尼安德特人基因的事实，并且正在试图弄清它们是如何进入现代人群的。

§

世界各地的人口都在增长，但在热带大陆增长得最快，尤其是非洲，其人口在各大洲中增长得最快。这种增长跟热带的生物多样性状况结合起来，其不可避免的后果就是又一波灭绝事件——又有许多其他物种从地图上消失。虽然我们已经消灭的和正在继续消灭的物种，要多于我们所挽救的或正在挽救的物种，但我们至少挽救过，并且正在挽救一些物种。

那我们这个物种——智人呢？智人种群对彼此做了些什么？我们正在做什么？我们将要做什么？

第12章

征服与合作

人类偶尔会互相帮助，但彼此间通常很不客气

在前两章中，我列举证据说明，其他物种影响了“我们是什么”和“我们生活在哪里”。而我们人类不仅影响着其他生物的生存地点，甚至还影响着它们能否继续生存。上一章结束时，我问人类对彼此做过些什么，现在正在做什么，将来又要做什么。现在，我将论述一个似乎无可争辩的事实：我们人类对彼此做的事，也就是我们对其他物种做过的事。我们影响着其他文化的生存地点，还常常对它们是否能继续存在有影响。其中很多影响都是负面的。但偶尔，一种人类文化也会有益于另一种人类文化，扩展另一种文化的范围，并帮助它生存。

《圣经》中，以色列人走出埃及，以色列的上帝在《出埃及记》23：31 中，应许“要将那地的居民交在你手中，你要将他们从你面前撵出去”，之后直到《历代志下》的 12 卷书里，都有许多关于那些民族争夺土地时发生战争、强奸、抢劫和灭族的记载。

只有《路得记》才让我们从屠杀和骚乱中暂时脱身。

我的中学历史课本中重复着“人们之间的殊死竞争”这一主题。课本理所当然地将焦点集中在英国打赢了的战争上，特别是对抗法国的胜利。阿金库尔（Agincourt）战役和克雷西（Crécy）战役在我的历史课堂上是伟大、光辉的存在。我之所以写“英国打赢了的战争”，是因为那是英国人被教授、灌输的东西。事实上，在这两次作战中，“英国”军队中都包括了一支庞大的威尔士人队伍。书本不会忽略1066年确实由法国人获胜的黑斯廷斯战役（the Battle of Hastings），但课本把这场战役介绍成一场催生了英国君主制的战役。在关于英国国王和王后继位顺序的记忆口诀里，开头的并不是盎格鲁-撒克逊（Anglo-Saxon）的国王，而是入侵的法国人——威廉一世（William I）。“威利、威利、亨利、斯蒂芬”是口诀的开头，分别表示国王威廉一世、威廉二世、亨利一世（Henry I）和斯蒂芬（Stephen）。英国学校已经抹除了对于我们落败的盎格鲁-撒克逊祖先的记忆，或者至少在我上小学的时候他们是这样做的。

我们人类从一开始似乎就对彼此不太友善。华盛顿州发现的9000年前的肯纳威克人（Kennewick Man）的髋骨中，就有石箭或石矛的头。5000年前横死于意大利阿尔卑斯山的冰人奥茨（Ötzi）要么是死于头部受击，要么是死于肩膀中箭穿透动脉，要么就是死于这两者。在对古不列颠村镇进行考古发掘时，人们发现村镇大多壁垒森严。毫不夸张地说，直到1945年的欧洲历史，都是各民族间长期争夺土地的历史，是为了维持和扩张民族地理边界而进行的旷日持久的战斗。

《圣经》中记述了多次人类之间的竞争，其中一次被屠杀的人就数以万计。这个数字可能有些夸张，但被频繁记述的大屠杀暗示了高频率的种族灭绝以及完全消灭某一人群领地的企图。贾雷德·戴蒙德在其著作《第三种黑猩猩》(*The Third Chimpanzee*)——他指的是我们现代人类——中列出了人类历史上 17 次屠杀 1 万人以上的种族灭绝行为，以及 6 次屠杀 100 万人以上的种族灭绝行为。种族灭绝、杀人过万的例子之一，是印度尼西亚在 20 世纪 70—90 年代占领东帝汶（顺便一提，这得到了美国、英国和澳大利亚的支持）。种族灭绝、杀人过百万的例子则有，土耳其在第一次世界大战期间灭绝亚美尼亚人，20 世纪 70 年代红色高棉屠杀柬埔寨人，当然还有纳粹德国屠杀犹太人和其他少数民族。

《第三种黑猩猩》出版于 20 年前。当时，刚果民主共和国东部有超过 500 万人死于屠杀和饥馑，造成这种局面的，是民主刚果东部当地各种派系为了扩张自己的地盘而交火。

英国人对塔斯马尼亚土著的屠杀臭名昭著。贾雷德·戴蒙德也记述了这件事。英国人用狗来抓捕当地的塔斯马尼亚土著人，犹如对待害虫、害兽。殖民者队伍横扫了整片土地，人挡杀人佛挡杀佛。整个塔斯马尼亚原有的数万人口在短短 30 年内就因为疾病和屠杀，减少到了可能不到 200 人。19 世纪 30 年代中期，英国人用船把最后那一点生还者运到了紧挨着塔斯马尼亚东北角的弗林德斯岛（Flinders Island）。14 年后，他们只剩下了不到 50 人。然而他们又一次被挪了窝，这次的定居点在塔斯马尼亚南部，是一个原先用来流放罪犯的地方。

最后一位塔斯马尼亚土著是死于 1876 年的特鲁加尼尼

（Truganini）。塔斯马尼亚人及其文化是如此不为人知，以至于特鲁加尼尼的名字有至少六种拼法，“Trugernanner”是最常见的一种。1905 年，会说塔斯马尼亚语的最后一人也死去了，但没有人知道她的塔斯马尼亚名字。人们给她起了个名字，叫范妮·科克伦（Fanny Cochrane），她最终嫁给了英国人威廉·史密斯（William Smith）。根据维基百科上关于她的词条，仅存的塔斯马尼亚语音频记录就是她录的。你可以在视频网站 YouTube 上听到其中的一小部分。只需搜索“Fanny Cochrane Smith”即可。屠杀、饥馑，以及异族入侵者（英国人）散布的疾病，使曾经占有超过 6.2 万平方公里土地的民族，在 100 年里人数不断减少，最终竟然只剩下了一些照片和灌在留声机唱片里的记录。

从我刚才写的关于塔斯马尼亚人的文字看，好像他们是一个文化。可事实并非如此。在一份对现存的几份记录的详尽分析中，克莱尔·鲍温（Claire Bowern）在塔斯马尼亚识别出了 5 个不同的语系。可以说明它们区别有多大的是，她从自己手中掌握的所有语言的近 3500 个单词中，仅辨别出 24 个单词是这些语言所共有的。共有单词的比例很小，而且这些共有单词中有很多是为了称呼由英国人引进的物品，例如表示“牛”的单词。所以英国人并不是只消灭了“塔斯马尼亚人”。他们消灭的是北塔斯马尼亚人、布鲁尼岛人、牡蛎湾人、东北塔斯马尼亚人和西塔斯马尼亚人。

澳大利亚同样未能逃脱不列颠人的魔爪。澳大利亚的土著人同样被当作害虫一样抓捕。一个殖民者写道：“我们攫取了整个国度，击毙了那里的居民。”有些定居者抱怨这种残忍的暴行：“布莱先生（Mr. Bligh）带着一伙警察……把那些可怜的生物……赶进河里——屠杀即刻开始……就这么结束了最为恶劣的勾当——且容我说，这是我在马里伯勒（Maryborough）目睹的最肮脏的一天。”这些引文来自戴维·戴（David Day）那本详述欧洲人吞并澳大利亚历史的著作的第 7 章。

19 世纪中期到末期，美洲殖民者对加利福尼亚州北部的雅拿人做了同样的事情。贾雷德·戴蒙德也描述了这场灾难。最后几十个雅拿人被故意猎杀，只有 4 个人躲在现在的拉森国家森林（Lassen National Forest）中存活下来。我和妻子喜欢在这片保护区中远足，但无法想象要怎么样才能在这种地方生存下来。勘测员又攻击了他们的营地，杀死了那 4 个流浪者中的 3 个。3 年之后的 1911 年，唯一的幸存者以示先生（Mr. Ishi）逃出了那片森林，在伯克利（Berkeley）度过了 5 年，了其残生。

以示先生的照片出现在了贾雷德·戴蒙德的《第三种黑猩猩》中。丹尼尔·聂托和苏珊娜·罗曼（Suzanne Romaine）所著《消失的声音》（*Vanishing Voices*）里也有以示先生的照片，通过他们收录的照片，我们还能看到微笑着的红雷云（Red Thunder Cloud），他是最后一个会说卡托巴苏语（Catawba Sioux）的人。我们还能看到正在沉思的特福维克·埃森克（Tefvic Esenç），最后一个精通尤比克语（Ubykh）的人，尤比克语是一种高加索（现在大概包括格鲁吉亚、亚美尼亚和阿塞拜疆）语言。“会说某种语言的最后一人”并不都是男性。最后一个会说埃亚克语（Eyak，一种来自阿拉斯加南部的语言）的玛丽·史密斯·琼斯（Marie Smith Jones）就是女性。他们还收录了内德·玛德瑞尔（Ned Maddrell）的照片，这跟我的不列颠祖居地较有关系，他是最后一个从小就讲马恩岛语（Manx）

的人。红雷云死于1996年，特福维克·埃森克死于1992年，内德·玛德瑞尔死于1974年，玛丽·琼斯则死于2008年。

聂托和罗曼还提到了其他一些“会说某种语言的最后一人”，包括南加州的北美原住民罗辛达·诺拉斯奎兹（Roscinda Nolasquez），最后一位库佩尼人（Cupeño），她死于1987年。然而这种语言并没有随着她的去世而全部消失。它保留在了一本198页的库佩尼口述史与歌曲中，这本书由诺拉斯奎兹和简·希尔（Jane Hill）共同编纂而成。诺拉斯奎兹享年95岁。

在欧洲，多莉·彭特里思（Dolly Pentreath）可能是最后一个能讲流利本族语言的康沃尔人，她死于两个世纪前，时年80多岁。她在世时就鼎鼎有名，还拥有自己的肖像画，聂托和罗曼的书里有一张她墓碑的照片，墓碑是在她去世近一个世纪后才立起来的。

罗辛达·诺拉斯奎兹未能在其出生地终老。1903年，美国政府动用了一次最高法院判决，让她和她的族人远离自己的土地，强迫他们移居到圣迭戈县（San Diego County）一个52平方公里的帕拉印第安人居留地（Pala Indian Reservation）。

这只是这个大陆漫长历史中的一次强迫迁徙。原先，美洲原住民基本覆盖了整个美国。欧洲和其他地方的殖民者到达东海岸后，原住民就被迫西迁。现在，他们的居留地在美国国土中只占不到3%。说得好听点，这些居留地不在美国最具生产力的地方。大一些的居留地都在西部，因此位于美国最贫瘠的几个地方。居留地中最大的纳瓦霍族（Navajo Nation）所在的四角区（Four Corners region）以景色壮丽而闻名天下，可那景色绝对不是绿洲，而几乎都是峡谷和荒漠。

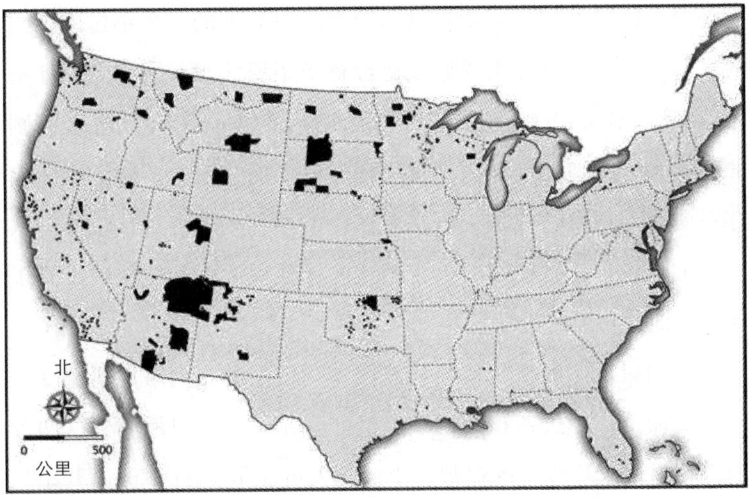

北美原住民居留地，很多都不在美国最富饶的区域。来源：维基共享资源，由约翰·达文特重新绘制

将从属民族驱逐到他们分布地区外围（往往是边缘性生存环境）的这些举措，跟我在上一章中讲的我们对许多非人物种所做的事情，并没有什么不同，也同样令人寒心。这种驱逐物种和文化的进程在全世界都可以见到。

在亚洲，中国南部沿海的台湾山脉实际上是一处保留地，山脉周围住着操一种中国方言的低地人。在高山地区，台湾原住民大约使用着十种南岛语族语言（实际的数目取决于如何给这些语言分类）。

内德·玛德瑞尔说的马恩岛语是以前马恩岛（Isle of Man，在北英格兰和北爱尔兰中间的小岛）上的主要语言。玛德瑞尔把自己对马恩岛语的掌握，归功于自己曾在马恩岛上的一个小村庄里生活。但是，那岛上的主要城镇已经被英语所淹没。同样的，苏格兰盖尔语 [Scottish Gaelic，或称作厄尔斯语（Erse）] 在苏格兰外围的岛屿和苏格兰北部地区保存得比较好，而爱尔兰盖尔语主要保存在爱尔兰西部，威尔士语在威尔士的西部则保存得比较好。从本质上来说，正是英国的扩张把这些原住民语言和原住民推到了他们之前分布地的边缘。

英国康沃尔的凯尔特语和法国布列塔尼的布列塔尼语遭受了同样的命运。不过残存的记录已经非常足够，可以勘测到这两种语言在过去上千年中的退却。康沃尔人可能早至 11 世纪就开始从康沃尔半岛向西撤离。到 16 世纪，他们已经全部退出半岛的东部，到了 19 世纪，他们只存在于非常靠西的地方，分布地只有原先的 1/20。布列塔尼人的退却同样始于约 1000 年前，而后向内陆延伸到了雷恩（Rennes）和南特（Nantes）。然而，布列塔尼人的西退基本上止于 20 世纪初，留在了半岛的中部。

对人类文化的故意毁灭，并不一定会涉及夺人性命，不一定会采取我在大概 4 页前描述的不列颠人对塔斯马尼亚人的灭绝方法。举例说，人们只要通过禁止使用和教授某一门语言，就可以毁灭一个文化。列强也确实是这样做的。说英语的列强已经在北美、澳大利亚和英国本国，成为这种禁令的有力支持者。

英国国王亨利八世下令，让爱尔兰本地人说英语，而不能说其母语盖尔语。16 世纪中期，英国政府并没有明令禁止使用威尔士语，只是禁止任何说威尔士语的人持有土地、担任公职、拥有集会自由。在这种环境下，威尔士人除了改讲英语，还能做什么呢？据澳大利亚政府人权和机遇平等委员会（Human Rights and Equal Opportunity Commission）的报告，晚至 20 世纪 70 年代，澳大利亚政府仍然在实施禁止和抵制使用土著语言的政策。

直到 1967 年，英国才通过了一项法案，允许在法庭和其他政府场合使用威尔士语，直到 1990 年，英国政府才赋予威尔士语和英语完全相等的地位，将其定为一种官方语言。在那之前，19 世纪的时候，一个小学生如果被抓到讲了威尔士语，可能就必须在脖子上戴一块木板，直到又有一个孩子被抓到讲了威尔士语，木板才能从第一个孩子的脖子上拿下，传给下一个。而这一个星期结束的时候，最后一个戴着木板的小学生会被打一顿。19 世纪中期，关于威尔士教育状况的一份政府报告认为这种行为很残忍，但也同时说威尔士语这种语言“在多方面阻碍人民……取得道德进步”。

然而，这份报告矛盾百出。它一边谴责这里的人们使用的语言，一边又说威尔士人“在阅读《圣经》时，远远优于同阶级的英国人……他们擅长讨论深奥的辩证神学观点，极富口才，而且狡猾（原文如此）”，他们“天生具有接受教诲的能力与才能”，“十分渴望它（被教授英语）”来改变他们生活的命运。确实，城市中的高薪工作要求掌握英语。禁止了威尔士语之后，英国就成了后来保守党所指责的“保姆国家”，号称为了臣民自身的利益而对其实施严格管制。

一种语言的灭绝和相应的文化毁灭，往往是其他因素影响的一种副作用，例如，移民自愿接受了他们所在国的语言，或是原住民接受了强大侵略者的语言。一种通用语因为能够便利和更多人交流，让人更有可能获得工作，而传遍了巴布亚新几内亚（Papua New Guinea）——就像100年前英语在威尔士一样。

这些例子都来自丹尼尔·聂托和苏珊娜·罗曼的《消失的声音》一书。如果有人对语言的消亡感兴趣，或是想感受其中的恐怖，就可以在书中找到很多其他例子。

我前面提到的红雷云可能是最后一个会说卡托巴苏语的人，可人们发现，他体内并没有多少北美原住民基因。《北美印第安人指南》（*Handbook of North American Indians*）第17卷的编辑艾夫斯·戈达德（Ives Goddard）把红雷云描述为一个多彩的人物，也列出了他的家谱：红雷云出生时的名字是克伦威尔·阿什比·霍金斯·韦斯特（Cromwell Ashbie Hawkins West），父母是克伦威尔·韦斯特（Cromwell West）和罗伯塔·霍金斯（Roberta Hawkins）。霍金斯夫人的父亲是威廉·霍金斯（William Hawkins），巴尔的摩最初的一批非裔美国律师之一，她的母亲艾达·麦克米晨（Ada McMechen）是乔治·麦克米晨（George McMechen）和米尔德里德·哈里斯（Mildred Harris）的女儿，等等。

不列颠出身的红雷云却有卡托巴苏人的外貌，说他们的语言，这凸显出欧洲人已经接管了北美。据估计，1850年时，美国只有不到50万名北美原住民，可是有多达3000万的非原住民。关于这种淹没带来的影响，弗拉基米尔·阿尔谢尼耶夫（Vladimir Arseniev）的《猎人德尔苏》（*Dersu the Trapper*）一书中的记载十分典型，其中描写了传统西伯利亚文化被侵蚀的过程："在他们（西伯利亚人）中，我找到了还记得其本族语言的一位老婆婆……最开始的时候，她费了很大的力气，才回忆起11个单词……现在她已经完全地失去了民族意识，甚至连自己的母语都忘了。”

语言的灭亡并不是新鲜事。K. 戴维・哈里森（K. David Harrison）估计，农耕社会以前的人们，可能使用着 1.2 万种语言，而相比之下，农耕社会发展起来之后，人们使用的语言就只剩下不到 7000 种。在第 7 章中，我提到丹尼尔・聂托发现，语言多样性与生长季节的长短相关，土地越富饶，就会有越多文化在此共存。在聂托的分析中，有一个大洲很特别，相较于其生长季节的长度，那里的语言种类显得特别贫乏，这个大洲就是南美洲。西班牙征服者带来的疾病与蓄意的种族灭绝，可能是导致这里语言贫乏的原因。

我说过，岛屿文化特别容易灭绝。英国人对塔斯马尼亚人的灭绝是一个明显的例子。在聂托的研究中，有一座岛十分突出，那里的语言种类相较其生长季节的长度，显得尤为贫乏，这座岛便是古巴。西班牙人对古巴实施的灭绝措施，并没有比他们在南美大陆上的暴行残暴多少，但因为岛屿居民无处可逃，所以西班牙人的暴行对古巴原住民而言更具毁灭性。

影响其他族群地理范围的不仅仅是人类。生物物种内和物种间都发生竞争，并且可能自从物种存在起就已经如此了。一个物种迁徙到新的地区（现在通常是通过人类），当地的物种就消失了。可为见证的是，19 世纪美国的灰松鼠到达英国之后，红松鼠就从英国的大部分地区消失了。

在前几章里，我讨论过环境如何影响了我们的解剖学和生理学特征。环境同样影响着我们的行为。200 多年前，托马斯・马尔萨斯（Thomas Malthus）就主张，人类处于不断争夺食物进而争夺土地的境地，几乎不可避免，因为我们的数量总是会繁衍到填满整个空间，消耗掉可用的资源。

恶劣天气会减少可获得食物的数量，从而加剧竞争。举例来说，欧洲主要的社会剧变之一——1789 年的法国大革命，就发生在连续 5 年的歉收之后。法国在 1788 年到 1789 年经历了可怕的寒冬，河川结冰，导致春天时河冰大量融化，淹掉万顷良田。当然，恶劣天气不是导致革命的唯一原因。“何不食蛋糕”体现了政府的无能，也体现了来自其他方面的多重影响。

找出导致战争的直接原因并理解其对人口布局的影响是很困难的。然而，最近的一些研究似乎证实了气候、竞争和战争之间的联系，也就是气候、竞争与文化地理范围改变之间的关系。

章典（David Zhang）及其同事研究了 1500 年到 1800 年所谓小冰期时期欧洲的记录。气温最低值大约出现在 1550 年和 1650 年之间，也就是“总危机”（General Crisis）时代，一个整个大洲都经历极端社会动荡的时代。这段时间里，欧洲的主干河流与运河都冻结了。章典与合著者经过严格的统计测试，证实一些事件彼此间可能有联系，顺序如下：严寒 → 玉米减产近半 → 谷物价格翻了 3 倍 → 工资降低 → 饥荒结束时，人们身体羸弱，使得瘟疫发生数量上升至 3 倍，人们平均身高也降低了 1 厘米 → 战争的数量增加了 50% → 因战争死亡的人数翻倍 → 数百万人死亡，人口锐减 → 增长了 2 倍的迁移率，说明了这一切对人居住地的影响。

张志斌及其同事调查了从公元 1 世纪到 19 世纪末，气候对中国时局的影响。他们同样发现，寒冷的天气可能与动荡有联系，还经常伴随着改朝换代。内乱的形式很有特点。气候寒冷时，北方游牧民族的南下侵略加剧。作者猜测，北方种植季短暂导致食物匮乏，给牲畜的粮食也匮乏，其结果便是侵略。雪上加霜的是，寒冷的时期往往伴随着干旱，于是蝗灾爆发，食物匮乏更加严重。

我们可以想象，相较于现代，在遥远的过去，竞争和疆域变迁将更多地受天气影响。甚至现在，冲突和对土地的争夺也与天气密切相关。现今的气候学家十分了解，厄尔尼诺–拉尼娜天气循环与横穿太平洋热带区域的周期性暖流和寒流紧密相关。这些条件产生了反常的干旱与洪涝，于是影响食物供应。典型情况是热带会比高纬度地区受到更大的影响。

与此相应，所罗门・向（Solomon Hsiang）及其合著者们发现，在 1950 年到 2004 年的这半个世纪里，厄尔尼诺年时热带地区发生的冲突是拉尼娜年时的两倍。这项研究把“冲突”定义为导致多于 25 人死亡的打斗。他们没有说气候在厄尔尼诺–拉尼娜时期是更湿润还是更干燥，更温暖还是更寒冷，因为厄尔尼诺–拉尼娜循环对气候的影响因地区而异。这种循环对高纬度地区（特别是北方地区）的影响，远远小于对赤道附近地区的影响。这项研究发现，在高纬度地区，这种天气循环对冲突并没有影响，这证实了气候影响冲突的论点。

除了厄尔尼诺–拉尼娜循环之外，所罗门・向的团队还考察了其他各种可能对冲突产生影响的因素，例如人口的性别比例、城市化程度、政治制度的性质、非洲各地区的高冲突社会环境等等。举例来说，我们可以想象因为纬度较高的国家普遍比热带国家富裕，并且政治制度通常更加稳定，所以同热带国家相比，高纬度人群较少遭受同等强度厄尔尼诺坏天气的影响。

这些其他因素，都没有一个能像气候一样与频繁的冲突有如此大的关联。研究的结论是，1950 年以来的这半个世纪里，全球可能有 1/5 的冲突源于恶劣天气。

所罗门·向和另一组合著者随后分析了已有关于气候影响冲突方式的所有严格研究的研究结果。这次他们不只分析了气候和战争的关系，还分析了气候和个体暴力行为的关系，例如打斗、杀人、推翻政府。他们研究了他们能够找到并整理的定量研究。他们找到的最早的分析，是关于美国落基山 1.2 万年前美洲原住民间的暴力行为的，尽管大多数研究都是关于 20 世纪发生的冲突的。

在总计 45 份发表的研究报告里，他们在 35 份中都发现气候变化和暴力之间存在联系。他们用采用了各种不同的天气变化标志，他们估测暴力行为时还把战争和家庭暴力都包括在内。关于民族间的斗争和制度颠覆（包括颠覆政府）的研究来自世界各地。其中有 15 份研究都是关于个体间暴力行为的，大部分集中在美国，但也有来自印度、澳大利亚和坦桑尼亚的。总的来说，高于正常值的气温以及干旱（看来比相反的情况）更容易导致暴力行为，不论是总体性的还是个人性的。

最后，在可能是迄今为止最详细的关于气候影响个体犯罪的研究中，马修·兰森（Matthew Ranson）对美国各县 1980—2009 年这 30 年间情况的分析表明，谋杀与打斗的数量随着最高气温的上升而增加。他预言，全球变暖将在美国导致大量暴力事件。谁能想到，生物地理学不但能研究犯罪，还能预测需要增加多少犯罪预防的手段呢？

当然，并非所有冲突都源于气候的不利影响。人类十分善于寻找打斗的借口。我们看到，关于东非冲突的一项研究虽然考虑到了气候，但结果表明，气候只是众多因素中的一个次要因素。

不论气候是如何引发暴力事件的，因气候导致的打斗都会严重抑制农业，随之而来的饥荒会迫使人们离开那个地区。就在我写下这些文字的 2014 年，数十万索马里饥民迁入了邻国埃塞俄比亚和肯尼亚的难民营。

会引发冲突、促成迁徙的不只有坏天气，好天气也会。数十年极好的天气确保了马匹能得到充足的饲料，成吉思汗因而得以在 13 世纪初侵略亚欧大陆，势如破竹。马拉·赫弗斯坦托尔（Mara Hvistendahl）报道了艾米·海瑟（Amy Hessl）和尼尔·佩德森（Neil Pederson）的这一观点，该观点来自他们利用年轮追溯气候变化的研究。狭窄的年轮表示树木长势不佳，这能推断出天气不好；宽大年轮则表示树木在好天气中长势良好。实际上，乌尔夫·邦特根（Ulf Büntgen）及其同事们提出，通常来说，历史上的文化扩张总是发生在天气比较好的世纪，比如 2000 多年前凯尔特人和罗马人的扩张。

不论天气多好，如果草原不利于骑兵行进，成吉思汗也肯定不会那么成功。从定量角度说，最近有一项可能解释亚非欧大陆大规模社会增长因素的研究表明，除了更先进的战争技术，一个主要的因素是行动的便捷与否，比如平坦草原环境就适合骑兵与战车通过。

在转向下一个话题之前，让我强调一下，不论是原作者还是我，都不认为单单是恶劣天气就能导致杀戮或战争。恶劣天气只是众多影响因素中的一个，不过是雪上加霜。社会、政治和经济的因素都与冲突相关。这太显而易见了，根本毋庸赘言。但是，数十年的写作和阅读经历告诉我，这往往很容易被人误解。简言之，地理因素（气候和地貌）在某些时间和场合中通过影响侵略和战争的动机，影响了人类在哪里生存。

我们不能把所有的民族灭绝都归咎于争夺土地，归结于竞争的负面作用。珍稀事物（无论是有生命的还是无生命的）相较于常见事物，总是更容易消失。并且，包括文化在内的大多数事物都是珍稀的。这是无法更改的事实。

我们可以举莎士比亚作品中的单词为例。作品中总共用到的单词约有 3 万个，其中逾 2.5 万个单词的出现次数少于 10 次，只有不到 1000 个词出现了超过 100 次。出现次数超过 2 万次的只有三个单词（“and”“I”和“to”）。这样，莎士比亚写下的单词中，有超过 80% 是稀见词，意思是他使用这些词都不超过 10 次。考察我厨房橱柜里面物品（炖锅、瓦罐等）的种类，需要把它们的数量乘以 8，才能在数量上匹敌最为常见的刀叉。2011 年 12 月，我数了这个月落在我们鸟食台上就餐的鸟儿的数量。最常见的鸟类物种的个体数，始终多于另外 5 种次常见鸟类物种个体数量的总和。鉴于读者可能会是美国的鸟迷，我在这里提一下，最常见的是灯芯草雀，次常见的 5 种鸟分别是：狐色雀鹀、棕胁唧鹀、西唧鹀、灌丛鸦、橡实啄木鸟。

我们说某种事物很常见，要么是因为它分布广泛，要么是因其数量大。前者的例子可能是沙子，而后者则可以是金库里的金子。如果我们考察最接近我们的动物亲戚（那些非人类的灵长目），就会发现，整个地理范围的分布规模中，有 161 个物种都位于分布规模的后 10%。也就是说，用这种方法来测量它们居住的世界广度的话，将近半数的物种都是稀有的。相比之下，只有一个物种——南非小猿猴（经常被称为绿猴和黑长尾猴）居于地理分布规模的前 10%。因此只有这一个物种是“常见的”——这还不到所有物种的 1%。

如果把种群密度作为衡量常见与稀少的标准，对比就不那么极端了，尽管分层的次序还是一样。我们看到常见物种（位于种群规模的前 10%）的数量超过稀有物种（位于种群规模的后 10%）50 倍。

在人类的语言方面，我们看到了同样的对比。不论是考察每种语言在世界上覆盖的区域，还是考察掌握每种语言的人数，我们都会发现，大多数语言都只有很少的人说，而常见的语言只是少数几种（大语言）而已。同样，用比较非人类灵长目的后 10% 和前 10% 地理分布规模的标准来进行比较，则世界上 2/3 的语言都是稀有的，常见语言只占 1/20。

考察一下掌握这些语言的人数：世界上近 3/4 的本土语言，其使用人数都少于 3 万。而世界上能轻松装下 3 万人的体育场却数以百计。相比之下，世界上只有 1/20（即 5%）的语言拥有超过 100 万的使用者。

我们在地理分布规模、人口规模和狩猎采集社会群体的密度方面，都得到了同样的比例。我们利用最早计算人口规模的人类学家记录的数据，来考察一下人类社群前 10% 和后 10% 所占据土地面积的差别：2/3 的社会群体占有的土地面积位于后 10% 的范围，只有 1% 的社会群体占有的土地面积位于前 10% 的范围。前者的每个社会群体不到 1500 人，后者中最少的也超过了 1.3 万人。

所以，稀少才是常见现象。这本身就是个有趣的现象。但是，我们为什么还要关心“大多数事物（包括文化在内）都是稀少的”这一观察呢？答案之一是，人们认为物以稀为贵。这就是为什么德比尔斯（De Beers）把大部分钻石都封箱入库，而不是让它们流向市场。

更重要的是，珍稀的活物（不管是物种还是文化）往往比常见事物更容易灭亡。一个生存在森林中一片小区域内的物种或文化，其家园界限分明的程度，很可能超过那些生存在森林中更大范围里的物种或文化。一个生存在小岛上的物种或文化，其家园总是更容易被自然灾害摧毁。这事就发生在1815年——坦博拉火山爆发的顷刻之间，坦博拉人及其文化和语言就遭受了灭顶之灾。我在第2章讲过这次爆发对全球造成的影响。

即使不列颠人没有到达那里，我在前面写过的塔斯马尼亚岛原住民也可能一样会遭遇不幸。他们生活在一座小岛上，人口很少，缺乏熟练的工匠，因而他们可利用的石器也越来越少，就像我在第8章里说的那样。与存在于大范围内的文化相比，存在于小范围内的文化更容易受不利条件的影响。随着技术丧失，他们也会渐渐丧失应对变化的能力，在这种情况下，可能用不了几年，严酷天气就会削减塔斯马尼亚人的人口，直到他们再也无法恢复。

低海拔远洋小岛（例如马绍尔群岛和马尔代夫）上的人们，正面临气候变暖引起的海平面上升的威胁。海平面上升当然会威胁到所有的沿海居民。然而，岛屿越小，其内部地区就越不可能高到不被淹没，也更不可能大到可以维持一个能够自给自足的人群。

全世界的人类语言现在可能有6900种，其中将近500种语言的使用者不超过 100 人，可能有 130 种语言的使用者不超过 10 人。我所在大学里的一个接待厅都可以坐得下说那 130 种语言的所有人。考虑到热带地区各文化占有的领地，要小于热带之外地区各文化占有的领地，我们可以预料，3/4 的濒危语言都在热带地区。

总的来说，世界上 94% 的语言只被世界上 6% 的人使用。更糟糕的是，据估计超过 470 种稀有语言的使用者只是一些老人，甚至可能只是一位老人。就像我讲过的，丹尼尔·聂托和苏珊娜·罗曼的《消失的声音》一书收录了一些语言最后使用者的照片，包括埃亚克语、马恩岛语和尤比克语。如果语言就是文化，那么使用这门语言的最后一人流浪到何方，那些文化的地理范围就会被缩减到何处。书中图片展示的都是老人，因此他们最后的活动范围大概不会很大，只不过是从他们家到一两所商店和他们的医生那里。

目前北美洲正使用的语言有 209 种，但其中只有 46 种是小孩子也在使用的。那剩下的那些占语言总数 3/4 的 163 种语言，怎么能不在一代人中消失呢？

列强征服者并不总会完全根除或严格限制一个族群和他们的文化。有时他们会进行强制移民，比如进行奴隶贸易，这样就扩大了一些族群的地理范围，至少使其部分文化扩张了出去。奴隶贸易的结果之一是，美洲、加勒比等地区存在大量来自非洲的人、文化和基因。

18、19 世纪时，苏格兰富有的地主将小农户驱逐出去，以便腾出地方蓄养绵羊，这就是所谓的“高地大清除”（Highland Clearances），这产生了类似的生物地理结果。大量的苏格兰基因流入加拿大和澳大利亚。大约在同一时期，随着总数超过 1 万名的罪犯的到来，澳大利亚还接收了不列颠基因与爱尔兰基因。

谢天谢地，我们并不总是竞争或是强制移民。我们同样也会合作，即使有时候我们合作是为了更好地竞争。举例说，意大利在“二战”时与德国组成同盟，美国则和英国结盟，这是众所周知的。不过我在这里想要讨论的，是和平的合作与和平的扩张。

我是不列颠人。但是我现在居住在远离不列颠的地方。我住在加利福尼亚，离我父母的祖国有 8000 公里。我在这里工作维生。我还很幸运地在诸多非洲国家工作过，也去过日本。显然如果没有那些国家的欢迎，我是没法把活动范围变得这么大的。这只是我一个人的情况。在世界范围内，已经有千百万人进行了移民。尽管有反对移民的政党，但族群分布的巨大变迁事实上已经平静或相对平静地发生了。

现在，不列颠居住着来自不列颠以外前大英帝国的数百万居民。居住在美国的来自世界上其他地方的人还要更多。旧金山的唐人街距离任何一个中国城镇都有万千公里。虽说本地居民与移民之间难免发生竞争，也总有一些接纳国的右翼分子试图抵制当前和未来的移民，但是英美城市的文化多样性，最主要是由本地居民和移民间的相互合作造成的。

《泰晤士世界历史地图集》(*Times Atlas of World History*)和《泰晤士世界全史》(*Times Complete History of the World*)里，有上百张表现人类在我们行星表面迁徙的地图。这些书和地图主要展示了进攻性的侵略和战争，以及因此造成的民族地理范围的缩小和扩张。文化来来往往，既受竞争的影响，也受“珍稀事物（包括有生命的和无生命的，包括物种和文化）要比常见事物更可能消亡”这一事实的影响。我们人类和其他许多物种一样受生物和环境的影响，我们的历史就是我们的生物地理学。研究民族迁移、气候与环境对民族和国家之地理影响的历史学家们，在某种程度上也是生物地理学家。

许多语言和文化正在消失，幸而有一部分正在从灭绝的边缘复苏过来。还有一些正在其他文化人民的帮助下逐渐恢复。德斯蒙德（Desmond）和格雷丝·德比夏尔（Grace Derbyshire）这两名英国人和 FUNAI（巴西国家印第安人基金会）一同拯救了希卡利亚纳语（Hixkaryana）及相应的族群。他们向希卡利亚纳人提供医疗援助，研习他们的文化，激发他们的内在自豪感，从而达成了这一壮举。

§

在结束这一章的时候，我想特别提起两个组织的工作，这两个组织旨在拯救文化和语言，使它们免于灭绝。一个是国际生存组织（Survival International），它致力于“帮助部落人民保卫他们的生命，保护他们的土地，决定自己的未来”。我这本书的稿酬将捐给这个组织。另一个是暑期语言学院（Summer Institute of Linguistics），简称 SIL。SIL 创立并维护“民族语言网”，那是一个列出世界上所有语言的网站，我和很多人都发现，这是极好的语言地理及文化的信息来源。暑期语言学院尤其注重支持语言的存续。它大力支持社区发展，支持建立小诊所、学校，提倡权利，并通过研究、教学，以及维护民族语言网这一便捷免费的网站，来实现促进语言存续的目的。

这两个组织不可能拯救所有稀有且行将消失的语言和文化。但至少它们已经减缓了灭绝的进程。那些没有它们就会消失无存的文化，得益于它们和其他理念相似机构及当地人民的努力，已经成功地延续下去了。

第13章

后记

人类还能坚持下去吗？

在这本书中，我努力展示了我们在全球的分布，以及我们人类这种生物，是怎样被同样塑造了其他物种的生物地理外力塑造而成的。我们不是按照我们自己的形象被创造出来的。我们并不是特别的造物。

跟其他动物物种一样，我们人类由同一个地理起源向外扩张。像其他动物物种一样，一些人类个体因为拥有某些基因型而能在环境中更好地存活，并在那些环境中比拥有其他基因型的个体留下更多后代，因此，不同地区的人类在解剖学和生理学方面都有所不同。和其他动物物种一样，气候影响着人类能在哪里生存，地理障碍则影响了人类可以去向何方。直到今天，地理障碍仍在将人们分离开来。同低纬度地区相比，高纬度地区动物（和植物）的多样性更小，岛屿上（特别是小岛上）的多样性也比陆地上小。因此我们也可以看到，人类文化多样性在高纬度地区和岛屿上也同样会更小。其他动物物种在世界上不同地区有着不同的饮食，对那些食物有着不同的适应力，人类也一样。我们人类像其他动物物种一样，在我们自己内部，也与其他物种发生竞争或合作，由此我们一方面迫使其他一些物种和文化走向灭绝，另一方面也在帮助某些物种和文化扩张它们的范围。

我们关于生物地理学和进化的知识揭示出，最终，所有物种都会走向灭绝。不过在目前，从我们的人口规模和全球性分布的程度判断，我们人类还很兴旺。我出生于 1950 年，当时全球人口有 25 亿。过了 60 年多一点，也就是在 2011 年 10 月到 2012 年 3 月之间的某个时刻，我们的人口达到了 70 亿。根据一些预测，再过一个 60 年，我们的人口就会增加到 100 亿。到时候，我们甚至可能将我们的地理分布范围延伸到月球和火星上。

但是，我们还能繁荣多久呢？在远古时代，旧世界人族祖先的进化谱系上，曾有三四个甚至是五个分支同时存活，而人类这一物种是唯一存活下来的一支。我们的近亲人族中曾有超过 15 支是先于我们行走在地球上的。现在他们都已灭绝。我们知道其中的 14 支存活了多久。某一人族物种存活了多久这种事能告诉我们什么？我们人类还能走多远？

我们祖先的亲戚中的一支——直立人存在了 150 万年。其他分支的生存时间则从 100 多万年到仅仅 30 万年不等。我们的祖先种平均生存了 60 万年。要达到类人物种存在的平均值，达到人族物种的平均水平，人类还需要再坚持 40 万年，那是我们迄今为止存在时间的两倍。

对于我们是否可以在未来继续生存 40 万年，我并不抱乐观态度。特别是当我注意到，我们这一物种现在每年消耗的资源，都要多于地球当年的产出，这意味着我们正在消耗我们的老本。冰川和冰盖正在以前所未有的速率消融。然而，我们还是如此鼠目寸光，如此一厢情愿地视而不见，如此无休无止，贪得无厌。这也包括我本人。我以奢侈的西方方式生活，消耗的资源远多于我对地球的回馈。在西方几乎每个人都是这样。但是，我们中会有任何一个人像第三世界中的大多数人那样，采取更具可持续性的生活方式吗？答案几乎肯定是——不会。

数千年的物竞天择适者生存，使我们每一个人都渴望资源，因为资源是过往生存所必需的。资源使我们能够生存、繁殖，并在这个资源常常短缺的世界中不断流动。现在，我们处在一个技术允许我们进行大规模开发的世界中，同样的贪婪使我们变肥变胖，使我们变得凶险致命——既对我们自己，也对整个世界。

但是，我们利己的大脑同样也是善于合作的大脑，就像我做博士生时的导师罗伯特·欣德（Robert Hinde）一直强调的那样。我们通过合作来竞争，不比通过打斗来竞争少。现在生活在非洲中东部维龙加火山群的山地大猩猩的数量，已经两倍于我 20 世纪 70 年代开始研究它们时的数量。我们在黄石国家公园放生了狼群。我小时候在英国几乎没有见过猛禽，而现在这里已经能常常见到红隼、鸢、秃鹫了，甚至在人口密集、农业发达的英格兰南部也是如此。如果我们能够维持并扩张其他物种的地理范围，那么我们人类这个物种可能也就有了希望。

引用文献

我参考的文献比我在这里引用的要多。对于众所周知的事情，我没有标明作者，有时只引用一两种概述。对于不那么著名的事情，我引用了一些最新研究，特别是那些尚未被收入教科书或普及读物的研究。

我列出了各章讨论的话题，并按话题列出参考文献。在讨论各个话题的引用文献中，最新的都排在最前面，因为这些新成果往往会总结之前的研究状况，至少也会参考从前的研究。

第 1 章　序言

A.H. Harcourt. 2012. *Human Biogeography*. Ch. 1.

Humans biogeographically similar to other species—(Foley, 1987)

“Race” as a spurious concept—(Edgar & Hunley, 2009)

Chimpanzee subspecies more genetically varied than all humans—(Stone et al., 2002)

Geography of milk digestion—(Durham, 1991)

Regional differences in response to drugs—(Bustamante et al., 2011), (Need & Goldstein, 2009), (Bloch, 2004), (Taylor et al., 2004), (Exner et al., 2001), (Dimsdale, 2000)

Criticism of “race” -based science—(Kahn, 2007)

Lack of diversity of subjects in studies of genetics of disease—(Bloch, 2004), (Bustamante et al., 2011), (Need & Goldstein, 2009)

The Flores hobbit finding—(Brown et al., 2004)

The metric and imperial measuring systems—(Marciano, 2014)

第 2 章　我们都是非洲人

A.H. Harcourt. 2012. *Human Biogeography*. Ch. 2.

Skeletal differences between early and late modern humans—(Klein, 2009)

Modern human origin 200,000 years ago—Fossil evidence (McDougall et al., 2005); Genetics (Ingman et al., 2000)

Hominin evolutionary tree and terminology—(Wood, 2010), (Klein, 2009)

Hominin brain sizes—(McHenry & Coffing, 2000){Ingman, 2000 #1663;Ingman, 2000 #1663}

Homo erectus in Dmanisi, Georgia 1.8 mya—(de Lumley & Lordkipanidze, 2006)

Dmanisi skull and number of Homo species—(Lordkipanidze et al., 2013)

Origins in sub-Saharan Africa—(Schlebusch et al., 2012), (Henn, Bustamante, et al.,2011), (Henn, Gignoux, et al., 2011), (Ramachandran et al., 2005)

Newly discovered hominin (Denisova) in Eurasia—(Krause et al., 2010)

Out of Africa—(Reyes-Centeno et al., 2014), (Mellars et al., 2013), (Eriksson et al., 2012), (Stewart & Stringer, 2012), (Petraglia et al., 2010), (Oppenheimer, 2009), (Pope & Terrell, 2008), (Oppenheimer, S., 2003)

Early presence in Saudi Arabia—(Armitage et al., 2011), (Petraglia et al., 2010)

Climate and Neanderthals in Middle East—(Hallin et al.)

Causes of exodus from Africa (climate, population size)—(Klein & Steele, 2013), (Blome et al., 2012; Eriksson et al., 2012), (Henn et al., 2012), (Stewart & Stringer, 2012), (Matthews & Butler, 2011), (Swain et al., 2007), (Ambrose, 2003), (Ingman et al., 2000), (Ambrose, 1998)

Climate and hominin evolution—(Stewart & Stringer, 2012), (Donges et al., 2011), (Scholz et al., 2007)

Earliest humans in Europe—(Benazzi et al., 2011), (Soares et al., 2010)

Climate and humans in Greenland—(D'Andrea & Huang, 2011), (Dugmore et al., 2007)

Mt. Toba and the exodus from Africa—(Witze & Kanipe, 2015), (Lane et al., 2013), (Louys, 2012), (Storey et al., 2012), (Ambrose, 2003), (Oppenheimer, C., 2003),

(Ambrose, 1998)

Dispersals back into and within Africa—(Hodgson et al., 2014), (Campbell & Tishkoff, 2010), (Patin et al., 2009), (Campbell & Tishkoff, 2008), (Henn et al., 2008), (Aldenderfer, 2003), (Jones, 1995), (Thomson, 1887)

Dispersal to Asia, New Guinea, and Australia—(Reyes-Centeno et al., 2014), (Pagel et al., 2013), (Pugach et al., 2013), (van Holst Pellekaan, 2013), (Demeter et al., 2012), (Eriksson et al., 2012), (Stewart & Stringer, 2012), (Kayser, 2010){Oppenheimer, 2003 #1117;Stewart, 2012 #1611}, (Marwick, 2009), (Oppenheimer, 2009), (Pope & Terrell, 2008), (Hudjashov et al., 2007), (Aldenderfer & Yinong, 2004), (O'Connell & Allen, 2004)

40,000 year gap between first and subsequent arrivals in Australia—(Pugach et al., 2013), (Pearson, 2004), (Savolainen et al., 2004)

Early presence in India dispute—(Mellars et al., 2013), (Petraglia et al., 2010)

Humans, Neanderthals in India 70 kya—(Petraglia et al., 2010), (Petraglia et al., 2007)

Earliest in Eurasia—(Oppenheimer, S., 2003), (Goebel, 1999) Into Tibet—(Qi et al., 2013), (Aldenderfer & Yinong, 2004), (Aldenderfer, 2003)

Dispersal to Japan—(Adachi et al., 2011)

Siberian route to East Asia—(Fu et al., 2014), (Reyes-Centeno et al., 2014)

Into western Europe—(Deguilloux et al., 2012), (Eriksson et al., 2012), (Stewart & Stringer, 2012), (Vigne et al., 2012), (Higham & Compton, 2011), (Benazzi et al., 2011), (Soares et al., 2010), (Cavalli-Sforza, 2000), (Cavalli-Sforza et al., 1994), (Barbujani & Sokal, 1990)

Into Britain—(Hughes et al., 2014), (Oppenheimer, 2006){Oppenheimer, 2006 #1466;Benazzi, 2011 #1577}

Earliest Arctic site in Eurasia, Yana Rhinoceros Horn—(Pitulko et al., 2004)

Northeastern Siberian environment—(Hoffecker et al., 2014), (Meiri et al., 2014), (Zazula & Froese, 2003)

Earliest accepted American sites and dates—Texas (Waters et al., 2011); Monte Verde (Dillehay et al., 2008), (George et al., 2005), (Dillehay, 1999)

Earlier so far largely unaccepted sites and dates in the Americas—(Fariña &

Tambussol, 2014), (Lahaye et al., 2013), (Guidon, 1986)

Peopling of the Americas—(Rasmussen et al., 2014), (Rademaker et al., 2013), (Eriksson et al., 2012){Raghavan, 2013 #1583;Raghavan, 2014 #1583}, (Reich et al., 2012){Reich, 2012 #1603;Reich, 2012 #1603}, (Pitblado, 2011), (Schroeder et al., 2007), (Barton et al., 2004), (Schurr, 2004), (Aldenderfer, 2003), (Oppenheimer, S., 2003), (Roosevelt et al., 2002)

Clovis culture and Clovis first debate—(Pitblado, 2011), (Haynes, 2002), (Roosevelt et al., 2002), (Fiedel, 2000)

Peopling of the Andes—(Rademaker et al., 2013), (Aldenderfer, 2003)

Back into Siberia—(Reich et al., 2012){Reich, 2012 #1603;Reich, 2012 #1603}

Agriculture and population expansion and movement—(Deguilloux et al., 2012), (Gignoux et al., 2010), (Vigne, 2008)

Dispersal of culture or of people?—(Hughes et al., 2014), (Chen et al., 2012), (Deguilloux et al., 2012), (Skoglund et al., 2012), (Forster & Renfrew, 2011), (Gignoux et al., 2010), (Cavalli-Sforza, 2000), (Kirch, 2000){Cavalli-Sforza, 1994 #859;Kirch, 2000 #1668}, (Cavalli-Sforza et al., 1988)

Fate of residents when agriculture and agriculturalists arrive—(Deguilloux et al., 2012), (Skoglund et al., 2012), (Gignoux et al., 2010), (Bramanti et al., 2009), (Richards et al., 2000)

Residents adopt language of the male invaders—(Forster & Renfrew, 2011), (Kemp et al., 2010), (Helgason et al., 2001), (Barbujani & Sokal, 1990)

Subsequent global movements—(Hellenthal et al., 2014), (Pickrell et al., 2014), (Cavalli-Sforza, 2000), (Cavalli-Sforza et al., 1994)

European genes in Southern African Khoi-San peoples—(Hellenthal et al., 2014), (Pickrell et al., 2014)

Global movements of peoples invalidates concept of "race" —(Hunley et al., 2009)

Expansion into Pacific—(Wollstein et al., 2010), (Oppenheimer, S., 2003), (Kirch, 2000)

Lapita culture—(Kirch, 2000), (Kirch, 1997)

Arrival in New Zealand—(Knapp et al., 2012), (Murray-McIntosh et al., 1998)

Small number of founding women—New Zealand (Penny et al., 2002); Madagascar (Cox et al., 2012)

Arrival in Madagascar—(Cox et al., 2012){Cox, 2012 #1653;Cox, 2012 #1653}, (Gommery et al., 2011), (Razafindrazaka et al., 2010), (Hurles et al., 2005), (Burney et al., 2004), (Oppenheimer, S., 2003)

第 3 章 从这里到那里，从那里到这里

A.H. Harcourt. 2012. *Human Biogeography.* Ch. 2.

Size of African exodus—(Liu et al., 2006), (Harpending et al., 1998)

Modeling the coastal route—(Field & Lahr, 2005)

Shellfish foraging—(Archer et al., 2014){Archer*, 2014 #1753;Archer, 2014 #1753}, (Taylor et al., 2011), (Steele & Klein, 2008), (Field & Lahr, 2005), (Bird & Bird, 2000), (Walter et al., 2000), (Meehan, 1977)

Out of Africa and to rest of world—(Bar-Yosef & Belfer-Cohen, 2013), (Eriksson et al., 2012), (Benazzi et al., 2011), (Petraglia et al., 2010), (Oppenheimer, 2009), (Pope & Terrell, 2008), (Field & Lahr, 2005), (Oppenheimer, 2003)

Sahul (New Guinea, Australia)—(Bar-Yosef & Belfer-Cohen, 2013), (van Holst Pellekaan, 2013), (Kayser, 2010), (Hudjashov et al., 2007)

India—(Majumder, 2010)

Europe—(Deguilloux et al., 2012), (Soares et al., 2010), (Zwyns et al., 2012), (Pope & Terrell, 2008), (Oppenheimer, 2006), (Oppenheimer, 2003), (Goebel, 1999)

Asia—(Stoneking & Delfin, 2010)

Japan—(Adachi et al., 2011), (Erlandson, 2002)

Americas—(Chatters et al., 2014), (Raghavan et al., 2014), (Dixon, 2013), (de Saint Pierre et al., 2012), (Eriksson et al., 2012), (Pitblado, 2011), (O'Rourke & Raff, 2010), (Fagundes et al., 2008), (Tamm et al., 2007), (Oppenheimer, 2003), (Jablonski, 2002), (Mandryk et al., 2001), (Anderson & Gillam, 2000), (Fiedel, 2000), (Fladmark, 1979)

Origins of Siberian ancestors of original Americans (Mal'ta site)—(Raghavan et al., 2014){Raghavan, 2013 #1583;Raghavan, 2014 #1583}

From Americas to Siberia—(Reich et al., 2012){Reich, 2012 #1603;Reich, 2012 #1603}, (Karafet et al., 1997)

Coastal route first—(Pitblado, 2011), (Fagundes et al., 2008), (Mandryk et al., 2001), (Fiedel, 2000), (Fladmark, 1979)

Speed of Clovis advance—(Hamilton & Buchanan, 2007), (Waters & Stafford, 2007)

Siberian (and European) origins of all native Americans—(Raghavan et al., 2014) {Raghavan, 2013 #1583;Raghavan, 2014 #1583}, (Schroeder et al., 2007)

Amazon forest not retreating during last glacial—(Colinvaux et al., 1996)

Solutrean culture in America?—Yes (Stanford & Bradley, 2012); No (Raghavan et al., 2014), (Straus et al., 2005)

Diet of Paraguayan Aché—(Hill et al., 1984)

Amazon forest persisting through Pleistocene—(Costa et al., 2000), (Colinvaux et al., 1996)

Across the Pacific—(Tumonggor et al., 2013), (Soares et al., 2011), (Cox et al., 2010), (Wollstein et al., 2010), (Gray et al., 2009), (Kayser et al., 2008), (Penny et al., 2002), (Kirch, 2000)

Different findings depending on genes studied—(Tumonggor et al., 2013), (Kayser et al., 2008)

Sex differences in migration—(Tumonggor et al., 2013), (Cox et al., 2010), (Stoneking & Delfin, 2010), (Hage & Marck, 2003)

Genghis Khan's Y-chromosome genes—(Zerjal et al., 2003)

New Guineans are not Asians—(van Holst Pellekaan, 2013), (Cox et al., 2010), (Stoneking et al., 1990)

Australian desert forcing coastal route to southeast—(Oppenheimer, 2009)

Ancient travel between Polynesia and the Americas—(Thomson et al., 2014), (Roullier et al., 2013), (Jones et al., 2011), (Storey et al., 2007), (Clarke et al., 2006), (Ballard et al., 2005), (Erickson et al., 2005)

To Madagascar—(Cox et al., 2012), (Serva et al., 2012), (Hurles et al., 2005)

Migrations within Africa—(Campbell & Tishkoff, 2010)

Eurasian genes in Africans and movement back into Africa—(Hellenthal et al., 2014), (Pickrell et al., 2014), (Abi-Rached et al., 2011)

Speed of diaspora—Sahul (Macaulay et al., 2005), (Beaton, 1991); Americas (Meltzer, 2004), (Surovell, 2003), (Surovell, 2000), (Fiedel, 2000), (Beaton, 1991), (Martin, 1973); European pastrolaists (Vigne, 2008); Marginal value theorem (Stephens & Krebs, 1986); Australian cane toads (Brown et al., 2013), (Lindström et al., 2013)

Individuals at front of expanding wave are different—(Brown et al., 2013), (Lindström et al., 2013), (Moreau et al., 2011)

第 4 章 我们是如何获得确切知识的?

A.H. Harcourt. 2012. *Human Biogeography*. Ch. 2.

New finds and new interpretations—(Matthew, 1939), (Matthew, 1915)

Using language to discern movements—(Pagel et al., 2013), (Greenhill et al., 2010), (Greenberg, 1987)

Findings from archeology, genetics, linguistics match because people move with their culture—(Cavalli-Sforza, 2000), (Cavalli-Sforza et al., 1988)

Rejection of early Australian dates—(O'Connell & Allen, 2004)

Neigboring San communities with different origins—(Hellenthal et al., 2014), (Pickrell et al., 2014)

Earliest sophisticated culture, including art, in South Africa—(Henshilwood et al., 2011), (Wadley et al., 2011)

Earliest accepted American sites and dates—Texas (Waters et al., 2011); Monte Verde (Dillehay et al., 2008), (George et al., 2005), (Dillehay, 1999)

Earlier so far largely unaccepted sites and dates in the Americas—(Fariña & Tambusso, 2014), (Lahaye et al., 2013), (Guidon, 1986)

New theories accepted by the young—(Hull et al., 1978)

Human origins in Africa—Genetic evidence, (Henn et al., 2012), (Tishkoff et al.,

2009), (Ingman et al., 2000), (Cann et al., 1987); Archeological evidence (McDougall et al., 2005)

Genetic evidence for origins in Africa, and spread across the world—(Henn et al., 2012), (Li et al., 2008), (Weaver & Roseman, 2008), (Liu et al., 2006), (Tishkoff & Verrelli, 2003), (Cavalli-Sforza et al., 1994), (Cann et al., 1987)

Humans globally less genetically diverse than chimpanzees regionally—(Stone et al., 2002)

Other species tell us about our diaspora—(Grindon & Davison, 2013), (Roullier et al., 2013), (Tanabe et al., 2010), (Moodley et al., 2009), (Searle et al., 2009), (Wilmshurst et al., 2008), (Larson, Albarella, et al., 2007), (Larson, Cucchi, et al., 2007), (Linz et al., 2007), (Clarke et al., 2006), (Matisoo-Smith & Robins, 2004), (Falush et al., 2003), (Austin, 1999)

第5章　多样性让生活更美好

A.H. Harcourt. 2012. *Human Biogeography*. Ch. 5.

Skin color—not adaptive—(Darwin, 1871, I, 276).

Fur color—adaptive—Primates (Kamilar & Bradley, 2011); Cattle (Finch & Western, 1977)

Skin color in humans—adaptive—(Jablonski & Chaplin, 2013), (Khan, 2010), (Jablonski & Chaplin, 2002), (Jablonski & Chaplin, 2000), (Norton et al., 2007)

Date of evolution of pale skin of Europeans—(Wilde et al., 2014)

Skin color—genetics and a fish—(Lamason et al., 2005)

Oldest monument, Nabta Playa, Egypt—(Malville et al., 1998)

Size, shape, and temperature: Bergmann and Allen effects—Animals—(Freckleton et al., 2003), (Meiri & Dayan, 2003), (McNab, 2002), (Ashton et al., 2000)

Size, shape, and temperature: Bergmann and Allen effects—Primates—(Harcourt & Schreier, 2009)

Size, shape, and temperature: Bergmann and Allen effects—Humans—(Gilligan et al., 2013), (Little, 2010), (Tilkens et al., 2007), (Molnar, 2006), (Bogin & Rios, 2003), (Ruff, 2002), (Binford, 2001), (Katzmarzyk & Leonard, 1998), (Holliday & Falsetti, 1995), (Roberts, 1978)

Shape and athleticism—(McDougall, 2009), (Entine, 2001)

Size, shape, and temperature: Bergmann and Allen effects—Small size of pygmy peoples—(Jarvis et al., 2012), (Perry & Dominy, 2009), (Migliano et al., 2007)

Size, shape, and nutrition—(Stinson & Frisancho, 1978)

Size, shape, and temperature: Bergmann and Allen effects—Neanderthal—(Walker et al., 2011), (Weaver & Steudel-Numbers, 2005), (Finlayson, 2004), (Holliday & Falsetti, 1995)

Warm southern Spain, so Neanderthal there not cold-adapted—(Domínguez-Villar et al., 2013), (Walker et al., 2011), (Finlayson, 2004), (Carrión et al., 2003)

Neanderthal body proportions because of active lifestyle?—(Hora & Sladek, 2014), (Gilligan et al., 2013), (Shaw & Stock, 2013), (Higgins & Ruff, 2011), (Walker et al., 2011), (Finlayson, 2004)

Neanderthal, human sex differences, and hunting—(Bird & Bird, 2008), (Kuhn & Stiner, 2006), (Chilton, 2004)

Metabolism and temperature—General, animals—(McNab, 2002); Heat (Taylor, 2006), (Moran, 2000); Salt loss (and hypertension) (Campbell & Tishkoff, 2008), (Young, 2007), (Young et al., 2005); Pygmy peoples (Young et al., 2005); Cold (Little, 2010), (Froehle, 2008), (Moran, 2000), (Frisancho, 1993); Genetics (Hancock & Di Rienzo, 2008), (Young et al., 2005); Polar explorers (Huntford, 1999), (Cherry-Garrard, 1922)

Behavior and temperature in Tasmania—(Gilligan, 2007)

Fat islanders and efficient metabolism—Animals—(McNab, 2002); Humans (Genné-Bacon, 2014), (Molnar, 2006), (Bindon & Baker, 1997)

Lifetime development of high-altitude physiology and anatomy—(Frisancho, 2013), (Weitz et al., 2013)

Tibetan, Andean, and Ethiopian high-altitude vigor—Anatomy, physiology—Humans—(Huerta-Sánchez et al., 2014), (Beall, 2013), (Frisancho, 2013), (Weitz et al., 2013), (Alkorta-Aranburu et al., 2012), (Scheinfeldt et al., 2012), (Moore et al., 2011), (Beall et al., 2010), (Bigham et al., 2010), (Simonson et al., 2010), (Yi et al., 2010), (Julian et al., 2009), (Bennett et al., 2008), (Beall, 2007), (Henderson et al., 2005), (Moore, 2001), (Moore, 1998), (Frisancho, 1993)

High-altitude vigor—Animals—(McNab, 2002), (Schmidt-Nielsen, 1997)

Tibetan, Andean, and Ethiopian genetics of high-altitude vigor—(Beall et al., 2010), (Simonson et al., 2010), (Yi et al., 2010)

Rapid evolution of high-altitude abilities—(Yi et al., 2010)

Earliest Tibetan, Andean sites—(Rademaker et al., 2013), (Aldenderfer & Yinong, 2004)

Animals adapt to high altitudes—(Li et al., 2014), (Keller et al., 2013), (Qiu et al., 2012), (McNab, 2002)

Differences between the sexes—Shape and metabolism—(Ruff, 2002), (Stinson, 2000); Donner Party (Grayson, 1993); Dutch hunger (Banning, 1946); Shipwrecks (Elinder & Erixson, 2012), (Frey et al., 2010); Mayflower (Johnson, 1994-2013)

第 6 章　基因地图与少有人走的路

A.H. Harcourt. 2012. *Human Biogeography*. Ch. 3, 4.

General—Humans—(Cavalli-Sforza, 2000)

Origins—Genetic accident and regional differences—(Weaver et al., 2007), (Mielke et al., 2006), (Oppenheimer, 2006), (Cavalli-Sforza, 2000), (Cavalli-Sforza et al., 1994), (Diamond, 1987)

Origins—Founder effects and disease—Tay-Sachs—(Risch et al., 2003); porphyria (Diamond, 1987)

Origins—Language—(Lewis, 2009)

Sahara wet in the past—(Osborne et al., 2008)

Ice caps, ice-free corridor, and entry into America—(Dixon, 2013), (Mandryk et al., 2001), (Burns, 1996), (Fladmark, 1979)

Early presence of bison in the ice-free corridor—(Dixon, 2013)

Water as barrier—(Barbujani & Sokal, 1990), (Meggers, 1977); Moses (Drews & Han, 2010)

Geographic barriers in Europe cause regional cultural and genetic differences—(Novembre et al., 2008), (Barbujani & Sokal, 1990)

Mountains as barriers—(Nettle, 1996), (Barbujani & Sokal, 1990)

Mountains as barriers, judged by late arrival at high altitude—(Qi et al., 2013), (Rademaker et al., 2013)

Mountains "higher" in the tropics—(Cashdan, 2001a), (Janzen, 1967)

Distance, economics, lack of transport, as barriers—(Robb, 2007), (Molnar, 2006), (Harrison, 1995), (Cashdan, 2001a), (Perry, 1969)

Parasites and pathogens as barriers to movement—(Dunn et al., 2010), (Fincher & Thornhill, 2008b), (Fincher & Thornhill, 2008a)

Xenophobia and culture as barriers—(Currie & Mace, 2012), (Fincher & Thornhill, 2012), (Hünemeier & Gómez-Valdés, 2012), (Fincher & Thornhill, 2008b), (Majumder, 2010), (Cashdan, 2001b), (Rabbie, 1992), (Milton, 1991), (Dow et al., 1987)

第 7 章　人不过是一种猴子？

A.H. Harcourt. 2012. *Human Biogeography*. Ch. 5.

Definitions of species, cultures, languages—(Nettle, 1999), (Simpson, 1961)

Diversity of cultures—main sources of raw information—Hunter-gatherers—(Binford, 2001); Languages (Gordon, 2005), (Goddard, 1996)

Often high cultural diversity where high biological diversity—(Burnside et al., 2012), (Gorenflo et al., 2012), (Loh & Harmon, 2005), (Maffi, 2005), (Stepp et al., 2005), (Sutherland, 2003), (Moore et al., 2002), (Nettle & Romaine, 2000), (Nettle, 1999)

Geographic range size smaller near the equator—Primates—(Harcourt, 2006),

(Harcourt, 2000b); Mammals (Ruggiero, 1994); Humans (Currie et al., 2013), (Mace & Pagel, 1995)

Territoriality of humans—(Reséndez, 2007)

Overlap of geographic ranges of non-human primates, and relevance to humans—(Harcourt & Wood, 2012)

Tropical biodiversity and its explanations—(Brown, 2014), (Lomolino et al., 2010, Ch. 15), (Harcourt, 2006), (Hawkins et al., 2003), (Allen et al., 2002), (Janzen, 1967)

Territoriality of humans—(Eerkens et al., 2014), (Reséndez, 2007)

Tropical diversity of human cultures and its environmental causes—(Gavin et al., 2013), (Currie & Mace, 2012){Currie, 2012 #1735;Currie, 2012 #1735}, (Collard & Foley, 2002), (Cashdan, 2001), (Nettle & Romaine, 2000), (Nettle, 1999), (Nettle, 1998), (Mace & Pagel, 1995)

Geographic barriers promote diversity—(Novembre et al., 2008), (Nettle, 1996), (Barbujani & Sokal, 1990)

Triangular patterns in biogeography—(Currie et al., 2013), (Harcourt & Schreier, 2009), (Brown, 1995), (Brown & Maurer, 1989)

Hotspots of biodiversity—(Harcourt, 2000a)

Hotspot of eastern Asian hunter-gatherer societies—(Stoneking & Delfin, 2010)

High diversity of some non-tropical cultures—(Codding & Jones, 2013), (Gordon, 2005), (Stepp et al., 2005), (Birdsell, 1953)

Australian territory size—(Birdsell, 1953)

Cities as hotspots of cultural diversity—(Currie & Mace, 2012), (Ottaviano & Peri, 2005)

Tropical diversity of parasites, disease organisms and their vectors, and the biogeographical consequences—(Dunn et al., 2010), (Guernier & Guegan, 2009), (Fincher & Thornhill, 2008b), (Fincher & Thornhill, 2008a), (Nunn et al., 2005), (Guernier et al., 2004), (Poulin & Morand, 2004)

Disease prevents expansion of tropical cultures—(Cashdan, 2001), (Diamond, 1997, Ch. 10), (MacArthur, 1972)

More genetic adaptations to disease than to climate—(Fumagalli et al., 2011)

第 8 章 岛屿是独特的

A.H. Harcourt. 2012. *Human Biogeography*. Ch. 6.

Hobbit debate—(Henneberg et al., 2014), (Kubo et al., 2013), (Brown, 2012), (Falk, 2011), (Aiello, 2010), (Meijer et al., 2010), (Berger et al., 2008), (Martin et al., 2006)

Island animal body size, other anatomy, and physiology—(Lomolino et al., 2013), (Montgomery, 2013), (Okie & Brown, 2009), (Bromham & Cardillo, 2007), (Palombo, 2007), (Lomolino, 2005), (Burness et al., 2001)

Large lizards on Flores and Australia—(Molnar, 2004), (Wroe, 2002), (Diamond, 1991)

Impoverished small islands—Cultures (Tasmania effect)—(Derex et al., 2013), (Gavin & Sibanda, 2012), (Kline & Boyd, 2010), (Powell et al., 2009), (Read, 2008), (Mellars, 2006), (Henrich, 2004), (Mellars, 1996), (Terrell, 1986), (Torrence, 1983);

Diseases (Strassman & Dunbar, 1999), (Black, 1966); Species (Lomolino et al., 2010, Ch. 13), (Baz & Monserrat, 1999), (Harcourt, 1999)

Java/Flores number of languages—(Lewis, 2009)

Biodiverse meeting zones—(Linder & de Klerk, 2012), (Kingdon, 1989)

Impoverished distant islands, maybe—Cultures—(Gavin & Sibanda, 2012), (Cashdan, 2001); Species (MacArthur & Wilson, 1967)

Lemur densities—(Emmons, 1999), (Harcourt et al., 2005)

第 9 章 食物塑造了我们

A.H. Harcourt. 2012. *Human Biogeography*. Ch. 7.

Nonhuman primates, diet and distribution—(Rowe & Myers, 2011), (Harcourt et al., 2002){Rowe, 2011 #1612;Edwards, 2007 #1797}

Asian peoples and alcohol—(Segal & Duffy, 1992)

Alcohol poisoning adaptive?—(Peng et al., 2010)

Cultural influences on alcohol's effects—(Lentz, 1999)

Milk—(Ranciaro et al., 2014), (Salque et al., 2013), (Curry, 2013), (Leonardi et al., 2012), (Gerbault et al., 2011), (Ingram et al., 2009), (Enattah et al., 2008), (Evershed et al., 2008), (Campbell & Tishkoff, 2008), (Vigne, 2008), (Burger et al., 2007), (Edwards et al., 2007), (Tishkoff et al., 2007), (Bersaglieri et al., 2004),(Beja-Pereira et al., 2003), (Holden & Mace, 1997), (Durham, 1991)

Starch and tubers—(Hancock et al., 2010), (Wrangham & Carmody, 2010), (Marlowe & Berbesque, 2009), (Perry et al., 2007), (Padmaja & Steinkraus, 1995), (Hawkes et al., 1989), (McGeachin & Akin, 1982)

Japanese and seaweed—(Hehemann et al., 2010)

Arctic peoples and fat—(Marlowe, 2005), (Cordain et al., 2002), (Binford, 2001), (Richards et al., 2000), (Baker, 1988)

Benefits of hunting large animals—(Bird et al., 2009), (Bird & Bird, 1997)

Regional responses to drugs—(Centers for Disease Control and Prevention, 2013), (Campbell & Tishkoff, 2008)

第 10 章　没能杀死我们的，要么让我们止步，要么叫我们改道

A.H. Harcourt. 2012. *Human Biogeography*. Ch. 9.

Malaria, yellow fever—(Townroe & Callaghan, 2014), (McNeill, 2010), (Campbell & Tishkoff, 2008), (Mielke et al., 2006, Ch. 6), (Knottnerus, 2002)

Sleeping sickness—(Pollak et al., 2010)

Disease rates—Chagas, malaria, sleeping sickness—(Lozano et al., 2012)

Disease prevents colonization—(McNeill, 2010), (Maudlin, 2006), (Curtin, 1998), (McNeill, 1976)

Colonization brings disease—(Henn et al., 2012), (Schlebusch et al., 2012), (O'Fallon & Fehren-Schmitz, 2011), (Pepperell et al., 2011), (Diamond, 1997, Ch. 5)

Predators—(Berger & McGraw, 2007), (Turner, 1992)

Drugs—(Meyer, 1999)

第 11 章 疯狂、邪恶、危险

A.H. Harcourt. 2012. *Human Biogeography*. Ch. 10.

Human-caused extinction of animal species—Hunting—(Sanchez et al., 2014), (Sandom et al., 2014), (Grund et al., 2012), (Ruie et al., 2012), (Lorenzen et al., 2011), (Nikolskiy et al., 2011), (Prideaux et al., 2010), (Faith & Surovell, 2009), (Surovell & Waguespack, 2009), (Turney et al., 2008), (Miller et al., 2005) (Surovell et al., 2005), (Johnson, 2002), (Holdaway & Jacomb, 2000), (Burney, 1997), (MacPhee & Marx, 1997), (Caughley & Gunn, 1996, Ch. 2), (Steadman, 1995); Competition (Fillios et al., 2012), (Koch & Barnosky, 2006)

Australia relatively unknown—(Field et al., 2013), (Prescott et al., 2012)

Spear heads and gomphothere bones—(Sanchez et al., 2014)

Detailed computer models, humans vs. climate—(Sandom et al., 2014), (Prescott et al., 2012)

Eurasia unusual—(Prescott et al., 2012), (Koch & Barnosky, 2006), (Stuart, 1991)

Few extinctions in Old World tropics, only one in India—(Roberts et al., 2014), (Sandom et al., 2014)

First signs of hunting—(Klein, 2009)

Environment x extinction implicates hunting—(Johnson, 2002)

Other causes of Pleistocene extinctions, particularly climate change—(Field et al., 2013), (Field & Wroe, 2012), (Fillios et al., 2012), (Pitulko & Nikolskiy, 2012), (Rick et al., 2012), (Lorenzen et al., 2011), (Nogués-Bravo et al., 2008), (MacPhee & Marx, 1997)

Both humans and climate—(Prescott et al., 2012){Prescott, 2012 #384;Prescott, 2012 #384}, (Lorenzen et al., 2011), (Nikolskiy et al., 2011), (Koch & Barnosky, 2006)

Island species susceptible—(Duncan et al., 2013), (Steadman, 2006)

Other causes—Fire—(Gillespie, 2008), (Miller et al., 2005)

Fire resulted from extinctions—(Rule et al., 2012)

Humans or climate? The argument continues—(Yule et al., 2014)

Australia fire and extinction—(Miller et al., 2005)

Fragments of habitat contain few species—(Harcourt & Doherty, 2005), (Marsh, 2003), (Laurance & Bierregaard, 1997)

Introduced species—General—(Davis, 2009); Competition (Fillios et al., 2012), (Koch & Barnosky, 2006), (Burney, 1997); Disease (MacPhee & Marx, 1997), (van Riper et al., 1986), (Warner, 1964); Predators (Loss et al., 2013), (Fritts & Rodda, 1998)

Range shift with climate warming—(Schloss et al., 2012), (Lomolino et al., 2010, Ch. 16), (Parmesan, 2006)

Parks and wildlife corridors—(Cabeza & Moilanen, 2001)

Climate and gelada baboon, pika—(Grayson, 2005), (Dunbar, 1998)

Eradication of smallpox, rinderpest—(Greenwood, 2014)

Survival on the edge—(Channell & Lomolino, 2000)

Knock-on effects—(Hanski et al., 2012), (Keesing et al., 2010), (Terborgh, 1999)

Introduced species—Beneficial effects—(Crane, 2013), (Zhao et al., 2010), (Sax & Gaines, 2008), (White, 2004), (Heinsohn, 2001)

Human microbiome—(Schnorr et al., 2014), (Costello et al., 2012), (Costello et al., 2009)

Global warming and the Arctic—(United States Environmental Protection Agency, 2014)

Neanderthal x climate—(Wood et al., 2013), (Pinhasi et al., 2012), (Stewart, 2005)

Neanderthal small population size and inbreeding—(Prüfer et al., 2014)

Neanderthal competition with humans—(Fa et al., 2013), (Shipman, 2012), (Lieberman et al., 2009), (Banks et al., 2008), (Stewart, 2005)

Neanderthal (and human) cannibalism—(Marlar et al., 2000), (Defleur et al., 1999)

Neanderthal plant diet—(Hardy et al., 2012), (Henry et al., 2011)

Humans mate with Neanderthal—(Lohse & Frantz, 2014), (Green et al., 2010)

Humans mate with Denisova—(Reich et al., 2010)

Humans mate with hominin species in Africa—(Hammer & Woerner, 2011)

Neanderthal genes in humans confer disease resistance—(Abi-Rached et al., 2011)

Humans not mate with Neanderthal (or Denisova)—(Lowery et al., 2013), (Eriksson & Manica, 2012)

第 12 章　征服与合作

A.H. Harcourt. 2012. *Human Biogeography*. Ch. 8.

General—(Malthus, 1798), (Overy, 2010)

Genocide—(Diamond, 1992, Ch. 16), Survival International http://www.survivalinternational.org/

Exclusion of species to marginal areas—(Channell & Lomolino, 2000)

Weather and violence—(Ranson, 2014), (Hsiang et al., 2013){Hsiang, 2013 #1846;Hsiang, 2013 #1846}, (Hvistendahl, 2012), (O'Loughlin et al., 2012), (Büntgen et al., 2011), (Hsiang et al., 2011), (Zhang et al., 2011), (Zhang et al., 2010)

Topography and war—(Turchin et al., 2013)

Extinction of languages, cultures—(Gorenflo et al., 2012), (Lewis, 2009), (Harrison, 2007), (Day, 2001), (Nettle & Romaine, 2000), (Harmon, 1996), (Brigandi, 1987), (Hill & Nolasquez, 1973), (Arseniev, 1928, 1939), (Government of the United Kingdom, 1847)

Exclusion of peoples to marginal areas—(Nettle & Romaine, 2000), (Bateson, 1983)

Rare things disappear, whether species or cultures—(Harmon & Loh, 2010), (Lewis, 2009), (Harrison, 2007), (Harcourt, 2006), (Harcourt et al., 2002), (Binford, 2001), (Harmon, 1996)

Saving of languages and cultures—Summer Institute of Linguistics http://www.sil.org/, Survival International http://www.survivalinternational.org

第 13 章　后记

A.H. Harcourt. 2012. *Human Biogeography*. Ch. 10.

Duration of life per hominin species—(Wood, 2010), (Foley, 2002)

Hope for humans?—(Hinde, 2011), (Hinde, 2002)

资料来源

Abi-Rached, L. et al. 2011. "The shaping of modern human immune systems by multiregional admixture with archaic humans." *Science*, 334: 89-94.

Adachi, N. et al. 2011. "Mitochondrial DNA analysis of Hokkaido Jomon skeletons: Remnantsof archaic maternal lineages at the southwestern edge of former Beringia." *American Journal of Physical Anthropology,* 146: 346-360.

Aiello, L.C. 2010. "Five years of Homo floresiensis." *American Journal of Physical Anthropology*, 142: 167-179.

Aldenderfer, M. and Yinong, Z. 2004. "The prehistory of the Tibetan plateau to the seventh century a.d.: perspectives and research from China and the West since 1950." *Journal of World Prehistory,* 18: 1-55.

Aldenderfer, M.S. 2003. "Moving up in the world." *American Scientist,* 91: 542-549.

Alkorta-Aranburu, G. et al. 2012. "The genetic architecture of adaptations to high altitude in Ethiopia." *PLOS Genetics*, 8: e1003110.

Allen, A.P. et al. 2002. "Global biodiversity, biochemical kinetics, and the energetic-equivalence rule." *Science* 297: 1545-1548.

Ambrose, S.H. 1998. "Late Pleistocene human population bottlenecks, volcanic winter, and the differentiation of modern humans." *Journal of Human Evolution,* 34: 623-651.

Ambrose, S.H. 2003. "Did the super-eruption of Toba cause a human population bottleneck? Reply to Gathorne-Hardy and Harcourt-Smith." *Journal of Human Evolution*, 45: 231-237.

Anderson, D.G. and Gillam, J.C. 2000. "Paleoindian colonization of the Americas: implications from an examination of physiography,demography, and artifact distribution." *American Antiquity*, 65: 43-66.

Archer, W. et al. 2014. "Early Pleistocene aquatic resource use in the Turkana Basin." *Journal of Human Evolution*, 77: 74-87.

Armitage, S.J. et al. 2011. "The southern route 'Out of Africa' : Evidence for an early expansion of modern humans into Arabia." *Science*, 331: 453-456.

Arseniev, V.K. 1928, 1939. *Dersu the Trapper*. London: Secker & Warburg.

Ashton, K.G. et al. 2000. "Is Bergmann's rule valid for mammals?" *American Naturalist*, 156: 390-415.

Austin, C.C. 1999. "Lizards took express train to Polynesia." *Nature*, 397: 113-114.

Baker, P.T. 1988. Nutritional stress. In *Human Biology. An Introduction to Human Evolution, Variation, Growth, and Adaptability,* edited by G.A. Harrison, et al., 479-507. Oxford: Oxford University Press.

Ballard, C. et al. (Eds.). (2005). T*he Sweet Potato in Oceania: a Reappraisal.* Pittsburgh, Sydney: University of Pittsburgh, University of Sydney.

Banks, W.E. et al. 2008. "Neanderthal extinction by competitive exclusion." *PLOS ONE*, 3: e3972.

Banning, C. 1946. "The Netherlands during German occupation. Food shortage and public health, first half of 1945." *Annals of the American Academy of Political and Social Science,* 245: 93-110.

Bar-Yosef, O. and Belfer-Cohen, A. 2013. "Following Pleistocene road signs of human dispersals across Eurasia." *Quaternary International* 285: 30-43.

Barbujani, G. and Sokal, R.R. 1990. "Zones of sharp genetic change in Europe are also linguistic boundaries." *Proceedings of the National Academy of Sciences,* USA, 87: 1816-1819.

Barton, C.M. et al. (Eds.). (2004). *The Settlement of the American Continents. A Multidisciplinary Approach to Human Biogeography.* Tucson: University of Arizona Press.

Bateson, C. 1983. *The Convict Ships 1787-1868.* Sydney: Library of Australian History.

Baz, A. and Monserrat, V.J. 1999. "Distribution of domestic Psocoptera in Madrid apartments." *Medical and Veterinary Entomology,* 13: 259-264.

Beall, C.M. 2007. "Two routes to functional adaptation: Tibetan and Andean high-altitude natives." *Proceedings of the National Academy of Sciences, USA,* 104: 8655-8660.

Beall, C.M. 2013. "Human adaptability studies at high altitude: Research designs and major concepts during fifty years of discovery." *American Journal of Human Biology,* 25: 141-147.

Beall, C.M. et al. 2010. "Natural selection on EPAS1 (HIF2alpha) associated with low hemoglobin concentration in Tibetan highlanders." *Proceedings of the National Academy of Sciences USA*, 107: 11459-11464.

Beaton, J.M. 1991. Colonizing continents: some problems from Australia and the Americas. In *The First Americans: Search and Research*, edited by T.D. Dillehay and D.J. Meltzer, 209-230. Boca Raton, USA: CRC Press.

Beja-Pereira, A. et al. 2003. "Gene-culture coevolution between cattle milk protein genes and human lactase genes." *Nature Genetics,* 35: 311—313.

Benazzi, S. et al. 2011. "Early dispersal of modern humans in Europe and implications for Neanderthal behaviour." *Nature*, 479: 525-528.

Bennett, A. et al. 2008. "Evidence that parent-of-origin affects birth-weight reductions at high altitude." *American Journal of Human Biology,* 20: 592-597.

Berger, L.R. et al. 2008. "Small-bodied humans from Palau, Micronesia." *PLOS ONE,* 3: e1780.

Berger, L.R. and McGraw, W.S. 2007. "Further evidence for eagle predation of, and feeding damage on, the Taung child." *South African Journal of Science*, 103: 496-498.

Bersaglieri, T. et al. 2004. "Genetic signatures of strong recent positive selection at the lactase gene." *American Journal of Human Genetics*, 74: 1111-1120.

Bigham, A.W. et al. 2010. "Identifying signatures of natural selection in Tibetan and Andean populations using dense genome scan data." *PLOS Genetics*, 6: 1-14.

Bindon, J.R. and Baker, P.T. 1997. "Bergmann's rule and the thrifty genotype." *American Journal of Physical Anthropology*, 104: 201-210.

Binford, L.R. 2001. *Constructing Frames of Reference: An Analytical Method for Archaeological Theory Building Using Hunter-Gatherer and Environmental Data Sets*. Berkeley:

University of California Press.

Bird, D.W. and Bird, R.B. 2000. "The ethnoarchaeology of juvenile foragers: Shellfishing strategies among Meriam children." *Journal of Anthropological Archaeology*, 19: 461-476.

Bird, R.B. and Bird, D.W. 2008. "Why women hunt. Risk and contemporary foraging in a Western Desert aboriginal community." *Current Anthropology*, 49: 655-693.

Bird, R.B. et al. 2009. "What explains differences in men's and women's production?" *Human Nature*, 20: 105-129.

Bird, R.L.B. and Bird, D.W. 1997. "Delayed reciprocity and tolerated theft: the behavioral ecology of food-sharing strategies." *Current Anthropology*, 38: 49-78.

Birdsell, J.B. 1953. "Some environmental and cultural factors influencing the structuring of Australian Aboriginal populations." *American Naturalist,* 87: 171-207.

Black, F.L. 1966. " Measles endemicity in insular populations: critical community size and its evolutionary implication." *Journal of Theoretical Biology*, 11: 207-211.

Bloch, M.G. 2004. "Race-based therapeutics." *New England Journal of Medicine*, 351: 2035-2037.

Blome, M.W. et al. 2012. "The environmental context for the origins of modern human diversity: A synthesis of regional variability in African climate 150,000-30,000 years ago." *Journal of Human Evolution*, 62: 563-592.

Bogin, B. and Rios, L. 2003. "Rapid morphological change in living humans: implications for modern human origins." *Comparative Biochemistry and Physiology A—Molecular and Integrative Physiology*, 136: 71-84.

Bramanti, B. et al. 2009. "Genetic discontinuity between local hunter-gatherers and central Europe's first farmers." *Science*, 326: 137-140.

Brigandi, P. 1987. "Roscinda Velasquez remembered." *Journal of California and Great Basin Anthropology,* 9: 2-3.

Bromham, L. and Cardillo, M. 2007. "Primates follow the 'island rule' : implications for interpreting Homo floresiensis." *Biology Letters*, 3: 398-400.

Brown, G.P. et al. 2013. "The early toad gets the worm: cane toads at an invasion front benefit from higher prey availability." *Journal of Animal Ecology,* 82: 854-862.

Brown, J.H. 1995. *Macroecology*. Chicago: University of Chicago Press.

Brown, J.H. 2014. "Why are there so many species in the tropics?" *Journal of Biogeography*, 41: 8-22.

Brown, J.H. and Maurer, B.A. 1989. "Macroecology: the division of food and space among species on continents." *Science*, 243: 1145-1150.

Brown, P. 2012. "LB1 and LB6 Homo floresiensis are not modern human (Homo sapiens) cretins." *Journal of Human Evolution*, 62: 201-224.

Brown, P. et al. 2004. "A new small-bodied hominin from the late Pleistocene of Flores, Indonesia." *Nature,* 431: 1055-1061.

Büntgen, U. et al. 2011. "2500 years of European climate variability and human susceptibility." *Science*, 331: 578-582.

Burger, J. et al. 2007. "Absence of the lactase-persistence-associated allele in early Neolithic Europeans." *Proceedings of the National Academy of Sciences USA,* 104: 3736-3741.

Burness, G.P. et al. 2001. "Dinosaurs, dragons, and dwarfs: the evolution of maximal body size." *Proceedings of the National Academy of Sciences, USA*, 98: 14518-14523.

Burney, D.A. 1997. Theories and facts regarding Holocene environmental change before and after human colonization. In *Natural Change and Human Impact in Madagascar*, edited by S.M. Goodman and B.D. Patterson, 75-89. Washington, D.C.: Smithsonian Institution Press.

Burney, D.A. et al. 2004. "A chronology for late prehistoric Madagascar." *Journal of Human Evolution*, 47: 25-63.

Burns, J.A. 1996. "Vertebrate paleontology and the alleged ice-free corridor: the meat of the matter." *Quaternary International*, 32: 107-112.

Burnside, W.R. et al. 2012. "Human macroecology: linking pattern and process in big-picture human ecology." *Biological Reviews,* 87: 194-208.

Bustamante, C.D. et al. 2011. "Genomics for the world." *Nature*, 475: 163-165.

Cabeza, M. and Moilanen, A. 2001. "Design of reserve networks and the persistence of biodiversity." *Trends in Ecology and Evolution*, 16: 242-248.

Campbell, M.C. and Tishkoff, S.A. 2008. "African genetic diversity: Implications for human demographic history, modern human origins, and complex disease mapping." *Annual Review of Genomics and Human Genetics,* 9: 403-433.

Campbell, M.C. and Tishkoff, S.A. 2010. "The evolution of human genetic and phenotypic variation in Africa." *Current Biology*, 20: R166-R173.

Cann, R.L. et al. 1987. "Mitochondrial DNA and human evolution." *Nature*, 325: 31-36.

Carrión, J.S. et al. 2003. "Glacial refugia of temperate, Mediterranean and Ibero-North African flora in south-eastern Spain: new evidence from cave pollen at two Neanderthal man sites." *Global Ecology and Biogeography*, 12: 119-129.

Cashdan, E. 2001a. "Ethnic diversity and its environmental determinants: effects of climate, pathogens, and habitat diversity." *American Anthropologist*, 103: 968-991.

Cashdan, E. 2001b. "Ethnocentrism and xenophobia: A cross-cultural study." *Current Anthropology*, 42: 760-765.

Caughley, G. and Gunn, A. 1996. *Conservation Biology in Theory and Practice.* Cambridge, Massachusetts: Blackwell Science.

Cavalli-Sforza, L.L. 2000. *Genes, Peoples, and Languages.* Berkeley: University of California Press.

Cavalli-Sforza, L.L. et al. 1994. *The History and Geography of Human Genes.* Princeton: Princeton University Press.

Cavalli-Sforza, L.L. et al. 1988. "Reconstruction of human evolution: Bringing together genetic, archaeological, and linguistic data." *Proceedings of the National Academy of Sciences, USA,* 85: 6002-6006.

Centers for Disease Control and Prevention. (2013). U.S. Public Health Service Syphilis Study at Tuskegee. http://www.cdc.gov/tuskegee/timeline.htm

Channell, R. and Lomolino, M.V. 2000. "Dynamic biogeography and conservation of endangered species." *Nature*, 403: 84-86.

Chatters, J.C. et al. 2014. "Late Pleistocene Human Skeleton and mtDNA Link Paleoamericans and modern Native Americans." *Science,* 344: 750-754.

Chen, J. et al. 2012. "Worldwide analysis of genetic and linguistic relationships of human populations." *Human Biology,* 84: 553-570.

Cherry-Garrard, A.G.B. 1922. *The Worst Journey in the World: Antarctic 1910–1913*. New York: Doran.

Chilton, E.S. 2004. Gender, age and subsistence diversity in Paleoindian societies. In *The Settlement of the American Continents. A Multidisciplinary Approach to Human Biogeography*, edited by C.M. Barton, et al., 162-172. Tucson: University of Arizona Press.

Clarke, A.C. et al. 2006. "Reconstructing the origins and dispersal of the Polynesian bottle gourd (Lagenaria siceraria)." *Molecular Biology and Evolution,* 23: 893-900.

Codding, B.F. and Jones, T.L. 2013. "Environmental productivity predicts migration, demographic, and linguistic patterns in prehistoric California." *Proceedings of the National Academy of Sciences USA*, 110: 14569-14573.

Colinvaux, P.A. et al. 1996. "A long pollen record from lowland Amazonia: forest and cooling in glacial times." *Science,* 274: 85-88.

Collard, I.F. and Foley, R.A. 2002. "Latitudinal patterns and environmental determinants of recent human cultural diversity: do humans follow biogeographical rules?" *Evolutionary Ecology Research*, 4: 371-383.

Cordain, L. et al. 2002. "The paradoxical nature of hunter-gatherer diets: meat-based, yet nonatherogenic." *European Journal of Clinical Nutrition*, 56: S42-S52.

Costa, L.P. et al. 2000. "Biogeography of South American forest mammals: endemism and diversity in the Atlantic Forest." *Biotropica*, 32: 872-881.

Costello, E.K. et al. 2009. "Bacterial community variation in human body habitats across space and time." *Science*, 326: 1694-1697.

Costello, E.K. et al. 2012. "The application of ecological theory toward an understanding of the human microbiome." *Science,* 336: 1255-1262.

Cox, M.P. et al. 2010. "Autosomal and X-linked single nucleotide polymorphisms reveal a steep Asian-Melanesian ancestry cline in eastern Indonesia and a sex bias in admixture rates." *Proceedings of the Royal Society B,* 277: 1589-1596.

Cox, M.P. et al. 2012. "A small cohort of Island Southeast Asian women founded Madagascar." *Proceedings of the Royal Society B*, 279: 2761-2768.

Crane, P. 2013. *Ginkgo. The Tree that Time Forgot.* New Haven, USA: Yale University

Press.

Currie, T.E. and Mace, R. 2012a. "Analyses do not support the parasite-stress theory of human sociality." *Behavioral and Brain Sciences*, 35: 83-85.

Currie, T.E. and Mace, R. 2012b. "The evolution of ethnolinguistic diversity." *Advances in Complex Systems,* 15: 1150006-1150026.

Currie, T.E. et al. 2013. "Cultural phylogeography of the Bantu Languages of sub-Saharan Africa." Proceedings of the Royal Society B, 280: 20130695.

Curry, A. 2013. "The milk revolution." *Nature*, 500: 20-22.

Curtin, P.D. 1998. *Disease and Empire. The Health of European Troops in the Conquest of Africa.* Cambridge: Cambridge University Press.

D'Andrea, W.J. and Huang, Y. 2011. "Abrupt Holocene climate change as an important factor for human migration in West Greenland." *Proceedings of the National Academy of Sciences USA,* 108: 9765-9769.

Darwin, C. 1871. *The Descent of Man, and Selection in Relation to Sex.* London: John Murray.

Davis, M.A. 2009. *Invasion Biology.* Oxford: Oxford University Press.

Day, D. 2001. *Claiming a Continent. A New History of Australia.* Harper Collins Publishers PTY Limited.

de Lumley, M.-A. and Lordkipanidze, D. 2006. "L'homme de Dmanissi (Homo georgicus), il y a 1 810 000 ans." *Comptes Rendus Palevol,* 5: 273-281.

de Saint Pierre, M. et al. 2012. "An alternative model for the early peopling of Southern South America revealed by analyses of three mitochondrial DNA haplogroups." *PLOS ONE,* 7: e43486

Defleur, A. et al. 1999. "Neanderthal cannibalism at Moula-Guercy, Ardèche, France." *Science,* 286: 128-131.

Deguilloux, M.-F. et al. 2012. "European neolithization and ancient DNA: an assessment." *Evolutionary Anthropology,* 21: 24-37.

Demeter, F. et al. 2012. "Anatomically modern human in Southeast Asia (Laos) by 46 ka." *Proceedings of the National Academy of Sciences, USA*, 109: 14375-14380.

Derex, M. et al. 2013. "Experimental evidence for the influence of group size on cultural complexity." *Nature,* 503: 389-391.

Diamond, J. 1987. "Observing the founder effect in human evolution." *Nature,* 329: 105-106.

Diamond, J.M. 1991. "A case of missing marsupials." *Nature,* 353: 17.

Diamond, J.M. 1992. *The Third Chimpanzee. The Evolution and Future of the Human Animal.* New York: Harper Collins Publishers Inc.

Diamond, J.M. 1997. *Guns, Germs, and Steel: The Fates of Human Societies.* New York: W.W. Norton.

Dillehay, T.D. 1999. "The Late Pleistocene cultures of South America." *Evolutionary Anthropology*, 7: 206-216.

Dillehay, T.D. et al. 2008. "Monte Verde: seaweed, food, medicine, and the peopling of South America." *Science*, 320: 784-786.

Dimsdale, J.E. 2000. "Stalked by the past: The influence of ethnicity on health." *Psychosomatic Medicine*, 62: 161-170.

Dixon, E.J. 2013. "Late Pleistocene colonization of North America from Northeast Asia: New insights from large-scale paleogeographic reconstructions." *Quaternary International,* 285: 57-67.

Domínguez-Villar, D. et al. 2013. "Early maximum extent of paleoglaciers from Mediterranean mountains during the last glaciation." *Scientific Reports,* 3: 2034.

Donges, J.F. et al. 2011. "Nonlinear detection of paleoclimate-variability transitions possibly related to human evolution." *Proceedings of the National Academy of Sciences, USA*, 108: 20422-20427.

Dow, M.M. et al. 1987. "Partial correlation of distance matrices in studies of population structure." *American Journal of Physical Anthropology*, 72: 343-352.

Drews, C. and Han, W. 2010. "Dynamics of wind setdown at Suez and the Eastern Nile Delta." *PLOS ONE*, 5: e12481.

Dugmore, A.J. et al. 2007. "Norse Greenland settlement: Reflections on the climate change, trade, and the contrasting fates of human settlements in the North Atlantic Islands." *Arctic Anthropology*, 44 (1): 12-36.

Dunbar, R.I.M. 1998. "Impact of global warming on the distribution and survival of the gelada baboon: a modelling approach." *Global Change Biology*, 4: 293-304.

Duncan, R.P. et al. 2013. "Magnitude and variation of prehistoric bird extinctions in the Pacific." *Proceedings of the National Academy of Sciences, USA,* 110: 6436-6441.

Dunn, R.R. et al. 2010. "Global drivers of human pathogen richness and prevalence." *Proceedings of the Royal Society B*, 277: 2587-2595.

Durham, W.H. 1991 *Coevolution: Genes, Culture, and Human Diversity*. Stanford: Stanford University Press.

Edgar, H.J.H. and Hunley, K.L. 2009. "Race reconciled: how biological anthropologists view human variation." *American Journal of Physical Anthropology*, 139: 1-107.

Edwards, C.J. et al. 2007. "Mitochondrial DNA analysis shows a Near Eastern Neolithic origin for domestic cattle and no indication of domestication of European aurochs." *Proceedings of the Royal Society B,* 274: 1377-1385.

Eerkens, J.W. et al. 2014. "Tracing the mobility of individuals using stable isotope signatures in biological tissues: 'locals' and 'non-locals' in an ancient case of violent death from Central California." *Journal of Archaeological Science*, 41: 474-481.

Elinder, M. and Erixson, O. 2012. "Gender, social norms, and survival in maritime disasters." *Proceedings of the National Academy of Sciences USA,* 109: 13220-13224.

Emmons, L.H. 1999. Of mice and monkeys: primates as predictors of mammal community richness. In *Primate communities*, edited by J.G. Fleagle, et al., 171-188. Cambridge, UK: Cambridge University Press.

Enattah, N.S. et al. 2008. "Independent introduction of two lactase-persistence alleles into human populations reflects different history of adaptation to milk culture." *American Journal of Human Genetics*, 82: 57-72.

Entine, J. 2001. *Taboo: Why Black Athletes Dominate Sports And Why We're Afraid To Talk About It.* New York: Public Affairs.

Erickson, D.L. et al. 2005. "An Asian origin for a 10,000-year-old domesticated plant in the Americas." *Proceedings of the National Academy of Sciences USA*, 102: 18315-18320.

Eriksson, A. et al. 2012. "Late Pleistocene climate change and the global expansion of anatomically modern humans." *Proceedings of the National Academy of Sciences USA*, 109: 16089-16094.

Eriksson, A. and Manica, A. 2012. "Effect of ancient population structure on the degree of polymorphism shared between modern human populations and ancient hominins." *Proceedings of the National Academy of Sciences USA,* 109: 13956-13960.

Erlandson, J.M. (2002). *Anatomically modern humans, maritime voyaging, and the Pleistocene colonization of the Americas.* Paper presented at the The First Americans. The Pleistocene Colonization of the New World, San Francisco.

Evershed, R.P. et al. 2008. "Earliest date for milk use in the Near East and southeastern Europe linked to cattle herding." *Nature* 455: 528-531.

Exner, D.V. et al. 2001. "Lesser response to angiotensin-converting-enzyme inhibitor therapy in blacks as compared with white patients with left ventricular dysfunction." *New England Journal of Medicine*, 344: 1351-1357.

Fa, J.E. et al. 2013. "Rabbits and hominin survival in Iberia." *Journal of Human Evolution,* 64: 233-241.

Fagundes, N.J.R. et al. 2008. "Mitochondrial population genomics supports a single pre-Clovis origin with a coastal route for the peopling of the Americas." *American Journal of Human Genetics*, 82: 583-592.

Faith, J.T. and Surovell, T.A. 2009. "Synchronous extinction of North America's Pleistocene mammals." *Proceedings of the National Academy of Sciences, USA*, 106: 20641-20645.

Falk, D. 2011. *The Fossil Chronicles.* Berkeley: University of California Press.

Falush, D. et al. 2003. "Traces of human migrations in Helicobacter pylori populations." *Science,* 299: 1582-1585.

Fariña, R.A. and Tambusso, P.S. 2014. "Arroyo del Vizcaíno, Uruguay: a fossil-rich 30-ka-old megafaunal locality with cut-marked bones." *Proceedings of the Royal Society B*, 281: 20132211.

Fiedel, S.J. 2000. "The peopling of the New World: present evidence, new theories, and future directions." *Journal of Archaeological Research*, 8: 39-103.

Field, J. and Wroe, S. 2012. "Aridity, faunal adaptations and Australian Late Pleistocene extinctions." *World Archaeology*, 44: 56-74.

Field, J. et al. 2013. "Looking for the archaeological signature in Australian Megafaunal extinctions." *Quaternary International*, 285: 76-88.

Field, J.S. and Lahr, M.M. 2005. "Assessment of the southern dispersal: GIS-based analyses of potential routes at oxygen isotopic stage 4." *Journal of World Prehistory*, 19: 1-45.

Fillios, M. et al. 2012. "The impact of the dingo on the thylacine in Holocene Australia." *World Archaeology*, 44: 118-134.

Finch, V.A. and Western, D. 1977. "Cattle colors in pastoral herds: natural selection or social preference." *Ecology,* 58: 1384-1392.

Fincher, C.L. and Thornhill, R. 2008a. "Assortative sociality, limited dispersal, infectious disease and the genesis of the global pattern of religion diversity." *Proceedings of the Royal Society*, *London.B.,* 275: 2587-2594.

Fincher, C.L. and Thornhill, R. 2008b. "A parasite-driven wedge: infectious diseases may explain language and other biodiversity." *Oikos*, 117: 1289-1297.

Fincher, C.L. and Thornhill, R. 2012. "Parasite-stress promotes in-group assortative sociality: The cases of strong family ties and heightened religiosity." *Behavioral and Brain Science*s, 35: 61-79.

Finlayson, C. 2004. *Neanderthals and Modern Humans. An Ecological and Evolutionary Perspective.* Cambridge: Cambridge University Press.

Fladmark, K.R. 1979. "Routes: alternative migration corridors for early man in North America." *American Antiquity,* 44: 55-69.

Foley, R. 1987. *Another Unique Species. Patterns in Human Evolutionary Ecology.* Harlow: Longman Scientific & Technical.

Foley, R.A. 2002. "Adaptive radiations and dispersals in hominin evolutionary ecology." *Evolutionary Anthropology*, Suppl. 1: 32-37.

Forster, P. and Renfrew, C. 2011. "Mother tongue and Y chromosomes." *Science*, 333: 1390-1391.

Freckleton, R.P. et al. 2003. "Notes and comments. Bergmann's rule and body size in mammals." *American Naturalist,* 161: 821-825.

Frey, B.S. et al. 2010. "Interaction of natural survival instincts and internalized social norms exploring the Titanic and Lusitania disasters." *Proceedings of the National Academy of Sciences, USA,* 107: 4862-4865.

Frisancho, A.R. 1993. *Human Adaptation and Accomodation.* Ann Arbor: University of Michigan Press.

Frisancho, A.R. 2013. "Developmental functional adaptation to high altitude: review." *American Journal of Human Biology*, 25: 151-168.

Fritts, T.H. and Rodda, G.H. 1998. "The role of introduced species in the degradation of island ecosystems: a case history of Guam." *Annual Review of Ecology and Systematics,* 29: 113-140.

Froehle, A.W. 2008. "Climate variables as predictors of basal metabolic rate: new equations." *American Journal of Human Biology,* 20: 510-529.

Fu, Q. et al. 2014. "Genome sequence of a 45,000-year-old modern human from western Siberia." *Nature*, 514: 445-449.

Fumagalli, M. et al. 2011. "Signatures of environmental genetic adaptation pinpoint pathogens as the main selective pressure through human evolution." *PLOS Genetics*, 7: DOI: 10.1371/journal.pgen.1002355

Gavin, M.C. et al. 2013. "Toward a mechanistic understanding of linguistic diversity." *Bioscience*, 63: 524-535.

Gavin, M.C. and Sibanda, N. 2012. "The island biogeography of languages." *Global Ecology and Biogeography*, 21: 958-967.

Genné-Bacon, E.A. 2014. "Thinking evolutionarily about obesity." *Yale Journal of Biology and Medicine*, 87: 99-112.

George, D. et al. 2005. "Resolving an anomalous radiocarbon determination on mastodon bone from Monte Verde, Chile." *American Antiquity,* 70: 766-772.

Gerbault, P. et al. 2011. "Evolution of lactase persistence: an example of human niche construction." *Philosophical Transactions of the Royal Society, London, Series B.*, 366: 863-877.

Gignoux, C.A. et al. 2010. "Rapid, global demographic expansions after the origins of agriculture." *Proceedings of the National Academy of Sciences, USA*, 108: 6044-6049.

Gillespie, R. 2008. "Updating Martin's global extinction model." *Quaternary Science Reviews*, 27: 2522-2529.

Gilligan, I. 2007. "Resisting the cold in ice age Tasmania: thermal environment and settlement strategies." *Antiquity*, 81: 555-568.

Gilligan, I. et al. 2013. "Femoral neck-shaft angle in humans: variation relating to climate, clothing, lifestyle, sex, age and size." *Journal of Anatomy*, 223: 133-151.

Goddard, I. (Ed.). (1996). *Handbook of the North American Indians. Vol 17. Languages.* Washington, D.C.: Smithsonian Institution.

Goebel, T. 1999. "Pleistocene human colonization of Siberia and peopling of the Americas: An ecological approach." *Evolutionary Anthropology,* 8: 208-227.

Gommery, D. et al. 2011. "Oldest evidence of human activities in Madagascar on subfossil hippopotamus bones from Anjohibe (Mahajanga Province)." *Comptes Rendus. Palevol,* 10: 271-278.

Gordon, R.G. (Ed.). (2005). *Ethnologue: Languages of the World, 15th ed.* http://www.ethnologue.com/. Dallas, TX: SIL International.

Gorenflo, L.J. et al. 2012. "Co-occurrence of linguistic and biological diversity in biodiversity hotspots and high biodiversity wilderness areas." *Proceedings of the National Academy of Sciences, USA*, 109: 8032-8037.

Government of the United Kingdom. (1847). *Reports of the Commissioners of Enquiry into the State of Education in Wales.* London: UK Government.

Gray, R.D. et al. 2009. "Language phylogenies reveal expansion pulses and pauses in Pacific settlement." *Science*, 323: 479-483.

Grayson, D.K. 1993. "Differential mortality and the Donner Party disaster." *Evolutionary Anthropology,* 2: 151-159.

Grayson, D.K. 2005. "A brief history of the Great Basin pikas." *Journal of Biogeography,* 32: 2103-2111.

Green, R.E. et al. 2010. "A draft sequence of the Neandertal genome." *Science*, 328: 710-722.

Greenberg, J.H. 1987. Language in the Americas. Stanford, California: Stanford

University Press.

Greenhill, S.J. et al. 2010. "The shape and tempo of language evolution." *Proceedings of the Royal Society, London.B.*, 277: 2443-2450.

Greenwood, B. 2014. "The contribution of vaccination to global health: past, present and future." *Philosophical Transactions of the Royal Society, London, B*, 369: 20130433.

Grindon, A.J. and Davison, A. 2013. "Irish Cepaea nemoralis land snails have a cryptic FrancoIberian origin that is most easily explained by the movements of Mesolithic humans." *PLOS ONE*, 8: e65792.

Grund, B.S. et al. 2012. "Range sizes and shifts of North American Pleistocene mammals are not consistent with a climatic explanation for extinction." *World Archaeology,* 44: 43-55.

Guernier, V. and Guegan, J.-F. 2009. "May Rapoport's rule apply to human associated pathogens?" *Ecohealth*, 6: 509-521.

Guernier, V. et al. 2004. "Ecology drives the worldwide distribution of human diseases." *PLOS Biology*, 2: 0740-0746.

Guidon, N.G.D. 1986. "Carbon-14 dates point to man in the Americas 32,000 years ago." N*ature*, 321: 769-771.

Hage, P. and Marck, J. 2003. "Matrilineality and the Melanesian origin of Polynesian Y chromosomes." *Current Anthropology*, 44: 121-127.

Hallin, K.A. et al. "Paleoclimate during Neandertal and anatomically modern human occupation at Amud and Qafzeh, Israel: the stable isotope data." *Journal of Human Evolution*, 62: 59-73.

Hamilton, M.J. and Buchanan, B. 2007. "Spatial gradients in Clovis-age radiocarbon dates across North America suggest rapid colonization from the north." *Proceedings of the National Academy of Sciences USA*, 104: 15625-15630.

Hammer, M.F. and Woerner, A.E. 2011. "Genetic evidence for archaic admixture in Africa." *Proceedings of the National Academy of Sciences USA*, 108: 15123-15128.

Hancock, A.M. and Di Rienzo, A. 2008. "Detecting the genetic signature of natural selection in human populations: models, methods, and data." *Annual Review of Anthropology,* 37: 197-217.

Hancock, A.M. et al. 2010. "Human adaptations to diet, subsistence, and ecoregion are due to subtle shifts in allele frequency." *Proceedings of the National Academy of Sciences, USA,* 107: 8924-8930.

Hanski, I. et al. 2012. "Environmental biodiversity, human microbiota, and allergy are interrelated." *Proceedings of the National Academy of Sciences USA*, 109: 8334-8339.

Harcourt, A.H. 1999. "Biogeographic relationships of primates on south-east Asian islands." *Global Ecology and Biogeography,* 8: 55-61.

Harcourt, A.H. 2000a. "Coincidence and mismatch in hotspots of primate biodiversity: a worldwide survey." *Biological Conservation*, 93: 163-175.

Harcourt, A.H. 2000b. "Latitude and latitudinal extent: a global analysis of the Rapoport effect in a tropical mammalian taxon: primates." *Journal of Biogeography,* 27: 1169-1182.

Harcourt, A.H. 2006. "Rarity in the tropics: biogeography and macroecology of the primates." *Journal of Biogeography*, 33: 2077-2087.

Harcourt, A.H. 2012. Human Biogeography. Berkeley: University of California Press.

Harcourt, A.H. et al. 2002. "Rarity, specialization and extinction in primates." *Journal of Biogeography,* 29: 445-456.

Harcourt, A.H. et al. 2005. "The distribution-abundance (i.e. density) relationship: its form and causes in a tropical mammal order, Primates." *Journal of Biogeography*, 32: 565-579.

Harcourt, A.H. and Doherty, D.A. 2005. "Species-area relationships of primates in tropical forest fragments: a global analysis." *Journal of Applied Ecology*, 42: 630-637.

Harcourt, A.H. and Schreier, B.M. 2009. "Diversity, body mass, and latitudinal gradients in primates." *International Journal of Primatology,* 30: 283-300.

Harcourt, A.H. and Wood, M.A. 2012. "Rivers as barriers to primate distributions in Africa." *International Journal of Primatology*, 33: 168-183.

Hardy, K. et al. 2012. "Neanderthal medics? Evidence for food, cooking, and medicinal plants entrapped in dental calculus." *Naturwissenschaften*, 99: 617-626.

Harmon, D. 1996. "Losing species, losing languages: connections between biological and linguistic diversity." *Southwest Journal of Linguistics*, 15: 89-108.

Harmon, D. and Loh, J. 2010. "The Index of Linguistic Diversity: a new quantitative measure of trends in the status of the world's languages." *Language Documentation and Conservation*, 4: 97-151.

Harpending, H.C. et al. 1998. "Genetic traces of ancient demography." *Proceedings of the National Academy of Sciences, USA*, 95: 1961-1967.

Harrison, G.A. 1995. *The Human Biology of the English Village.* Oxford: Oxford University Press.

Harrison, K.D. 2007. *When Languages Die.* Oxford: Oxford University Press.

Hawkes, K. et al. 1989. Hardworking Hadza grandmothers. In *Comparative Socioecology. The Behavioral Ecology of Humans and Other Mammals,* edited by V. Standen and R.A. Foley, 341-390. Oxford: Blackwell Scientific Publishers.

Hawkins, B.A. et al. 2003. "Energy, water, and broadscale geographic patterns of species richness." *Ecology* 84: 3105-3117

Haynes, G. 2002. *The Early Settlement of America. The Clovis Era.* Cambridge: University of Cambridge.

Hehemann, J.H. et al. 2010. "Transfer of carbohydrate-active enzymes from marine bacteria to Japanese gut microbiota." *Nature*, 464: 908-914.

Heinsohn, T.E. 2001. Human influences on vertebrate zoogeography: animal translocation and biological invasions across and to the east of Wallace's Line. In *Faunal and Floral Migrations and Evolution in SE Asia-Australasia,* edited by I.M. Metcalfe, et al., 153-170. Lisse: A.A. Balkema Publ.

Helgason, A. et al. 2001. "mtDNA and the islands of the North Atlantic: Estimating the proportions of Norse and Gaelic ancestry." *American Journal of Human Genetics,* 68: 723-737.

Hellenthal, G. et al. 2014. "A genetic atlas of human admixture history." *Science,* 343: 747-751.

Henderson, J. et al. 2005. "The EPAS1 gene influences the aerobic-anaerobic contribution in elite endurance athletes." *Human Genetics,* 118: 416-423.

Henn, B.M. et al. 2011. "Reply to Hublin and Klein: Locating a geographic point of dispersion in Africa for contemporary humans." *Proceedings of the National Academy of Sciences, USA*, 108: E278.

Henn, B.M. et al. 2012. "The great human expansion." *Proceedings of the National Academy of Sciences, USA*, 109: 17758-17764.

Henn, B.M. et al. 2011. "Hunter-gatherer genomic diversity suggests a southern African origin for modern humans." *Proceedings of the National Academy of Sciences, USA*, 108: 5154-5162.

Henn, B.M. et al. 2008. "Y-chromosomal evidence of a pastoralist migration through Tanzania to southern Africa." *Proceedings of the National Academy of Sciences, USA*, 105: 10693–10698.

Henneberg, M. et al. 2014. "Evolved developmental homeostasis disturbed in LB1 from Flores, Indonesia, denotes Down syndrome and not diagnostic traits of the invalid species Homo floresiensis." *Proceedings of the National Academy of Sciences*, 111: 11967-11972.

Henrich, J. 2004. "Demography and cultural evolution: how adaptive cultural processes can produce maladaptive losses: the Tasmanian case." *American Antiquity*, 69: 197-214.

Henry, A.G. et al. 2011. "Microfossils in calculus demonstrate consumption of plants and cooked foods in Neanderthal diets (Shanidar III, Iraq; Spy I and II, Belgium)." *Proceedings of the National Academy of Sciences, USA*, 108: 486-491.

Henshilwood, C.S. et al. 2011. "A 100,000-year-old ochre-processing workshop at Blombos Cave, South Africa." *Science*, 334: 219-222.

Higgins, R.W. and Ruff, C.B. 2011. "The effects of distal limb segment shortening on locomotor efficiency in sloped terrain: implications for Neandertal locomotor behavior." *American Journal of Physical Anthropology*, 146: 336-345.

Higham, T. and Compton, T. 2011. "The earliest evidence for anatomically modern humans in northwestern Europe." *Nature*, 479: 521-524.

Hill, J. and Nolasquez, R. (Eds.). (1973). *Mulu'wetam: The First People. Cupeño Oral History and Language:* Malki Museum Press.

Hill, K. et al. 1984. "Seasonal variance in the diet of Aché hunter-gatherers in eastern

Paraguay." *Human Ecology* 12: 145-180.

Hinde, R.A. 2002. *Why Good is Good. The Sources of Morality*. London: Routledge.

Hinde, R.A. 2011. *Changing How We Live: Society from the Bottom Up*. Nottingham: Spokesman.

Hodgson, J.A. et al. 2014. "Early back-to-Africa migration into the Horn of Africa." *PLOS Genetics,* 10: e1004393.

Hoffecker, J.F. et al. 2014. "Out of Beringia?" *Science*, 343: 979-980.

Holdaway, R.N. and Jacomb, C. 2000. "Rapid extinction of the moas (Aves: Dinornithiformes): model, test, and implications." *Science*, 287: 2250-2254.

Holden, C. and Mace, R. 1997. "Phylogenetic analysis of the evolution of lactose digestion in adults." *Human Biology,* 69: 605-628.

Holliday, T.W. and Falsetti, A.B. 1995. "Lower-limb length of European early-modern humans in relation to mobility and climate." *Journal of Human Evolution,* 29: 141-153.

Hora, M. and Sladek, V. 2014. "Influence of lower limb configuration on walking cost in Late Pleistocene humans." *Journal of Human Evolution,* 67: 19-32.

Hsiang, S.M. et al. 2013. "Quantifying the influence of climate on human conflict." *Science*, 341: 1235367.

Hsiang, S.M. et al. 2011. "Civil conflicts are associated with the global climate." *Nature*, 476: 438-441.

Hudjashov, G. et al. 2007. "Revealing the prehistoric settlement of Australia by Y chromosome and mtDNA analysis." *Proceedings of the National Academy of Sciences, USA*, 104: 8726-8730.

Huerta-Sánchez, E. et al. 2014. "Altitude adaptation in Tibetans caused by introgression of Denisovan-like DNA." *Nature*, 512: 194-197.

Hughes, S. et al. 2014. "Anglo-Saxon origins investigated by isotopic analysis of burials from Berinsfield, Oxfordshire, UK." *Journal of Archaeological Science,* 42: 81-92.

Hull, D.L. et al. 1978. "Planck's principle: Do younger scientists accept new scientific ideas with greater alacrity than older scientists?" *Science,* 202: 717-723.

Hünemeier, T. and Gómez-Valdés, J. 2012. "Cultural diversification promotes rapid phenotypic evolution in Xavánte Indians." Proceedings of the National Academy of Sciences USA, 109: 73-77.

Hunley, K.L. et al. 2009. "The global pattern of gene identity variation reveals a history of longrange migrations, bottlenecks, and local mate exchange: Implications for biological race." American Journal of Physical Anthropology, 139: 35-46.

Huntford, R. 1999. The Last Place on Earth. Scott and Amundsen's Race to the South Pole. New York: Modern Library.

Hurles, M.E. et al. 2005. "The dual origin of the Malagasy in Island Southeast Asia and East Africa: evidence from maternal and paternal lineages." American Journal of Human Genetics, 76: 894-901.

Hvistendahl, M. 2012. "Roots of empire." Science, 337: 1596-1599.

Ingman, M. et al. 2000. "Mitochondrial genome variation and the origin of modern humans." Nature, 408: 708-713.

Ingram, C.J.E. et al. 2009. "Lactose digestion and evolutionary genetics of lactase persistence." Human Genetics, 124: 579-591.

Jablonski, N.G. (Ed.). (2002). The First Americans. The Pleistocene Colonization of the New World. San Francisco: California Academy of Sciences.

Jablonski, N.G. and Chaplin, G. 2000. "The evolution of human skin coloration." Journal of Human Evolution, 39: 57-106.

Jablonski, N.G. and Chaplin, G. 2002. "Skin deep." Scientific American, 287: 74-81.

Jablonski, N.G. and Chaplin, G. 2013. "Epidermal pigmentation in the human lineage is an adaptation to ultraviolet radiation." Journal of Human Evolution, 65: 671-675.

Janzen, D.H. 1967. "Why mountain passes are higher in the tropics." American Naturalist, 101: 233-249.

Jarvis, J.P. et al. 2012. "Patterns of ancestry, signatures of natural selection, and genetic association with stature in Western African Pygmies." PLOS Genetics, 8: 299-313.

Johnson, C. (1994-2013). Mayflower History.com. 2014, http://mayflowerhistory.com/

Johnson, C.N. 2002. "Determinants of loss of mammal species during the Late Quaternary 'megafauna' extinctions: life history and ecology, but not body size." Proceedings of the Royal Society B., 269: 2221-2227.

Jones, R. 1995. "Tasmanian archaeology—establishing the sequences." *Annual Review of Anthropology,* 24: 423-446.

Jones, T.L. et al. (Eds.). (2011). *Polynesians in America. Pre-Columbian contacts with the New World.* Altamira Press.

Julian, C.G. et al. 2009. "Augmented uterine artery blood flow and oxygen delivery protect Andeans from altitude-associated reductions in fetal growth." *American Journal of Physiology. Regulatory, Integrative and Comparative Physiology,* 296: R1564-R1575.

Kahn, J. 2007. "Race in a bottle." *Scientific American*, 297: 40-45.

Kamilar, J.M. and Bradley, B.J. 2011. "Interspecific variation in primate coat colour supports Gloger's rule." *Journal of Biogeography*, 38: 2270-2277.

Karafet, T. et al. 1997. "Y chromosome markers and trans-Bering Strait dispersals." *American Journal of Physical Anthropology,* 102: 301-314.

Katzmarzyk, P.T. and Leonard, W.R. 1998. "Climatic influences on human body size and proportions: ecological adaptations and secular trends." *American Journal of Physical Anthropology*, 106: 483-503.

Kayser, M. 2010. "The human genetic history of Oceania: Near and remote views of dispersal." *Current Biology,* 20: R194-R201.

Kayser, M. et al. 2008. "Genome-wide analysis indicates more Asian than Melanesian ancestry of Polynesians." *American Journal of Human Genetics*, 82: 194-198.

Keesing, F. et al. 2010. "Impacts of biodiversity on the emergence and transmission of infectious diseases." *Nature* 468: 647-652.

Keller, I. et al. 2013. "Widespread phenotypic and genetic divergence along altitudinal gradients in animals." *Journal of Evolutionary Biology,* 26: 2527-2543.

Kemp, B.M. et al. 2010. "Evaluating the farming/language dispersal hypothesis with genetic variation exhibited by populations in the Southwest and Mesoamerica." *Proceedings of the National Academy of Sciences USA*, 107: 6759-6764.

Khan, B.S.R. 2010. "Diet, disease and pigment variation in humans." *Medical Hypotheses*, 75: 363-367.

Kingdon, J. 1989. *Island Africa. The Evolution of Africa's Rare Animals and Plants.* Princeton: Princeton University Press.

Kirch, P.V. 1997. *The Lapita Peoples: Ancestors of the Oceanic World.* Oxford, UK: Blackwell Publisheers.

Kirch, P.V. 2000. *On the Road of the Winds. An Archaeological History of the Pacific Islands Before European Contact.* Berkeley: University of California.

Klein, R.G. 2009. *The Human Career: Human Biological and Cultural Origins. 3rd. ed.* Chicago: University of Chicago.

Klein, R.G. and Steele, T.E. 2013. "Archaeological shellfish size and later human evolution in Africa." *Proceedings of the National Academy of Sciences, USA,* 110: 10910-10915.

Kline, M.A. and Boyd, R. 2010. "Population size predicts technological complexity in Oceania." *Proceedings of the Royal Society, London.B.*, 277: 2559-2564.

Knapp, M. et al. 2012. "Complete mitochondrial DNA genome sequences from the first New Zealanders." *Proceedings of the National Academy of Sciences*, 109: 18350-18354.

Knottnerus, O.S. 2002. Malaria around the North Sea: A survey. In *Climatic Development and History of the North Atlantic Realm: Hanse Conference Report,* edited by G. Wefer, et al., 339-353. Berlin: Springer-Verlag.

Koch, P.L. and Barnosky, a.d. 2006. "Late Quaternary extinctions: state of the debate." *Annual Review of Ecology and Systematics*, 37: 215-250.

Krause, J. et al. 2010. "The complete mitochondrial DNA genome of an unknown hominin from southern Siberia." *Nature,* 464: 894-897.

Kubo, D. et al. 2013. "Brain size of Homo floresiensis and its evolutionary implications." *Proceedings of the Royal Society B*, 280: 10.1098/rspb.2013.0338.

Kuhn, S.L. and Stiner, M.C. 2006. "What's a mother to do? The division of labor among Neandertals and Modern Humans in Eurasia." *Current Anthropology,* 47: 953-963.

Lahaye, C. et al. 2013. "Human occupation in South America by 20,000 b.c.: the Toca da Tira Peia site, Piaui, Brazil." Journal of Archaeological *Science*, 40: 2840-2847.

Lamason, R.L. et al. 2005. "SLC24A5, a putative cation exchanger, affects pigmentation in zebrafish and humans." *Science*, 310: 1782-1786.

Lane, C.S. et al. 2013. "Ash from the Toba supereruption in Lake Malawi shows no volcanic winter in East Africa at 75 ka." *Proceedings of the National Academy of Sciences, USA*, 110: 8025-8029.

Larson, G. et al. 2007. "Ancient DNA, pig domestication, and the spread of the Neolithic into Europe." *Proceedings of the National Academy of Sciences USA*, 104: 15276-15281.

Larson, G. et al. 2007. "Phylogeny and ancient DNA of Sus provides insights into Neolithic expansion in Island Southeast Asia and Oceania." *Proceedings of the National Academy of Sciences USA*, 104: 4834-4839.

Laurance, W.F. and Bierregaard, R.O. (Eds.). (1997). *Tropical Forest Remnants. Ecology, Management, and Conservation of Fragmented Communities.* Chicago: University of Chicago Press.

Lentz, C. 1999. Alcohol consumption between community ritual and political economy: case studies from Ecuador and Ghana. In *Changing Food Habits. Case Studies from Africa, South America and Europe*, edited by C. Lentz, 155-180. Amsterdam: Harwood Academic Publishers.

Leonardi, M. et al. 2012. "The evolution of lactase persistence in Europe. A synthesis of archaeological and genetic evidence." *International Dairy Journal,* 22: 88-97.

Lewis, M.P. (Ed.). (2009). *Ethnologue: Languages of the World, 16th ed.* http://www.ethnologue.com/. Dallas, TX: SIL International.

Li, J.Z. et al. 2008. "Worldwide human relationships inferred from genome-wide patterns of variation." *Science,* 319: 1100-1104.

Li, Y. et al. 2014. "Population variation revealed high-altitude adaptation of Tibetan mastiffs." *Molecular Biology and Evolution*, 31: 1200-1205.

Lieberman, D.E. et al. 2009. Brains, brawn, and the evolution of human endurance running capabilities. In *The First Humans—Origin and Early Evolution of the Genus Homo,* edited by F.E.Grine, et al., 77-92. New York: Springer Science + Business Media B.V.

Linder, H.P. and de Klerk, H.M. 2012. "The partitioning of Africa: statistically defined biogeographical regions in sub-Saharan Africa." *Journal of Biogeography*, 39: 1189-1205.

Lindström, T. et al. 2013. "Rapid shifts in dispersal behavior on an expanding range edge." *Proceedings of the National Academy of Sciences, USA*, 110: 13452-13456.

Linz, B. et al. 2007. "An African origin for the intimate association between humans and Helicobacter pylori." *Nature*, 445: 915-918.

Little, M.A. 2010. Geography, migration, and environmental plasticity as contributors to human variation. In *Human Variation. From the Laboratory to the Field.,* edited by C.G. Mascie-Taylor, et al., 157-181. New York: CRC Press.

Liu, H. et al. 2006. "A geographically explicit genetic model of worldwide human-settlement history." *American Journal of Human Genetics,* 79: 230-237.

Loh, J. and Harmon, D. 2005. "A global index of biocultural diversity." *Ecological Indicators,* 5: 231-241.

Lohse, K. and Frantz, L.A.F. 2014. "Neandertal admixture in Eurasia confirmed by maximumlikelihood analysis of three genomes." *Genetics*, 196: 1241-1251.

Lomolino, M.V. 2005. "Body size evolution in insular vertebrates: generality of the island rule." *Journal of Biogeography*, 32: 1683-1699.

Lomolino, M.V. et al. 2010. *Biogeography, 4th. ed.* Sunderland, Mass.: Sinauer Associates.

Lomolino, M.V. et al. 2013. "Of mice and mammoths: generality and antiquity of the island rule." *Journal of Biogeography,* 40: 1427-1439.

Lordkipanidze, D. et al. 2013. "A complete skull from Dmanisi, Georgia, and the evolutionary biology of early Homo." *Science*, 342: 326-331.

Lorenzen, E.D. et al. 2011. "Species-specific responses of Late Quaternary megafauna to climate and humans." *Nature* 479: 359-364.

Loss, S.R. et al. 2013. "The impact of free-ranging domestic cats on wildlife of the

United States." *Nature Communications, 4: Article* 1396, 1391-1397.

Louys, J. 2012. "Mammal community structure of Sundanese fossil assemblages from the Late Pleistocene, and a discussion on the ecological effects of the Toba eruption." *Quaternary International,* 258: 80-87.

Lowery, R.K. et al. 2013. "Neanderthal and Denisova genetic affinities with contemporary humans: introgression versus common ancestral polymorphism." *Gene*, 530: 83-94.

Lozano, R. et al. 2012. "Global and regional mortality from 235 causes of death for 20 age groups in 1990 and 2010: a systematic analysis for the Global Burden of Disease Study 2010." *Lancet*, 380: 2095-2128.

MacArthur, R.H. 1972. *Geographical Ecology: Patterns in the Distribution of Species.* Princeton: Princeton University Press.

MacArthur, R.H. and Wilson, E.O. 1967. *The Theory of Island Biogeography.* Princeton: Princeton University Press.

Macaulay, V. et al. 2005. "Single, rapid coastal settlement of Asia revealed by analysis of complete mitochondrial genomes." *Science,* 308: 1034-1036.

Mace, R. and Pagel, M. 1995. "A latitudinal gradient in the density of human languages in North America." *Proceedings of the Royal Society, London.B.,* 261: 117-121.

MacPhee, R.D.E. and Marx, P.A. 1997. The 40,000-year plague: humans, hyperdisease, and first-contact extinctions. In *Natural Change and Human Impact in Madagascar,* edited by S.M.Goodman and B.D. Patterson, 169-217. Washington, D.C.: Smithsonian Institution Press.

Maffi, L. 2005. "Linguistic, cultural and biological diversity." *Annual Review of Anthropology*, 34: 599-617.

Majumder, P.P. 2010. "The human genetic history of South Asia." *Current Biology,* 20: R184-R187.

Malthus, T.R. 1798. *An Essay on the Principle of Population.* London: Macmillan.

Malville, J.M. et al. 1998. "Megaliths and Neolithic astronomy in southern Egypt." *Nature*, 392: 488-491.

Mandryk, C.A.S. et al. 2001. "Late Quaternary paleoenvironments of Northwestern North America: implications for inland versus coastal migration routes." *Quaternary Science Reviews*, 20: 301-314.

Marciano, J.B. 2014. *Whatever Happened to the Metric System? How America Kept its Feet.* New York: Bloomsbury.

Marlar, R.A. et al. 2000. "Biochemical evidence of cannibalism at a prehistoric Puebloan site in southwestern Colorado." *Nature*, 407: 74-78.

Marlowe, F.W. 2005. "Hunter-gatherers and human evolution." *Evolutionary Anthropology,* 14: 54-67.

Marlowe, F.W. and Berbesque, J.C. 2009. "Tubers as fallback foods and their impact on Hadza hunter-gatherers." *American Journal of Physical Anthropology*, 140: 751-758.

Marsh, L.K. (Ed.). (2003). *Primates in Fragments. Ecology and Conservation.* New York: Kluwer Academic/Plenum Publishers.

Martin, P.S. 1973. "Discovery of America." *Science,* 179: 969-974.

Martin, R.D. et al. 2006. "Flores hominid: new species or microcephalic dwarf?" *The Anatomical Record, Part A*, 288A: 1123-1145.

Marwick, B. 2009. "Biogeography of Middle Pleistocene hominins in mainland Southeast Asia: a review of current evidence." *Quaternary International*, 202: 51-58.

Matisoo-Smith, E. and Robins, J.H. 2004. "Origins and dispersals of Pacific peoples: Evidence from mtDNA phylogenies of the Pacific rat." *Proceedings of the National Academy of Sciences, USA,* 101: 9167-9172.

Matthew, W.D. 1915. "Climate and evolution." *Annals of the New York Academy of Sciences,* 24: 171-318.

Matthew, W.D. 1939. "Climate and evolution." *Special Publications of the New York Academy of Sciences*, 1: 1-147.

Matthews, L.J. and Butler, P.M. 2011. "Novelty-seeking DRD4 polymorphisms are associated with human migration distance out-of-Africa after controlling for neutral population gene structure." *American Journal of Physical Anthropology,* 145: 382-389.

Maudlin, I. 2006. "African trypanosomiasis." *Annals of Tropical Medicine & Parasitology*, 100: 679-701.

McDougall, C. 2009. *Born to Run: A Hidden Tribe, Superathletes, and the Greatest Race the World Has Never Seen*. New York: Alfred A. Knopf.

McDougall, I. et al. 2005. "Stratigraphic placement and age of modern humans from Kibish, Ethiopia." *Nature*, 433: 733-736.

McGeachin, R.L. and Akin, J.R. 1982. "Amylase levels in the tissues and body fluids of several primate species." *Comparative Biochemistry and Physiology*. A. Comparative Physiology, 72: 267-269.

McHenry, H.M. and Coffing, K. 2000. "Australopithecus to Homo: transformations in body and mind." *Annual Review of Anthropology*, 29: 125-146.

McNab, B.K. 2002. *The Physiological Ecology of Vertebrates. A View from Energetics*. Ithaca, New York: Comstock Publishing Associates.

McNeill, J.R. 2010. *Mosquito Empires. Ecology and War in the Greater Caribbean, 1620-1914*. Cambridge: Cambridge University Press.

McNeill, W.H. 1976. *Plagues and Peoples*. New York: Anchor Press.

Meehan, B. 1977. "Hunters by the seashore." *Journal of Human Evolution*, 6: 363-370.

Meggers, B.J. 1977. "Vegetational fluctuation and prehistoric cultural adaptation in Amazonia: some tentative correlations." *World Archaeology*, 8: 287-303.

Meijer, H.J.M. et al. 2010. "The fellowship of the hobbit: the fauna surrounding Homo floresiensis." *Journal of Biogeography*, 37: 995-1006.

Meiri, M. et al. 2014. "Faunal record identifies Bering isthmus conditions as constraint to endPleistocene migration to the New World." *Proceedings of the Royal Society B*, 281: 20132167.

Meiri, S. and Dayan, T. 2003. "On the validity of Bergmann's rule." *Journal of Biogeography*, 30: 331-351.

Mellars, P. 1996. The emergence of biologically modern populations in Europe: a social and cognitive revolution? In *Evolution of Social Behaviour Patterns in Primates and Man*, edited by W.G. Runciman, et al., 179-201. Oxford: Oxford University Press.

Mellars, P. 2006. "Why did modern human populations disperse from Africa ca. 60,000 years ago? A new model." *Proceedings of the National Academy of Sciences, USA*, 103: 9381-9386.

Mellars, P. et al. 2013. "Genetic and archaeological perspectives on the initial modern human colonization of southern Asia." *Proceedings of the National Academy of Sciences, USA*, 110: 10699-10704.

Meltzer, D.J. 2004. Modeling the inital colonization of the Americas: issues of scale, demography, and landscape learning. In *The Settlement of the American Continents. A Multidisciplinary Approach to Human Biogeography*, edited by C.M. Barton, et al., 123-137. Tucson: University of Arizona Press.

Meyer, D. 1999. Medically relevant genetic variation of drug effects. In *Evolution in Health & Disease*, edited by S.C. Stearns, 41-49. Oxford: Oxford University Press.

Mielke, J.H. et al. 2006. *Human Biological Variation*. New York: Oxford University Press.

Migliano, A.B. et al. 2007. "Life history trade-offs explain the evolution of human pygmies." *Proceedings of the National Academy of Sciences, USA*, 104: 20216-20219.

Miller, G.H. et al. 2005. "Ecosystem collapse in pleistocene Australia and a human role in megafaunal extinction." *Science*, 309: 287-290.

Milton, K. 1991. "Comparative aspects of diet in Amazonian forest dwellers." *Proceedings of the Royal Society, London.B.*, 334: 253-263.

Molnar, R.E. 2004. *Dragons in the Dust. The Paleobiology of the Giant Monitor Lizard Megalania*. Bloomington: Indiana University Press.

Molnar, S. 2006. *Human Variation. Races, Types, and Ethnic Groups, 6th. ed.* Upper Saddle River: Pearson Prentice Hall.

Montgomery, S.H. 2013. "Primate brains, the 'island rule' and the evolution of Homo floresiensis." *Journal of Human Evolution*, 65: 750-760.

Moodley, Y. et al. 2009. "The peopling of the Pacific from a bacterial perspective." *Science*, 323: 527-530.

Moore, J.L. et al. 2002. "The distribution of cultural and biological diversity in Africa." *Proceedings of the Royal Society, London.B.*, 269: 1645-1653.

Moore, L.G. 1998. "Human adaptation to high altitude: regional and life-cycle perspectives." *Yearbook of Physical Anthropology*, 41: 25-64.

Moore, L.G. 2001. "Human genetic adaptation to high altitude." *High Altitude Medicine & Biology*, 2: 257-279.

Moore, L.G. et al. 2011. "Humans at high altitude: hypoxia and fetal growth." *Respiratory Physiology and Neurobiology*, 178: 181-190.

Moran, E.E. 2000. *Human Adaptability. An Introduction to Ecological Anthropology, 2nd. ed.* Boulder, CO, USA: Westview Press.

Moreau, C. et al. 2011. "Deep human genealogies reveal a selective advantage to be on an expanding wave front." *Science*, 334: 1148-1150.

Murray-McIntosh, R.P. et al. 1998. "Testing migration patterns and estimating founding population size in Polynesia by using human mtDNA sequences." *Proceedings of the National Academy of Sciences*, 95: 9047-9052.

Need, A.C. and Goldstein, D.B. 2009. "Next generation disparities in human genomics: concerns and remedies." *Trends in Genetics*, 25: 489-494.

Nettle, D. 1996. "Language diversity in West Africa: An ecological approach." *Journal of Anthropological Archaeology*, 15: 403-438.

Nettle, D. 1998. "Explaining global patterns of language diversity." *Journal of Anthropological Archaeology*, 17: 354-374.

Nettle, D. 1999. *Linguistic Diversity.* Oxford: Oxford University Press.

Nettle, D. and Romaine, S. 2000. *Vanishing Voices*. Oxford: Oxford University Press.

Nikolskiy, P.A. et al. 2011. "Last straw versus Blitzkrieg overkill: Climate-driven changes in the Arctic Siberian mammoth population and the Late Pleistocene extinction problem." *Quaternary Science Reviews*, 30: 2309-2328.

Nogués-Bravo, D. et al. 2008. "Climate change, humans, and the extinction of the woolly mammoth." *PLOS Biology*, 6: e79. 0685-0692.

Norton, H.L. et al. 2007. "Molecular Biology and Evolution." *Genetic evidence for the convergent evolution of light skin in Europeans and East Asians*, 24: 710–722.

Novembre, J. et al. 2008. "Genes mirror geography within Europe." *Nature*, 456: 98-101.

Nunn, C.L. et al. 2005. "Latitudinal gradients of parasite species richness in primates."

Diversity and Distributions, 11: 249-256.

O'Connell, J.F. and Allen, J. 2004. "Dating the colonization of Sahul (Pleistocene Australia-New Guinea): a review of recent research." *Journal of Archaeological Science*, 31: 835-853.

O'Fallon, B.D. and Fehren-Schmitz, L. 2011. "Native Americans experienced a strong population bottleneck coincident with European contact." *Proceedings of the National Academy of Sciences, USA,* 108: 20444-20448.

O'Rourke, D.H. and Raff, J.A. 2010. "The human genetic history of the Americas: the final frontier." *Current Biology*, 20: R202-R207.

O'Loughlin, J. et al. 2012. "Climate variability and conflict risk in East Africa, 1990-2009." *Proceedings of the National Academy of Sciences USA*, 109: 18344-18349.

Okie, J.G. and Brown, J.H. 2009. "Niches, body sizes, and the disassembly of mammal communities on the Sunda Shelf islands." *Proceedings of the National Academy of Sciences, USA,* 106: 19679-19684.

Oppenheimer, C. 2003a. "Climatic, environmental and human consequences of the largest known historic eruption: Tambora volcano (Indonesia) 1815." *Progress in Physical Geography,* 27: 230-259.

Oppenheimer, S. 2003b. *Out of Eden. The Peopling of the World.* London: Constable.

Oppenheimer, S. 2006. *The Origins of the British.* London: Constable & Robinson ltd.

Oppenheimer, S. 2009. "The great arc of dispersal of modern humans: Africa to Australia." *Quaternary International,* 202: 2-13.

Osborne, A.H. et al. 2008. "A humid corridor across the Sahara for the migration of early modern humans out of Africa 120,000 years ago." *Proceedings of the National Academy of Sciences, USA*, 105: 16444-16447.

Ottaviano, G.I.P. and Peri, G. 2005. "Cities and cultures." *Journal of Urban Economics*, 58: 304-337.

Overy, R. 2010. *The Times Complete History of the World.* London: Times Books.

Padmaja, G. and Steinkraus, K.H. 1995. "Cyanide detoxification in cassava for food and feed uses." *Critical Reviews in Food Science and Nutrition,* 35: 299-339.

Pagel, M. et al. 2013. "Ultraconserved words point to deep language ancestry across

Eurasia." *Proceedings of the National Academy of Sciences, USA*, 110: 8471-8476.

Palombo, M. 2007. "How can endemic proboscideans help us understand the 'island rule'? A case study of Mediterranean islands." *Quaternary International*, 169-170: 105-124.

Parmesan, C. 2006. "Ecological and evolutionary responses to recent climate change." *Annual Review of Ecology, Evolution, and Systematics,* 37: 637-669

Patin, E. et al. 2009. "Inferring the demographic history of African farmers and pygmy huntergatherers using a multilocus resequencing data set." *PLOS Genetics*, 5: e1000448.

Pearson, O.M. 2004. "Has the combination of genetic and fossil evidence solved the riddle of modern human origins?" *Evolutionary Anthropology*, 13: 145-159.

Peng, Y. et al. 2010. "The ADH1B Arg47His polymorphism in East Asian populations and expansion of rice domestication in history." *BioMed Central Evolutionary Biology*, 10: 8 pp. http://www.biomedcentral.com/1471-2148/1410/1415.

Penny, D. et al. 2002. "Estimating the number of females in the founding population of New Zealand: analysis of mtDNA variation." *Journal of Polynesian Society,* 111: 207-221.

Pepperell, C.S. et al. 2011. "Dispersal of Mycobacterium tuberculosis via the Canadian fur trade." *Proceedings of the National Academy of Sciences USA,* 108: 6526-6531.

Perry, G.H. and Dominy, N.J. 2009. "Evolution of the human pygmy phenotype." *Trends in Ecology and Evolution*, 24: 218-225.

Perry, G.H. et al. 2007. "Diet and the evolution of human amylase gene copy number variation." *Nature Genetics*, 39: 1256-1260.

Perry, P. 1969. "Marriage-distance relationships in North Otago 1875-1914." *New Zealand Geographer*, 25: 36-43.

Petraglia, M. et al. 2007. "Middle Paleolithic assemblages from the Indian subcontinent before and after the Toba super-eruption." *Science*, 317: 114-116.

Petraglia, M.D. et al. 2010. "Out of Africa: new hypotheses and evidence for the dispersal of Homo sapiens along the Indian Ocean rim." *Annals of Human Biology*, 37: 288-311.

Pickrell, J.K. et al. 2014. "Ancient west Eurasian ancestry in southern and eastern Africa." *Proceedings of the National Academy of Sciences, USA*, 111: 2632-2637.

Pinhasi, R. et al. 2012. "New chronology for the Middle Palaeolithic of the southern Caucasus suggests early demise of Neanderthals in this region." *Journal of Human Evolution*, 63: 770-780.

Pitblado, B.L. 2011. "A tale of two migrations: reconciling recent biological and archaeological evidence for the Pleistocene peopling of the Americas." *Journal of Archaeological Research*, 19: 327-375.

Pitulko, V.V. and Nikolskiy, P.A. 2012. "The extinction of the woolly mammoth and the archaeological record in Northeastern Asia." World Archaeology, 44: 21-42.

Pitulko, V.V. et al. 2004. "The Yana RHA site: humans in the Arctic before the last glacial maximum." *Science*, 303: 52-56.

Pollak, M.R. et al. 2010. "Association of trypanolytic ApoL1 variants with kidney disease in African-Americans." *Science*, 329: 841-845.

Pope, K.O. and Terrell, J.E. 2008. "Environmental setting of human migrations in the circumPacific region." *Journal of Biogeography*, 35: 1-21.

Poulin, R. and Morand, S. 2004. *Parasite Biodiversity*. Washington, D.C.: Smithsonian Institution Press.

Powell, A. et al. 2009. "Late Pleistocene demography and the appearance of modern human behavior." *Science,* 324: 1298-1301.

Prescott, G.W. et al. 2012. "Quantitative global analysis of the role of climate and people in explaining late Quaternary megafaunal extinctions." *Proceedings of the National Academy of Sciences, USA*, 109: 4527-4531.

Prideaux, G.J. et al. 2010. "Timing and dynamics of Late Pleistocene mammal extinctions in southwestern Australia." *Proceedings of the National Academy of Sciences, USA*, 107: 22157-22162.

Prüfer, K. et al. 2014. "The complete genome sequence of a Neanderthal from the Altai Mountains." *Nature,* 505: 43-49.

Pugach, I. et al. 2013. "Genome-wide data substantiate Holocene gene flow from India to Australia." *Proceedings of the National Academy of Sciences, USA*, 110: 1803-

1808.

Qi, X. et al. 2013. "Genetic evidence of Paleolithic colonization and Neolithic expansion of modern humans on the Tibetan Plateau." *Molecular Biology and Evolution*, 30: 1761-1778.

Qiu, Q. et al. 2012. "The yak genome and adaptation to life at high altitude." *Nature Genetics,* 44: 946-949.

Rabbie, J.M. 1992. The effects of intragroup cooperation and intergroup competition on ingroup cohesion and out-group hostility. In *Coalitions and Alliances in Humans and other Animals,* edited by A.H. Harcourt and F.B.M. de Waal, 175-205. Oxford: Oxford University Press.

Rademaker, K. et al. 2013. "A Late Pleistocene/early Holocene archaeological 14C database for Central and South America: palaeoenvironmental contexts and demographic interpretations." *Quaternary International*, 301: 34-45.

Raghavan, M. et al. 2014. "Upper Palaeolithic Siberian genome reveals dual ancestry of Native Americans." *Nature*, 505: 87-91.

Ramachandran, S. et al. 2005. "Support from the relationship of genetic and geographic distance in human populations for a serial founder effect originating in Africa." *Proceedings of the National Academy of Sciences, USA*, 102: 15942-15947.

Ranciaro, A. et al. 2014. "Genetic origins of lactase persistence and the spread of pastoralism in Africa." *American Journal of Human Genetics,* 94: 496-510.

Ranson, M. 2014. "Crime, weather, and climate change." *Journal of Environmental Economics and Management*, 67: 274-302.

Rasmussen, M. et al. 2014. "The genome of a Late Pleistocene human from a Clovis burial site in western Montana." *Nature,* 506: 225-229.

Razafindrazaka, H. et al. 2010. "Complete mitochondrial DNA sequences provide new insights into the Polynesian motif and the peopling of Madagascar." *European Journal of Human Genetics,* 18: 575-581.

Read, D. 2008. "An interaction model for resource implement complexity based on risk and number of annual moves." *American Antiquity*, 73: 599-625.

Reich, D. et al. 2010. "Genetic history of an archaic hominin group from Denisova

Cave in Siberia." *Nature,* 468: 1053-1060.

Reich, D. et al. 2012. "Reconstructing Native American population history." *Nature,* 488: 370-374.

Reséndez, A. 2007. *A Land So Strange. The Epic Journey of Cabeza de Vaca.* New York: Basic Books.

Reyes-Centeno, H. et al. 2014. "Genomic and cranial phenotype data support multiple modern human dispersals from Africa and a southern route into Asia." Proceedings of the National Academy of Sciences USA, 111: 7248-7253.

Richards, M. et al. 2000. "Tracing European founder lineages in the Near Eastern mtDNA pool." *American Journal of Human Genetics*, 67: 1251-1276.

Richards, M.P. et al. 2000. "Neanderthal diet at Vindija and Neanderthal predation: the evidence from stable isotopes." *Proceedings of the National Academy of Sciences USA,* 97: 7663-7666.

Rick, T.C. et al. 2012. "Flightless ducks, giant mice and pygmy mammoths: Late Quaternary extinctions on California's Channel Islands." *World Archaeology,* 44: 3-20.

Risch, N. et al. 2003. "Geographic distribution of disease mutations in the Ashkenazi Jewish population supports genetic drift over selection." *American Journal of Human Genetics*, 72 812-822.

Robb, G. 2007. *The Discovery of France.* New York: W.W. Norton & Co., Inc.

Roberts, D.F. 1978. *Climate and Human Variability, 2nd. ed.* Menlo Park: Cummings Publishing Co.

Roberts, P. et al. 2014. "Continuity of mammalian fauna over the last 200,000 y in the Indian subcontinent." *Proceedings of the National Academy of Sciences, USA,* 111: 5848-5853.

Roosevelt, A.C. et al. 2002. The migrations and adaptations of the first Americans. Clovis and pre-Clovis viewed from South America. In *The First Americans. The Pleistocene Colonization of the New World,* edited by N.G. Jablonski, 159-235. San Francisco: California Academy of Sciences.

Roullier, C. et al. 2013. "Historical collections reveal patterns of diffusion of sweet potato in Oceania obscured by modern plant movements and recombination." *Proceedings of the National Academy of Sciences USA*, 110: 2205-2210.

Rowe, N. and Myers, M. (2011). All the World's Primates. http://www.alltheworldsprimates.org

Ruff, C. 2002. "Variation in human body size and shape." *Annual Review of Anthropology*, 31: 211-232.

Ruggiero, A. 1994. "Latitudinal correlates of the sizes of mammalian geographical ranges in South America." *Journal of Biogeography*, 21: 545-559.

Rule, S. et al. 2012. "The aftermath of megafaunal extinction: ecosystem transformation in Pleistocene Australia." *Science*, 335: 1483-1486.

Salque, M. et al. 2013. "Earliest evidence for cheese making in the sixth millennium b.c. in northern Europe." *Nature*, 493: 522-525.

Sanchez, G. et al. 2014. "Human (Clovis)-gomphothere (Cuvieronius sp.) association ~ 13,390 calibrated yBP in Sonora, Mexico." *Proceedings of the National Academy of Sciences USA*, 111: 10972-10977.

Sandom, C. et al. 2014. "Global late Quaternary megafauna extinctions linked to humans, not climate change." *Proceedings of the Royal Society B*, 281: 20133254.

Savolainen, P. et al. 2004. "A detailed picture of the origin of the Australian dingo, obtained from the study of mitochondrial DNA." *Proceedings of the National Academy of Sciences, USA*, 101: 12387-12390.

Sax, D.F. and Gaines, S.D. 2008. "Species invasions and extinction: The future of native biodiversity on islands." *Proceedings of the National Academy of Sciences, USA*, 105: 11490-11497.

Scheinfeldt, L.B. et al. 2012. "Genetic adaptation to high altitude in the Ethiopian highlands." *Genome Biology*, 13: R1.

Schlebusch, C.M. et al. 2012. "Genomic variation in seven Khoe-San groups reveals adaptation and complex African history." *Science*, 338: 374-379.

Schloss, C.A. et al. 2012. "Dispersal will limit ability of mammals to track climate change in the Western Hemisphere." *Proceedings of the National Academy of Sciences, USA*, 109: 8606-8611.

Schmidt-Nielsen, K. 1997. *Animal Physiology. Adaptation and Environment. 4th. ed.* Cambridge: Cambridge University Press.

Schnorr, S.L. et al. 2014. "Gut microbiome of the Hadza hunter-gatherers." *Nature Communications*, 5: 3654.

Scholz, C.A. et al. 2007. "East African megadroughts between 135 and 75 thousand years ago and bearing on early-modern human origins." *Proceedings of the National Academy of Sciences, USA*, 104: 16416-16421.

Schroeder, K.B. et al. 2007. "A private allele ubiquitous in the Americas." *Biology Letters*, 3: 218-223.

Schurr, T.G. 2004. "The peopling of the New World: perspectives from molecular anthropology." *Annual Review of Anthropology,* 33: 551-583.

Searle, J.B. et al. 2009. "Of mice and (Viking?) men: phylogeography of British and Irish house mice." *Proceedings of the Royal Society, London.B.*, 276: 201-207.

Segal, B. and Duffy, L.K. 1992. "Ethanol elimination among different racial groups." *Alcohol*, 9: 213-217.

Serva, M. et al. 2012. "Malagasy dialects and the peopling of Madagascar." *Journal of the Royal Society Interface*, 9: 54-67.

Shaw, C.N. and Stock, J.T. 2013. "Extreme mobility in the Late Pleistocene? Comparing limb biomechanics among fossil Homo, varsity athletes and Holocene foragers." *Journal of Human Evolution*, 64: 242–249.

Shipman, P. 2012. "The eyes have it." *American Scientist*, 100: 198-201.

Simonson, T.S. et al. 2010. "Genetic evidence for high-altitude adaptation in Tibet." *Science*, 329: 72-75.

Simpson, G.G. 1961. *Principles of Animal Taxonomy*. New York: Columbia University Press.

Skoglund, P. et al. 2012. "Origins and genetic legacy of Neolithic farmers and hunter-gatherers in Europe." *Science*, 336: 466-469.

Soares, P. et al. 2010. "The archaeogenetics of Europe." *Current Biology*, 20: R174-R183.

Soares, P. et al. 2011. "Ancient voyaging and Polynesian origins." *American Journal of*

Human Genetics, 88: 239-247.

Stanford, D.J. and Bradley, B.A. 2012. *Across Atlantic Ice: The Origins of America's Clovis Culture*. Berkeley: University of California Press.

Steadman, D.W. 1995. "Prehistoric extinctions of Pacific island birds: biodiversity meets zooarchaeology." *Science,* 267: 1123-1131.

Steadman, D.W. 2006. *Extinction and Biogeography of Tropical Pacific Birds.* Chicago: University of Chicago Press.

Steele, T.E. and Klein, R.G. 2008. "Intertidal shellfish use during the Middle and Later Stone Age of South Africa." *Archeofauna,* 17: 63-76.

Stephens, D.W. and Krebs, J.R. 1986. *Foraging Theory*. Princeton: Princeton University Press.

Stepp, J.R. et al. 2005. "Mountains and biocultural diversity." *Mountain Research and Development*, 25: 223-227.

Stewart, J.R. 2005. "The ecology and adaptation of Neanderthals during the non-analogue environment of Oxygen Isotope Stage 3." *Quaternary International,* 137: 35-46.

Stewart, J.R. and Stringer, C. 2012. "Human evolution out of Africa: the role of refugia and climate change." *Science,* 335: 1317-1325.

Stinson, S. 2000. Growth variation: biological and cultural factors. In *Human Biology. An Evolutionary and Biocultural Perspective.,* edited by S. Stinson, et al., 425-463. New York: Wiley-Liss.

Stinson, S. and Frisancho, A.R. 1978. "Body proportions of highland and lowland Peruvian Quechua children." *Human Biology,* 50: 57-68.

Stone, A.C. et al. 2002. "High levels of Y-chromosome nucleotide diversity in the genus Pan." *Proceedings of the National Academy of Sciences, USA*, 99: 43-48.

Stoneking, M. and Delfin, F. 2010. "The human genetic history of East Asia: weaving a complex tapestry." *Current Biology*, 20: R188-R193.

Stoneking, M. et al. 1990. "Geographic variation in human mitochondrial DNA from Papua New Guinea." *Genetics,* 124: 717-723.

Storey, A.A. et al. 2007. "Radiocarbon and DNA evidence for a pre-Columbian introduction of Polynesian chickens to Chile." *Proceedings of the National Academy of Sciences, USA,* 104: 10335-10339

Storey, M. et al. 2012. "Astronomically calibrated 40Ar/39Ar age for the Toba supereruption and global synchronization of late Quaternary records." *Proceedings of the National Academy of Sciences, USA*, 109: 18684-18688.

Strassman, B.I. and Dunbar, R.I.M. 1999. Human evolution and disease: putting the Stone Age in perspective. In *Evolution in Health & Disease*, edited by S.C. Stearns, 91-101. Oxford: Oxford University Press.

Straus, L.G. et al. 2005. "Ice Age Atlantis? Exploring the Solutrean-Clovis 'connection'." *World Archaeology,* 37: 507-532.

Stuart, A.J. 1991. "Mammalian extinctions in the Late Pleistocene of Northern Eurasia and North America." *Biological Reviews*, 66: 453-562.

Surovell, T. et al. 2005. "Global archaeological evidence for proboscidean overkill." *Proceedings of the National Academy of Sciences USA*, 102: 6231-6236.

Surovell, T.A. 2000. "Early Paleoindian women, children, mobility, and fertility." *American Antiquity*, 65: 493-508.

Surovell, T.A. 2003. "Simulating coastal migration in New World colonization." *Current Anthropology*, 44: 580-589.

Surovell, T.A. and Waguespack, N.M. 2009. Human prey choice in the late Pleistocene and its relation to megafaunal extinctions. In *American Megafaunal Extinctions at the End of the Pleistocene*, edited by G. Haynes, 77-105: Springer.

Sutherland, W.J. 2003. "Parallel extinction risk and global distribution of languages and species." *Nature*, 423: 276-279.

Swain, D.P. et al. 2007. "Evolutionary response to size-selective mortality in an exploited fish population." *Proceedings of the Royal Society B,* 274: 1015-1022.

Tamm, E. et al. 2007. "Beringian standstill and spread of Native American founders." *PLOS ONE*, 2: e829, 821-825.

Tanabe, K. et al. 2010. "Plasmodium falciparum accompanied the human expansion out of Africa." *Current Biology*, 20: 1283-1289.

Taylor, A.K. et al. 2011. "Big sites, small sites, and coastal settlement patterns in the

San Juan Islands, Washington, USA." *Journal of Inland and Coastal Archaeology*, 6: 287-313.

Taylor, A.L. et al. 2004. "Combination of isosorbide dinitrate and hydralazine in blacks with heart failure." *New England Journal of Medicine*, 351: 2049-2057.

Taylor, N.A.S. 2006. "Ethnic differences in thermoregulation: genotypic versus phenotypic heat adaptation." Journal of Thermal Biology, 31: 90-104.

Terborgh, J. 1999. *Requiem for Nature*. Washington, D.C.: Island Press.

Terrell, J. 1986. *Prehistory in the Pacific Islands. A Study of Variation in Language, Customs, and Human Biology*. Cambridge: Cambridge University Press.

Thomson, J. 1887. *Through Masai Land: A Journey of Exploration Among the Snowclad Volcanic Mountains and Strange Tribes of Eastern Equatorial Africa, Being the Narrative of The Royal Geographical Society's Expedition to Mount Kenia and Lake Victoria Nyanza, 1883-1884*. London: Sampson Low, Marston, Searle, & Rivington.

Thomson, V.A. et al. 2014. "Using ancient DNA to study the origins and dispersal of ancestral Polynesian chickens across the Pacific." *Proceedings of the National Academy of Sciences USA*, 111: 4826-4831.

Tilkens, M.J. et al. 2007. "The effects of body proportions on thermoregulation: an experimental assessment of Allen's rule." *Journal of Human Evolution*, 53: 286-291.

Tishkoff, S.A. et al. 2009. "The genetic structure and history of Africans and African-Americans." *Science*, 324: 1035-1044.

Tishkoff, S.A. et al. 2007. "Convergent adaptation of human lactase persistence in Africa and Europe." *Nature Genetics,* 39: 31-40.

Tishkoff, S.A. and Verrelli, B.C. 2003. "Patterns of human genetic diversity: implications for human evolutionary history and disease." *Annual Review of Genomics and Human Genetics,* 4: 293-340.

Torrence, R. 1983. Time budgeting and hunter-gatherer technology. In *Hunter-Gatherer Economy in Prehistory,* edited by G. Bailey, 11-22. Cambridge: Cambridge University Press.

Townroe, S. and Callaghan, A. 2014. "British container breeding mosquitoes: the impact of urbanisation and climate change on community composition and phenology." *PLOS ONE*, 9: e95325.

Tumonggor, M.K. et al. 2013. "The Indonesian archipelago: an ancient genetic highway linking Asia and the Pacific." *Journal of Human Genetics,* 58: 165-173.

Turchin, P. et al. 2013. "War, space, and the evolution of Old World complex societies." *Proceedings of the National Academy of Sciences USA*, 110: 16384-16389.

Turner, A. 1992. "Large carnivores and earliest European hominids: changing determinants of resource availability during the Lower and Middle Pleistocene." *Journal of Human Evolution*, 22: 109-126.

Turney, C.S.M. et al. 2008. "Late-surviving megafauna in Tasmania, Australia, implicate human involvement in their extinction." *Proceedings of the National Academy of Sciences, USA,* 105: 12150-12153.

United States Environmental Protection Agency. (2014). Future climate change. http://www.epa.gov/climatechange/science/future.html#Ice

van Holst Pellekaan, S. 2013. "Genetic evidence for the colonization of Australia." *Quaternary International,* 285: 44-56.

van Riper, C. et al. 1986. "The epizootiology and ecological significance of malaria in Hawaiian land birds." *Ecological Monographs*, 56: 327-344.

Vigne, J.-D. 2008. Zooarchaeological aspects of the Neolithic transition in the Near East and Europe, and their putative relationships with the Neolithic demographic transition. In *The Neolithic Demographic Transition and its Consequences*, edited by J.-P. Bocquet-Appel and O. Bar-Yosef, 179-205: Springer.

Vigne, J.-D. et al. 2012. "First wave of cultivators spread to Cyprus at least 10,600 y ago." *Proceedings of the National Academy of Sciences, USA*, 109: 8445-8449.

Wadley, L. et al. 2011. "Middle Stone Age bedding construction and settlement patterns at Sibudu, South Africa." *Science,* 334: 1388-1391.

Walker, M.J. et al. 2011. "Morphology, body proportions, and postcranial hypertrophy of a female Neandertal from the Sima de las Palomas, southeastern Spain." *Proceedings of the National Academy of Sciences, USA*, 108: 10087–10091.

Walter, R.C. et al. 2000. "Early human occupation of the Red Sea coast of Eritrea during the last interglacial." *Nature*, 405: 65-69.

Warner, R.E. 1964. "The role of introduced diseases in the extinction of the endemic Hawaiian avifauna." *The Condor*, 70: 101-120.

Waters, M.R. et al. 2011. "The Buttermilk Creek Complex and the origins of Clovis at the Debra L. Friedkin Site, Texas." *Science*, 331: 1599-1603.

Waters, M.R. and Stafford, T.W. 2007. "Redefining the Age of Clovis: Implications for the Peopling of the Americas." *Science,* 315: 1122-1126

Weaver, T.D. and Roseman, C.C. 2008. "New developments in the genetic evidence for modern human origins." *Evolutionary Anthropology,* 17: 69-80.

Weaver, T.D. et al. 2007. "Were Neandertal and modern human cranial differences produced by natural selection or genetic drift?" *Journal of Human Evolution,* 53: 135-145.

Weaver, T.D. and Steudel-Numbers, K. 2005. "Does climate or mobility explain the differences in body proportions between Neandertals and their Upper Paleolithic successors?" *Evolutionary Anthropology*, 14: 218-223.

Weitz, C.A. et al. 2013. "Responses of Han migrants compared to Tibetans at high altitude." *American Journal of Human Biology*, 25: 169-178.

White, J.P. 2004. Where the wild things are: Prehistoric animal translocation in the circum New Guinea Archipelago. In *Voyages of Discovery. The Archaeology of Islands*, edited by S.M. FitzPatrick, 147-164: Praeger.

Wilde, S. et al. 2014. "Direct evidence for positive selection of skin, hair, and eye pigmentation in Europeans during the last 5,000 y." *Proceedings of the National Academy of Sciences USA,* 111: 4832-4837.

Wilmshurst, J.M. et al. 2008. "Dating the late prehistoric dispersal of Polynesians to New Zealand using the commensal Pacific rat." *Proceedings of the National Academy of Sciences, USA*, 105: 7676-7680.

Witze, A. and Kanipe, J. 2015. *Island on Fire. The Extraordinary Story of a Forgotten Volcano that Changed the World.* New York: Pegasus Books.

Wollstein, A. et al. 2010. "Demographic history of Oceania inferred from genome-wide data." *Current Biology*, 20: 1983-1992.

Wood, B. 2010. "Reconstructing human evolution: Achievements, challenges, and opportunities." *Proceedings of the National Academy of Sciences, USA*, 107: 8902-8909.

Wood, R.E. et al. 2013. "Radiocarbon dating casts doubt on the late chronology of the Middle to Upper Palaeolithic transition in southern Iberia." *Proceedings of the National Academy of Sciences USA*, 110: 2781-2786.

Wrangham, R. and Carmody, R. 2010. "Human adaptation to the control of fire." *Evolutionary Anthropology,* 19: 187-199.

Wroe, S. 2002. "A review of terrestrial mammalian and reptilian carnivore ecology in Australian fossil faunas, and factors influencing their diversity: the myth of reptilian domination and its broader ramifications." *Australian Journal of Zoology*, 50: 1-24.

Yi, X. et al. 2010. "Sequencing of 50 exomes reveals adaptation to high altitude." *Science*, 329: 75-78.

Young, J.H. 2007. "Evolution of blood pressure regulation in humans." *Current Hypertension Reports*, 9: 13-18.

Young, J.H. et al. 2005. "Differential susceptibility to hypertension is due to selection during the out-of-Africa expansion." *PLOS Genetics,* 1: 0730-0738.

Yule, J.V. et al. 2014. "A review and synthesis of Late Pleistocene extinction modeling: progress delayed by mismatches between ecological realism, interpretation, and methodological transparency." *Quarterly Review of Biology,* 89: 91-106.

Zazula, G.D. and Froese, D.G. 2003. "Ice-age steppe vegetation in east Beringia." *Nature*, 423: 603.

Zerjal, T. et al. 2003. "The genetic legacy of the Mongols." *American Journal of Human Genetics*, 72: 717-721.

Zhang, D.D. et al. 2011. "The causality analysis of climate change and large-scale human crisis." *Proceedings of the National Academy of Sciences, USA*, 108: 17296-17301.

Zhang, Z. et al. 2010. "Periodic climate cooling enhanced natural disasters and wars in China during a.d. 10-1900." *Proceedings of the Royal Society B*, 277: 3745-3753.

Zhao, Y. et al. 2010. "Out of China: distribution history of Ginkgo biloba L." *Taxon*, 59: 495-504.

部分推荐阅读书目

这里遴选了我们可能感兴趣的一些书籍和某些文章。其中一些是我为特定主题引用的读物，但在这里我将它们作为一般性读物再次提及。

总推荐

珍妮特·布朗（Janet Browne），《世俗方舟：生物地理学历史的研究》（*The Secular Ark: Studies in the History of Biogeography*），耶鲁大学出版社（Yale University Press），1983 年。一本可读性很强的生物地理学学科史，旁征博引，从试图找到诺亚运送的动物开始写起。

查尔斯·达尔文（Charles Darwin），《人类的由来及性选择》（*The Descent of Man, and Selection in Relation to Sex*），约翰·麦瑞出版社（John Murray），1871 年。（中文版：达尔文，《人类的由来及性选择》，叶笃庄 、杨习之译，北京大学出版社，2009 年。）伟人达尔文既是博物学家，也是生物地理学家。这本书的前半部分涉及我讨论过的许多主题，比如人类的非洲起源、我们迁徙的地理障碍、形态的区域差异（尽管他坚决主张环境不能解释这种差异），以及人类人群之间的竞争。

贾雷德·戴蒙德（Jared Diamond），《枪炮、病菌与钢铁：人类社会的命运》（*Guns, Germs, and Steel: The Fates of Human Societies*），诺顿出版社（W. W. Norton），1997 年。（中文版：贾雷德·戴蒙德，《枪炮、病菌与钢铁：人类社会的命运》，谢延光译，上海译文出版社，2014 年。）对生物（如以疾病的形式）和地理（各大洲的形状）因素如何决定人类社会之间竞争结果的精彩论述。

探索科学博物馆（Exploratorium）。http：//www.exploratorium.edu/。对科学

事业的有趣讨论，富有启发性，配有图片、视频、访谈和演示。

亚历山大·哈考特（Alexander Harcourt），《人类生物地理学》（*Human Biogeography*），加利福尼亚大学出版社（University of California Press），2012 年。探讨人类物种生物地理学这一主题，《我们人类的进化》中的所有定量分析、图表、统计数据和许多其他资料都取自这本书。

马克·洛莫利诺等（Mark Lomolino and co-authors），《生物地理学》（*Biogeography*），西纳尔联合公司（Sinauer Associates），2010 年。如果有人受到《我们人类的进化》或我那本科学专著的激发，而想更进一步了解生物地理学的主要内容，就可以读这本书。第四版配有彩色照片和彩图，读者甚至不需要阅读文本，就可以明白这一领域的大体情况。

约翰·B. 马尔恰诺（John B. Marciano），《公制系统到底遭遇了什么？美国如何维持了自己的系统》（*Whatever Happened to the Metric System? How America Kept its Feet*），布卢姆斯伯里出版社（Bloomsbury Press），2014 年。有趣而深刻地描述了世界其他地方如何（几乎都）改用了公制度量衡系统，但美国却（几乎）没有。

帕特里克·奥布赖恩（Patrick O'Brien），《世界历史地图集》（*Atlas of World History*），牛津大学出版社（Oxford University Press），2002 年。任何世界历史地图集都是对人类在世界各地的流动、起源、扩张、消失的描述，其中很大一部分受各处人群之间相互竞争的影响，换句话说就是人类的生物地理学。

帕特·希普曼（Pat Shipman），《种族主义的进化》（*The Evolution of Racism*），西蒙与舒斯特出版社（Simon & Schuster），1994 年。这本书第 6 章及以后的内容涉及美国的种族主义，以及科学家在种族问题上的迟钝、误解与错误。前 5 章探讨了自然选择进化论的发展，涉及达尔文（Darwin）、华莱士（Wallace）、赫胥黎（Huxley）等人。

阿尔弗雷德·拉塞尔·华莱士（Alfred Russel Wallace），《马来群岛自然科学考察记》（*The Malay Archipelago*），麦克米兰出版公司（Macmillan），1869 年。（中文版：阿尔弗雷德·拉塞尔·华莱士，《马来群岛自然科学考察记》，张庆来、徐学谦、张达仁译，中国青年出版社，2013 年。）华莱士的两卷本著作《动物的地理分布》（*The Geographical Distribution of*

Animals）是生物地理学领域的基石。《马来群岛自然科学考察记》通俗易懂，记述了他八年来在印度尼西亚和新几内亚收集自然历史标本的经历，副标题为“红毛猩猩与天堂鸟之地，游记，兼论人与自然”。作者怀着同理心描述了当地人民的生活，以及当地动物、植物和地理的情况，还记下了一些惊悚的冒险经历。

第 1 章 序言

肯尼思·米勒（Kenneth Miller），《只是一个理论：进化与争夺美国灵魂的斗争》（*Only A Theory: Evolution and the Battle for America's Soul*），企鹅出版社（Penguin），2008 年。对神创论或支持者所谓“智慧设计论”的彻底剖析。米勒指出，神创论者不仅歪曲了进化论的证据，甚至还扭曲了他们自己的观点。我不太清楚标题的“灵魂”是什么，但我喜欢把它看作美国的科学灵魂，换句话说，就是美国人自我反思和质疑权威的能力。科学从根本上说是一个民主的过程——任何人都可以而且应该质疑已有的观点。

第 2、3、4 章 从非洲到世界

路易吉·卡瓦利-斯福扎（Luigi Cavalli-Sforza），《基因、人类和语言》（*Genes, Peoples, and Languages*），加利福尼亚大学出版社（University of California Press），2000 年。对人类群体遗传学地理分布的简明介绍。卡瓦利-斯福扎可谓人类遗传生物地理学领域的创始人。他的工作对我们了解人类在地球上的迁徙至关重要。

布赖恩·费根（Brian Fagan），《伟大的旅程：人类占领古美洲》（*The Great Journey: The Peopling of Ancient America*），佛罗里达大学出版社（University of Florida Press），2003 年。尽管书名说的是美洲，但这本书是从我们在非洲的进化起源开始讲的，一直讲到欧洲人的到来。费根只考虑了考古证据。

理查德·克莱因（Richard Klein），《人类的生涯》（*The Human Career*），芝加

哥大学出版社（University of Chicago Press），2009年。这绝不是通俗读物，但关于从古生物学和考古学的视角来看的人类起源，你想知道的一切都可以在这本书里找到。如果你对我提到的任何一个人类祖先有点兴趣，你会在《人类的生涯》中找到关于他们的一切。

伊曼纽尔·内斯（Immanuel Ness），《全球人类迁徙百科全书》（*The Encyclopedia of Global Human Migration*），威利·布莱克韦尔出版社（Wiley-Blackwell），2013年。你一直想知道的关于人类在世界各地迁徙的一切——共5卷，3444页。

约翰·帕金顿（John Parkington），《海岸线、史特兰洛帕人和贝冢》（*Shorelines, Strandlopers and Shell Middens*），克拉卡杜基金会（Krakadouw Trust），2006年。讨论南非石器时代人们使用贝类的通俗读物。

斯蒂芬·奥本海默（Stephen Oppenheimer），《走出伊甸园：人类的全球分布》（*Out of Eden: The Peopling of the World*），康斯特布尔出版社（Constable），2003年。主要基于遗传学信息，详细讲述了人类走出非洲分布到世界各地的过程。

斯蒂芬·奥本海默，《不列颠人的起源》（*The Origins of the British*）。康斯特布尔与罗宾逊出版公司（Constable & Robinson Ltd），2006年。主要基于遗传学信息，描述了人类进入不列颠的过程，细节丰富却不难读。

克里斯·斯特林格（Chris Stringer），《我们这个物种的起源》（*The Origin of Our Species*），艾伦莱恩出版社（Allen Lane），2011。[美国版：克里斯·斯特林格，《孤独的幸存者：我们如何成为地球上唯一的人类》（*Lone Survivors: How We Came To Be the Only Humans on Earth*），时代出版社（Times Books），2012。]关于我们起源于非洲进而在世界各地繁衍的通俗读物，作者是在该领域提出了重要信息与创见的科学家。书中讨论了我们从骨头、石头和DNA中获取和解释信息的方法，非常有用。

亚历山德拉·威特（Alexandra Witze）和杰夫·卡尼普（Jeff Kanipe），《着火的海岛：改变世界却被人遗忘的火山》（*Island on Fire: The Extraordinary Story of a Forgotten Volcano that Changed the World*），天马出版社（Pegasus Books），2015年。这本书是关于冰岛拉基火山及其对全球的影响的。

如果想了解我们在世界范围内流动的具体细节，请参看2010年2月23日

《当代生物学》(*Current Biology*)上的一篇文章，文章概述了人类在各个大洲上的流动，由研究各个大洲的专家共同撰写。

第 5 章 多样性让生活更美好

罗伯特·博伊德和琼·西尔克(Robert Boyd and Joan Silk),《人类是如何进化的》(*How Humans Evolved*)，第六版，普伦蒂斯·霍尔出版社(Prentice Hall)，2011 年。《我们人类的进化》第 4 章概述了几乎所有体质人类学教科书中都会涉及的一个基本主题。我选择的书是最近创作出来的，可读性较高，作者也是我认识的。第 5 章则不同，尽管这个主题基本上属于生物地理学的范畴，但这个话题几乎没有出现在任何关于生物地理的书中。生物地理学可以从人类学对这个问题的理解和大量相关数据中获益。

尼娜·雅布隆斯基和乔治·查普林(Nina Jablonski and George Chaplin),《皮肤之深》(Skin Deep),《科学美国人》(*Scientific American*),2002 年 10 月。关于为什么不同地区的人有不同的皮肤颜色，这篇文章用通俗语言描述了一项很透彻的研究。

第 6 章 基因地图与少有人走的路

格雷厄姆·罗布(Graham Robb),《探索法国：一部历史地理学研究》(*The Discovery of France: A Historical Geography*)，诺顿出版社联合出版(W.W. Norton & Co)，2007 年。(中文版：格雷厄姆·罗布,《探索法国》，王梦达译，复旦大学出版社，2016 年。)一个有趣的描述：因为人口流动少，所以法国的文化多样性能保持到 19 世纪。

第 7 章 人不过是一种猴子？

保罗·刘易斯(Paul Lewis)，“民族语言网：世界上的语言”(Ethnologue: Languages of the World)，http ://www.ethnologue.com/，国际生存组织

(SIL International)，2009 年。正如网站所描述的，“百科全书式的参考网站，编入了世界上所有已知的 6909 种正在使用的语言”。其首页的“国家索引”地图不需要通过文字，就能展示出世界语言惊人的多样性。

马克·洛莫利诺等,《生物地理学》，第 15 章，西纳尔联合公司，2010 年。我之所以再次在这里谈起这本书(我也推荐这本书的全部)，是因为这本书在本章主题上的内容细致易懂，并且该主题在生物地理学领域历史悠久，尽管它仍然具有一定的争议。但这个主题几乎没有在任何通行的人类学教科书或关于人类进化的文本中出现过。人类学可以从生物地理学的大量数据和对这个问题的理解中受益，同时生物地理学也可以从人类学关于同一种物种内差异的大量数据中有所收获。

第 8 章 岛屿是独特的

迪安·福尔克(Dean Falk),《化石编年史》(*The Fossil Chronicles*)，加利福尼亚大学出版社，2011 年。书中记载了关于霍比特人和汤恩小孩的不太讨人喜欢的争论。在很长一段时间里，主流科学家都否认汤恩小孩属于人科。科学家应该客观，乐于接受批评，但科学家毕竟也是人。

马克·洛莫利诺等,《生物地理学》，第 14 章，西纳尔联合公司，2010 年。我在这里再次提及这本书的原因与我在第 5 章提及的原因相同。

D. 夸曼(D. Quammen),《渡渡鸟之歌：灭绝时代的岛屿生物地理学》(*The Song of the Dodo: Island Biogeography in an Age of Extinctions*)，斯克里布纳出版社(Scribner)，1996 年。像夸曼其他的书一样，通俗易懂。这本书透彻地描述了生物地理学以及岛屿物种特别容易灭绝的原因。

第 10 章 没能杀死我们的，要么让我们止步，要么叫我们改道

J. R. 麦克尼尔(J. R. McNeill),《蚊子帝国：大加勒比海的生态和战争，1620—1914 年》(*Mosquito Empires. Ecology and War in the Greater Caribbean, 1620-1914*)，剑桥大学出版社(Cambridge University Press)，2010 年。通俗易懂，记载了疾病，特别是黄热病和疟疾如何主要通过杀死比捍卫

者更多的入侵者，来影响美洲和加勒比海的殖民统治。

W. H. 麦克尼尔（W. H. McNeill），《瘟疫与人》（*Plagues and Peoples*），铁锚图书（Anchor Books），1976 年（1998 年重印）。（中文版：威廉·H. 麦克尼尔，《瘟疫与人》，余新忠、毕会成译，中信出版集团，2017 年。）记载了有史以来一直影响着人类的可怕瘟疫，有关于艾滋病的增订章节。

第 11 章 疯狂、邪恶、危险

P. 克兰（P. Crane），《银杏：被时间遗忘的树》（*Ginkgo: The Tree that Time Forgot*），耶鲁大学出版社（Yale University Press），2013 年。这本书包含了你想要了解的有关银杏树的一切，包括它从中国现存的森林向世界各地的传播。

D. 哈特和 R. W. 萨斯曼（D. Hart & R.W. Sussman），《被猎食的人类：灵长类动物、食肉动物和人类进化》（*Man the Hunted: Primates, Predators, and Human Evolution*），西景出版社（Westview Press），2005 年。一本详细但通俗的书，记载了食肉动物对猴子、类人猿和人类的影响。

D. 夸曼，《渡渡鸟之歌：灭绝时代的岛屿生物地理学》，斯克里布纳出版社，1996 年。人类特别擅长杀死岛屿动物。

第 12 章 征服与合作

布赖恩 · M. 费根（Brian M. Fagan），《小冰期：气候如何创造历史，1300—1850》（*The Little Ice Age: How Climate Made History, 1300-1850*），基本书籍出版社（Basic Books），2000 年。恶劣的气候减少了收成，加剧了粮食竞争，引发战争，从而影响人的迁徙和生存。这本书正如它的标题所说，概述了气候对人类历史的影响。

路易莎 · 玛菲（Luisa Maffi），《论生物文化多样性：连接语言、知识和环境》（*On Biocultural Diversity: Linking Language, Knowledge, and the Environment*），史密森学会出版社（Smithsonian Institute Press），2001 年。这是本大部头（578 页）的论文汇编，讨论语言和生物多样性及二者之间的实际和潜在联

系，呈现了多种多样的观点。

丹尼尔·聂托和苏珊娜·罗曼（Daniel Nettle & Suzanne Romaine），《消失的声音：世界上语言的消亡》（*Vanishing Voices: The Extinction of the World's Languages*），牛津大学出版社（Oxford University Press），2000年。本书对于任何对文化消逝悲剧感兴趣的人，都是一本必读书。我们似乎总能听到新闻报道，人类又一手造成了哪些物种灭绝，但语言和文化的消亡似乎永远都不会上新闻，这也许是因为，大部分语言随着最后一位懂得这个语言的人的去世而随风逝去，悄无声息。这本书总体上令人沮丧。但最后一章讨论了为拯救全世界逐渐消亡的文化，我们可以做什么，以及正在付出什么努力。

第13章 后记

罗伯特·欣德（Robert Hinde），《改变我们的生活方式：社会自下而上》（*Changing How We Live: Society from the Bottom Up*），代言人出版社（Spokesman），2011年。像人类这样的群居动物必须竞争与合作并重。我们必须将行为建立在我们合作的天性上，以确保我们的道德行为意味着服务社会和地球的利益，而不单单是有利于我们自己。

译者附记

感谢厦门大学李依敏、何志含、赵炀等参加本书的初译、整理等工作；感谢国家海洋局第三海洋研究所徐晓萌、丁小芹、叶亨利，黄薇等参加校对或提出宝贵的修改意见。

译者

2017 年 7 月 22 日

于厦门国家海洋局第三海洋研究所